Dave Huss

Dominando o scanner

Tradução:
Eveline Vieira Machado

Revisão técnica:
Deborah Rüdiger

Do original
How to Do Everything with Your Scanner, Second Edition
Original edition copyright© 2003 by The McGraw-Hill Companies. All rights reserved.
Portuguese language edition© 2004 by Editora Ciência Moderna Ltda. All rights reserved.
© Editora Ciência Moderna Ltda. 2004
Todos os direitos para a língua portuguesa reservados pela EDITORA CIÊNCIA MODERNA LTDA.

Nenhuma parte deste livro poderá ser reproduzida, transmitida e gravada, por qualquer meio eletrônico, mecânico, por fotocópia e outros, sem a prévia autorização, por escrito, da Editora.

Editor: Paulo André P. Marques
Supervisão Editorial: Carlos Augusto L. Almeida
Capa: Marcia Lips
Diagramação e Digitalização de Imagens: Érika Loroza
Tradução: Eveline Vieira Machado
Revisão: Luiz Carlos de Paiva Josephson
Revisão técnica: Deborah Rüdiger
Assistente Editorial: Daniele M. Oliveira

Várias **Marcas Registradas** aparecem no decorrer deste livro. Mais do que simplesmente listar esses nomes e informar quem possui seus direitos de exploração, ou ainda imprimir os logotipos das mesmas, o editor declara estar utilizando tais nomes apenas para fins editoriais, em benefício exclusivo do dono da Marca Registrada, sem intenção de infringir as regras de sua utilização.

FICHA CATALOGRÁFICA

Huss, Dave
Dominando o scanner
Rio de Janeiro: Editora Ciência Moderna Ltda., 2004.

Hardware de computador; dispositivos periféricos
I — Título

ISBN: 85-7393-314-3   CDD 001642

Editora Ciência Moderna Ltda.
Rua Alice Figueiredo, 46
CEP: 20950-150, Riachuelo – Rio de Janeiro – Brasil
Tel: (21) 2201-6662/2201-6492/2201-6511/2201-6998
Fax: (21) 2201-6896/2281-5778
E-mail: lcm@lcm.com.br

Este livro é dedicado a Jeff McDaniel–
Praticamente um doutor...
Quase um genro...
Já um grande homem.

O autor

David Huss vem trabalhando com scanners há mais de um quarto de século. David trabalhou como consultor de scanner para muitos dos principais fabricantes de scanner e para várias empresas Fortune 100. Escreveu mais de 15 livros sobre edição de imagem digital que foram traduzidos para oito idiomas. Palestrante em conferências, ensinou sobre scanners em workshops nos EUA e na Europa e foi visto na CNN e na Tech TV. Um texano de terceira geração, ele e a família nomearam Austin, Texas, o lar deles durante os últimos 30 anos.

Sumário

Agradecimentos XI
Introdução XIII
Parte I - Detalhes básicos sobre seu scanner 1
Capítulo 1 - Familiarize-se com seu scanner 3
Aprenda o que seu scanner é designado a fazer 4
    Copie e preserve as fotografias 4
    Capture momentos no tempo 4
    Torne as imagens melhores 6
    Torne as imagens maiores e menores 6
    Converta o texto impresso em texto eletrônico (OCR) 6
    Converta os documentos impressos 7
    Adicione cartões de visita a livros de endereço 7
    Gerencie seus documentos assim que forem digitalizados 8
    Copie seus documentos e imagens 9
    Envie por fax seus documentos 9
    Digitalize objetos em 3D 9
Os motivos e os porquês da digitalização 10
Termos e conceitos do scanner que você deve compreender 11
    Pixels 12
    Resolução 12
    Profundidade da cor 13
    Espaço da cor 13
Diferentes tipos de scanners 15
    Scanners de mesa 15
    Scanners de tambor 17
    Scanners de filme 17
    Scanners especializados 18
Capítulo 2 - Compre, instale e mantenha seu scanner 21
Qual scanner é melhor para você? 22
    De qual tipo de scanner você precisa? 22

De qual tamanho de scanner você precisa? 23
Você deve comprar um scanner novo, renovado ou usado? 23
Onde você deve comprar seu scanner? 24
Qual é a melhor interface do scanner? 24
De quanta resolução você precisa? 25
Qual profundidade sua cor precisa ter? 27
Quais outros fatores você deve considerar? 27
Instalação do scanner 28
Como encontrar o melhor local para seu scanner 28
Como destravar e conectar o scanner 28
Como instalar o software do scanner 29
Como anexar o scanner e fazer uma digitalização 29

Capítulo 3 - Faça sua primeira digitalização 31
As ferramentas que você precisa ter próximas ao seu scanner 32
Três etapas para a preparação da digitalização 34
Como limpar o vidro do scanner 34
Como limpar a imagem 35
Alinhe a imagem no scanner 36
Como digitalizar próximo à borda 36
Técnicas de alinhamento 36
Como alinhar imagens com bordas tortas 38
Como alinhar fotos tortas 39
Etapas para uma ótima digitalização 40
Visualize a imagem que está digitalizando 43
Selecione o modo de entrada correto 44
Soluções rápidas para obter digitalizações melhores 46
Vantagens e desvantagens da abordagem automática para a digitalização ... 46
Resolução – Você precisa de menos do que possa imaginar 47
Altere o tamanho da imagem (dentro dos limites) – dimensionamento 47
Digitalize a imagem – finalmente 49
Revise a digitalização 49
Problemas dos direitos autorais ou... Você pode não possuir uma imagem sua 50

Capítulo 4 - Grave o que você digitalizou 53
Tipos de arquivos gráficos 54
Formatos da Internet 55
Quando usar o JPEG ou o GIF 56
Formatos padrões gráficos 57
Formatos nativos 57
Opções de gravação 58
Como escolher a compressão TIFF 60
Sugestões de formato do arquivo 6
Onde você armazenará suas imagens? 62
Como usar o armazenamento do disco rígido 62
Como usar o armazenamento removível 65
Como organizar suas imagens 6

Capítulo 5 - Imprima o que você digitalizou 67
Uma pequena história das impressoras do consumidor 68
Classifique as impressoras coloridas disponíveis de hoje 69
O que são impressoras a jato de tinta coloridas 69
Para que uma impressora a jato de tinta de foto baseada em tons é melhor 70
Por que a duração da impressão importa 71
   Quem precisa da duração da impressão? 72
Para que uma impressora de sublimação dos tons é melhor? 72
O que você precisa saber sobre a tinta da impressora e o meio 74
   Você deve usar esses cartuchos de tintas de terceiros? 74
   Use o meio que produza os melhores resultados 74
   Ajuste as definições de sua impressora para obter os melhores resultados 75

Parte II - Coloque seu scanner para trabalhar 79
Capítulo 6 - Digitalize gráficos para usar na Web 81
Envie uma foto com um e-mail 82
   Digitalize a foto 82
   Digitalize uma foto para o e-mail usando um scanner Epson 83
   Digitalize uma foto para o e-mail usando o scanner HP 84
   Digitalize uma foto para o e-mail usando um scanner Canon 86
   Trabalhe com tamanhos de arquivo de foto e resoluções diferentes 87
Anexe uma foto ao seu e-mail 89
   Como anexar sua foto a um e-mail 90
Incorpore uma foto em seu e-mail 91
Como retirar uma foto de um e-mail 94
Digitalize para o e-mail e a impressão 95
Fotos de e-mail automatizadas 96
Como compartilhar fotos on-line 97
   Como digitalizar para os serviços de fotos baseados na Web 99
Faça a escolha certa – para você 100

Capítulo 7 - Digitalize documentos usando o software OCR 101
Como o OCR é conseguido 102
Quando o OCR faz ou não sentido 103
   Uma olhada no OCR comercial 103
   Uso pesado/ocasional do escritório 103
Qual é o melhor scanner para o OCR? 103
   Seu scanner é suportado? 104
   Qual a altura da resolução de seu scanner? 105
   Verifique o tamanho da área de digitalização 106
   Qual a rapidez de seu scanner? 106
O que o software de OCR pode fazer? 107
Qual software de OCR é melhor? 107
Prepare para converter um documento usando o OCR 108
   O devido cuidado e fornecimento de ADFs 109
Coisas que confundem o software de OCR 109
   Como executar o OCR no papel colorido 111
Digitalize para o OCR 111

Capítulo 8 - Use seu scanner para várias tarefas do trabalho 113
Digitalize os cartões de visita 114
    Duas maneiras de digitalizar cartões de visita 116
    Como digitalizar outros documentos pequenos 117
    Como digitalizar um cartão de visita para capturar logotipos ou outra arte 117
Digitalize para a comunicação eletrônica 119
    Como escolher o melhor scanner para a comunicação eletrônica 119
    Envie um fax a partir de seu scanner 120
    Fax com um serviço de fax 122
Envie uma imagem como um anexo do e-mail 124
Converta as páginas impressas em texto (OCR) 126
Converta os formulários impressos em eletrônicos 127
Use seu scanner como uma copiadora 127
Scanners – O armazenamento de arquivos final 129
Compartilhe seu scanner 130

Capítulo 9 - Coloque seu scanner para trabalhar em casa também 131
Álbum de recortes – Como digitalizar e compartilhar recordações 132
Como colocar um álbum de recortes em seu computador 132
    Qual tamanho precisa ter seu scanner? 133
Como digitalizar a página de seu álbum de recortes 135
Como costurar suas digitalizações 136
Compartilhe seu álbum de recortes 142
Como capturar a lembrança 145
Como criar presentes e outros objetos 145
    Crie um calendário de fotos 145
Demais para analisar 149

Parte III - Material de scanner avançado 151
Capítulo 10 - Obtenha a melhor digitalização que puder 153
Descubra as ferramentas de seu scanner 154
    Faça com que suas ferramentas automáticas funcionem melhor 154
    As ferramentas automáticas não podem fazer tudo 156
    Outros ajustes manuais 159
Resolva os desafios da digitalização encontrados 161
    Remova a transparência usando o ajuste do limiar manual 162
    Remova a transparência com seu editor de fotos 163
Digitalize o material impresso 164

Capítulo 11 - Digitalize seus negativos e slides 165
As vantagens de digitalizar negativos e slides 166
Escolha os scanners 167
    Vantagens dos scanners de filme dedicados 169
Digital ICE – Quase bom demais para ser verdade 169
Primeira etapa: como limpar os negativos e os slides 171
    Ar enlatado ou compressor de ar 171
    Como limpar um slide realmente sujo 172
Como digitalizar o filme usando um scanner de filme 173

Sumário | **IX**

Armazenamento e tratamento dos slides e negativos 175
   Armazene os negativos devidamente 176
   Coisas que perturbam seus slides e negativos 177
Antes de sair deste tópico 177
Capítulo 12 - Como organizar suas fotos 179
Como medir seu gabinete virtual 180
Como usar a capacidade do Windows para organizar 181
   Como localizar todas as suas fotos 181
   Como exibir e classificar os resultados da pesquisa 184
   Como mudar globalmente as opções de exibição 190
   Plano de organização 190
Ferramentas de gerenciamento da imagem digital 191
   Capacidade das palavras-chave 191
   Gerenciamento da imagem – Muitas opções 193
   Duas categorias gerais de gerenciadores de imagem 194
   Programas diferentes, mesmo nome 196
Capítulo 13 - Como selecionar e usar editores de foto 201
Qual editor de fotos é melhor para você? 202
   O Photoshop é o rei – Mas você precisa de um rei? 202
   Muitas alternativas para o Photoshop 204
   Photoshop Elements 205
   Microsoft Picture It! Digital Image 207
   Jasc Paint Shop Pro 8 208
   Ulead PhotoImpact 8 209
Ferramentas de edição de fotos e conceitos 210
   A capacidade da ferramenta Crop 210
   Como isolar as áreas de uma foto 212
   Como usar as ferramentas de ajuste da imagem 214
   Como usar ferramentas baseadas em histogramas e curvas 217
   Como compreender a ferramenta Curve 223
   Filtros de extensão do Photoshop 224
Capítulo 14 - Corrija e aperfeiçoe suas fotos digitalizadas 227
Como fazer com que as fotos caibam na moldura 228
   Aumente as fotos com seu scanner 229
   Como obter o tamanho certo da saída 230
   Como produzir digitalizações em tamanhos de foto padrões 232
Redimensione uma foto com um editor de imagem 234
   Use o comando Resize Image do Photoshop Elements 234
   A melhor maneira de redimensionar 236
Leitura – Outra maneira de redimensionar 237
Endireite as digitalizações tortas 237
   Escolhas ao endireitar as fotos 238
Corrija as fotos pouco expostas (mais escuras) 239
Corrija as fotos muito expostas (mais claras) 242
Correção básica da cor – Tenha muito cuidado 245
   Matizes da cor e suas causas 245

Corrija os matizes da cor 246
As ferramentas de ajuda automáticas fazem um serviço melhor 247
Remova o olho vermelho das fotos 247
 Ferramenta de remoção do olho vermelho do Paint Shop Pro 248
 Ferramenta Red-Eye Brush do Photoshop Elements 248
 Filtro de extensão para a remoção do olho vermelho 249
Como tornar nítido seu trabalho 249
 Quando tornar nítido – durante a digitalização ou depois? 249
 Qual nitidez é nítida o bastante? 250
Cobertura de muito material 253

Capítulo 15 - Corrija e restaure as fotografias 255

Prepare para restaurar as fotos 256
 Procedimentos e precauções gerais de tratamento da impressão 256
Digitalize para a restauração 257
 Amplie o original 257
 Use a definição de digitalização com a qualidade mais alta 258
 Digitalize o original – imperfeições e tudo 258
 Armazene usando um formato de arquivo sem perda 258
Conserte os rasgos e as dobras 259
Restaure uma moldura de papel 265
Limpe os fundos sujos 268
 Outra maneira de remover as manchas 273

Índice 277

Agradecimentos

Esta é minha parte favorita do livro porque é uma área secreta na qual muito poucos leitores entram. Poderia colocar os maiores segredos nacionais em uma página de agradecimentos e estou convencido de que eles estariam mais seguros do que se fossem mantidos em um cofre. E ainda, como os agradecimentos infindáveis ditos na premiação do Oscar, estes agradecimentos são uma parte importante e necessária do processo de composição do livro. Portanto, na categoria de melhor desempenho no papel de editor de aquisições...

O envelope, por favor

A vencedora é Megg Morin. Não é nenhuma surpresa. Ela tem sido minha editora de aquisições por mais anos do que iremos admitir (publicamente). É uma ótima editora e boa amiga. Além de ser editora, acabou de ser mãe de Cooper Morin assim que o livro entrou em seus estágios finais. Agora há vários vencedores na categoria de melhor desempenho em um papel de apoio. Eles incluem uma ótima moça que lida com gráficos na Osborne, Lyssa Wald. É sua função fazer com que as fotos nesta edição pareçam boas. Na verdade, venho escrevendo livros gráficos há mais de 12 anos e ela é uma das poucas pessoas que lidam com gráficos e que não acham que pixels são criaturas aladas místicas que voam na floresta encantada à noite. Os maiores créditos para Lyssa. As outras pessoas que ajudaram no livro são: Jan Jue, que fez com que parecesse que eu de fato tinha uma compreensão fundamental da língua inglesa; Mike McGee, que revisou o livro; Karin Arrigoni, que criou o índice; Melinda Lytle, que compilou o encarte colorido; e Kathleen Edwards e Kelly Stanton-Scott, que, junto com outras pessoas do departamento de produção, pegaram o manuscrito bruto e o transformaram no livro que você está lendo agora.

Em um papel maior de apoio está LeeAnn Pickrell. Como editora de projetos, sua função é um pouco parecida com uma pessoa batendo no tambor para os remadores dentro da galera no filme *Ben Hur*. Ela bate um ritmo que todo o restante de nós precisa seguir. Ter um livro pronto para enviar para a impressora não é uma tarefa pequena porque, além de trabalhar com toda a equipe envolvida em fazer o layout do livro e uma centena de outras coisas, ela está trabalhando com autores que estão fora de seu alcance físico. Como um grupo, os autores são pessoas terríveis para enviar material na hora; a única exceção que conheço é o editor técnico, Steve Bain. Odeio Steve porque ele é um autor muito organizado, que escreve bons livros e envia seus manuscritos na hora, fazendo com que o restante de nós, autores, pareça ruim. Mesmo que eu odeie Steve, conheço-o há mais de oito anos e o considero um bom amigo – mas não diga isso a ele; é nosso segredo.

Também tenho que incluir agradecimentos a Amy Podurgiel do MWW Group, em Nova Jérsei (oremos), que é meu principal contato com a Nikon e parte da razão do capítulo sobre slides e digitalização de negativos ser tão completo. Falando em digitalização de filmes, meus agradecimentos a todas as pessoas na Applied Science Fiction, aqui em Austin, por suas informações, assim como pelas ótimas pessoas na Hewlett-Packard, a partir das quais algumas das melhores digitalizações no mundo são produzidas. Especialmente ao Dr. Robert Gann que esqueceu mais sobre digitalizações do que eu aprenderei em toda a vida.

Desejo mencionar meus colaboradores regulares na Motorola, cuja maioria não teve nenhuma relação com este livro, mas realmente gosto deles e pensei que gostariam de ver seus nomes impressos (e talvez comprem muitos exemplares do livro para dar aos amigos): Mary Thomas (minha chefe), Kathy Flories, Shannon Osgood, Denise Fischer, cujo álbum de recortes usei no livro, Glenn Jones e Nick Evans.

Nenhum autor casado há mais de uma semana esquece de agradecer à sua família por suportar as viagens dos fins de semana esquecidas, férias e por ver mais da parte de trás de sua cabeça do que a frente. Para minha adorável esposa Elizabeth (aproximando-se o nosso 30º aniversário), meus profundos agradecimentos. À minha filha Grace (22 anos), se este livro vender realmente bem, você poderá ter Diana Krall tocando em seu casamento – realmente, realmente, realmente bem. Ao meu filho Jon (27 anos), obrigado por me deixar colocar todas as suas fotos quando criança no livro; as bebidas são por minha conta.

Saúde!
Dave Huss
Austin, Texas, 2003

Introdução

Os scanners são dispositivos de entrada poderosos que agora são baratos o bastante para serem usados em casa e no escritório. Quando comecei a trabalhar pela primeira vez com os scanners, não muitos anos atrás, eles eram tão caros que eu fornecia aos clientes uma lista de verificação com cinco pontos para saber se suas exigências poderiam justificar o custo de um scanner. Agora, você pode comprar um bom scanner por $50.00 e um scanner de qualidade por menos de $250. Se achar que seu scanner é apenas para digitalizar coisas planas como fotos, terá um choque agradável. Nas páginas deste livro há coisas a fazer com seu scanner que você provavelmente nunca teria imaginado possíveis. Você sabia que seu scanner pode ajudá-lo a perder peso? Sim, ele pode. Mantendo seu scanner na caixa, suba cinqüenta lances de escadas duas vezes por dia. Tudo bem, talvez não seja o melhor redutor de peso no mundo, mas quando penso sobre o que você pode fazer com seu scanner, algumas vezes fico empolgado.

Quem deve ler este livro?

Todos que desejam tirar o máximo de seu scanner. Este livro é para todas as pessoas que desejam adicionar um forte impacto visual às suas comunicações – pessoais e profissionais. Este livro não pressupõe nenhuma habilidade especial em computadores; na verdade, se você ganhou recentemente o Prêmio Nobel em Ciência da Computação, não acho que gostará do livro – mas como deseja gastar o dinheiro do prêmio em algo, por que não comprá-lo como um presente para um amigo?

O que há em cada parte do livro?

O livro é dividido em três partes para ajudá-lo a completar um curso de auto-estudo que o tornará um profissional em scanners em pouco tempo.

- A **Parte I** apresenta o mundo dos scanners como ele existe hoje. Você descobrirá que há muitos tipos diferentes de scanners e como selecionar o melhor para satisfazer suas necessidades de digitalização. Também descobrirá como configurar e manter um scanner como base para obter uma boa digitalização.

- A **Parte II** é sobre como colocar seu scanner para funcionar em várias tarefas e projetos. Inclui a digitalização de imagens para exibição na Web, conversão do texto impresso em documentos eletrônicos ou fax e criação de projetos familiares excitantes, desde álbuns de recortes até calendários de fotos.
- A **Parte III** é para aqueles que desejam fazer ainda mais com seu scanner. Nesta parte, você descobrirá como digitalizar os slides e os negativos para preservá-los de perda ou danos, e descobrirá a capacidade dos editores de fotos e como podem ser usados para restaurar e preservar heranças de família.

Quais recursos e vantagens estão incluídos neste livro?

Muitos elementos editoriais úteis são apresentados neste livro, inclusive uma lista de verificação dos tópicos de prática no início de cada capítulo para permitir que você saiba o que é tratado. Percorra essas listas para descobrir o que é relevante e interessante para você.

Os capítulos deste livro são bem completos e um índice detalhado é fornecido para ajudá-lo a revisar os termos e conceitos específicos.

Também encontrará instruções passo a passo, figuras e ilustrações para guiá-lo em cada etapa do caminho. Os outros elementos úteis incluem:

- *Dicas* que destacam as maneiras mais fáceis e mais eficientes de executar os projetos e as tarefas
- *Cuidados* que avisam sobre os erros e as armadilhas comuns
- *Notas* que destacam os conceitos adicionais relevantes
- Seções separadas *Como fazer* e *Você sabia* que contêm úteis informações extras sobre o processo de digitalização e o equipamento

As seguintes convenções são usadas neste livro:

- *Clicar* significa clicar em um item uma vez usando o botão esquerdo do mouse
- *Clicar duas vezes* significa clicar em um item duas vezes em sucessão rápida usando o botão esquerdo do mouse
- *Clicar com o botão direito* significa clicar em um item uma vez usando o botão direito do mouse

Dê sua opinião

Quando ler este livro e surgirem idéias, escreva-me e permita que eu saiba o que está fazendo com seu scanner. Por causa do volume de e-mail que recebo de meus outros livros, não posso assegurar que serei capaz de responder a perguntas técnicas ou retornar, mas, na maioria dos casos, entrarei em contato. Meu endereço de e-mail é dave@davehuss.com. Você também pode ver as últimas fotos que enviei indo até meu site na Web em www.davehuss.com. As imagens no site são atualizadas a cada duas semanas, dependendo da minha agenda.

Detalhes básicos sobre seu scanner

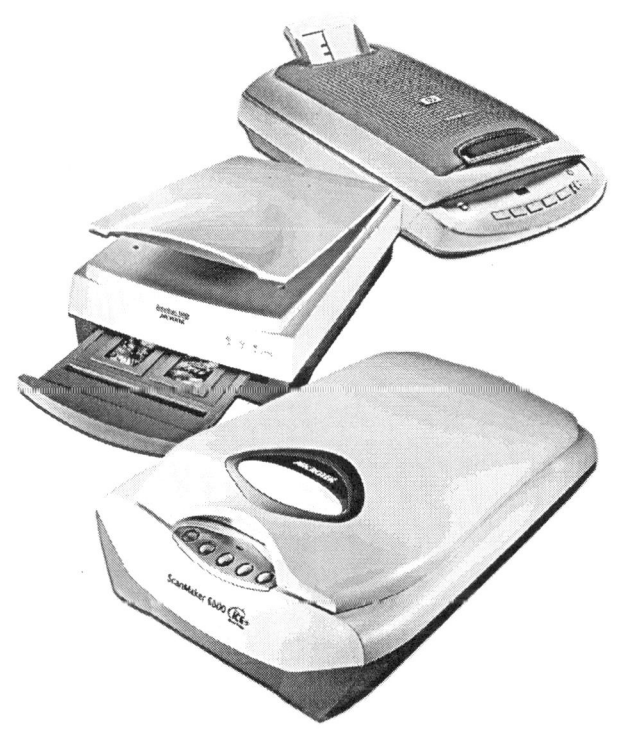

Capítulo 1

Familiarize-se com seu scanner

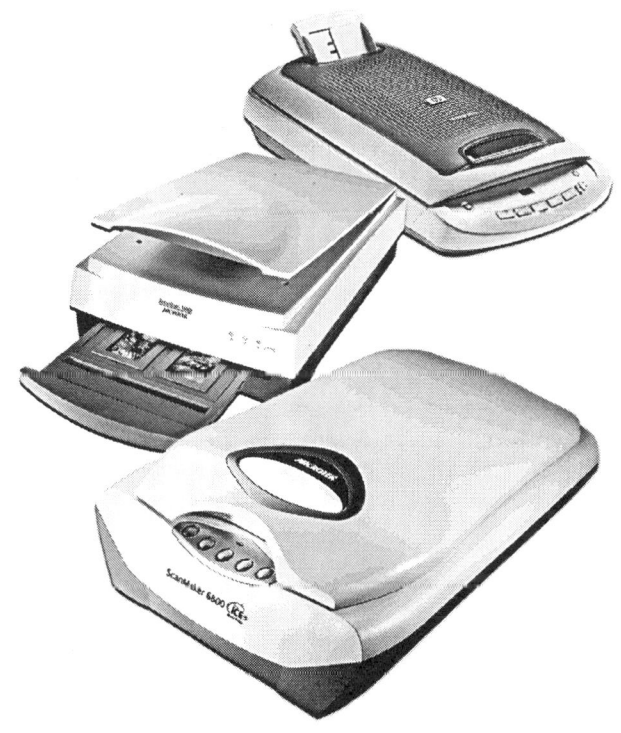

Como...

- Criar projetos inteligentes e comuns para seu scanner
- Aprender como a digitalização funciona
- Compreender alguns termos e conceitos do scanner
- Examinar os diferentes tipos de scanners disponíveis

Não muito tempo atrás, os scanners eram realmente caros, mas não faziam muito e o que eles faziam não era muito bom. Instalar uma placa de interface do scanner em um computador era um empreendimento maior, e qualquer pequeno software que existisse para controlar o scanner requeria um esforço enorme para conseguir até uma digitalização simples de uma fotografia. Mas isso foi naquele tempo, e isto é agora. Hoje, um scanner vendido por menos de $50 excede a execução da maioria dos scanners vendidos por mais de $1.000 há alguns anos. E mais, os scanners de hoje são mais inteligentes e fazem grande parte do trabalho para você, liberando-o para ser criativo. Dito isso, vejamos o que você pode fazer com essas maravilhas da imagem.

Aprenda o que seu scanner é designado a fazer

Em muitos casos o único limite sobre o que seu scanner pode fazer é sua imaginação. A maioria das pessoas considera um scanner como o hardware para digitalizar imagens para seus computadores. Embora o uso primário para um scanner seja digitalizar fotos, você pode fazer muito mais coisas com ele.

Copie e preserve as fotografias

Com as câmeras digitais se tornando tão populares, muitas pessoas começaram a criar e a compartilhar álbuns de fotos eletrônicas. E aquela caixa de sapatos cheia de fotos, negativos e slides coloridos no armário? O scanner permite que você os transforme em arquivos de computador que podem ser impressos ou enviados na Web. Você poderá também digitalizar as fotos para seu computador somente para preservá-las, como a foto mostrada na Figura 1-1. Tendo você o passatempo muito comum de montar álbuns de recortes ou se simplesmente deseja preservar sua pasta fotográfica, assim que uma foto tiver sido digitalizada, ela não poderá ficar desgastada, arranhada, torcida, dobrada ou servir como fundo para um jovem artista adolescente com um marcador de feltro. O mais importante: as imagens difíceis de crianças são preservadas para um embaraço em potencial ou chantagem quando elas ficarem mais velhas.

Capture momentos no tempo

Todos os trabalhos maravilhosos de arte que adornam as portas de geladeiras, um exemplo disso é mostrado na Figura 1-2, são os primeiros candidatos para um scanner. Embora a criação de um álbum de recortes seja uma maneira maravilhosa para colocar em ordem cronológica os momentos e os lugares em nossas vidas, os materiais nesses álbuns ficam enfraquecidos com o tempo e estão sujeitos aos fenômenos atmosféricos, incêndio e nundação. Digitalizando os artigos do jornal, ótimas impressões a lápis do gato, bilhetes de concertos ou até as páginas de seu álbum de recortes com seu scanner e gravando-os em um CD, você os terá preservado para a posteridade.

Figura 1-1 Seu scanner pode preservar fotografias e protegê-las contra o avanço do tempo.

Figura 1-2 Como preservar a arte original para as futuras gerações.

Torne as imagens melhores

Assim que uma fotografia tiver sido digitalizada para o computador, qualquer dezena de programas no mercado poderá fazer com que as fotos fiquem melhores ou poderá restaurá-las à sua glória inicial. Em alguns casos, a melhoria da foto pode transmitir algo tão simples quanto fazer que uma imagem pouco exposta fique mais clara, como a mostrada na Figura 1-3, ou envolver algo um pouco mais complexo, como remover um antigo namorado de uma ótima foto sua como mostrado na Figura 1-4.

Torne as imagens maiores e menores

Um scanner pode também ser usado para aumentar ou diminuir a foto, a imagem ou qualquer objeto sendo digitalizado. É um recurso importante dos scanners que muitos usuários desprezam. Aumentar ou reduzir uma imagem em um scanner sempre produz resultados superiores a fazer o mesmo com uma aplicação de software.

Converta o texto impresso em texto eletrônico (OCR)

Exatamente como um scanner pode converter uma foto em um arquivo gráfico, seu computador pode converter o texto impresso no papel em um arquivo do processador de textos. Usando o software de reconhecimento de caracteres ótico (OCR), seu scanner poderá digitalizar praticamente qualquer documento impresso e convertê-lo em texto. O que é mais surpreendente, o software OCR disponível atualmente permite que você digitalize uma folha de papel contendo uma longa lista de números de telefone como a mostrada na Figura 1-5 e convertê-la em um documento eletrônico, economizando horas de trabalho e reduzindo a chance de erros.

Figura 1-3 Melhorar as fotos em um computador é algo muito simples.

Figura 1-4 *Seu computador pode remover o antigo Sr. Certinho de uma foto sem usar tesouras.*

Converta os documentos impressos

Usando o OCR, seu scanner pode converter documentos impressos de uma linguagem para outra. O software que faz isso está ficando muito sofisticado e, embora eu não o recomende para a conversão de documentos críticos – como tratados de paz com nações independentes –, são maravilhosos para a correspondência. Os scanners de mão, em particular, não são muito maiores que uma caneta esferográfica gorda que pode digitalizar uma palavra e, então, mostrar a tradução na tela de cristal líquido (LCD) no scanner.

Adicione cartões de visita a livros de endereço

Você trabalha muito com cartões de visita? Eu costumava voltar de uma grande exposição de computadores com uma pilha de cartões de visita com duas polegadas de espessura. Embora haja scanners especificamente designados para digitalizar cartoes de visita, você poderá usar o seu com uma aplicação de software dedicada para capturar todas as informações dos cartões de visita e colocá-las no livro de endereços de seu assistente digital pessoal (PDA), em uma de suas aplicações comerciais como o Outlook ou uma das muitas aplicações de contato como o Act.

26 Support, warranty, and specifications

If the number below has changed, visit http://www.hp.com/cposupport/mail_support.html to check for a new one.

Argentina 0810 555 5520 (5411) 4778 8380 (outside Argentina)	*Egypt* +202 7956222
Australia 03 8877 8000	*Finland* +358 (0)203 47 288
Austria 43 (0) 810 00 6080	*France* +33 (0)1 43 62 34 34
Belgium Dutch: +32 (0)2 626 8806 French: +32 (0)2 626 8807	*Germany* +49 (0)180 52 58 143 (24 PF/min)
Brazil (11) 3747 7799 (greater São Paulo) 0800 157 751 (outside greater São Paulo)	*Greece* +30 (0)1 619 64 11
	Guatemala 1 800 999 5305
Canada 905 206-4663	*Hong Kong* +85 (2) 3002 8555
Chile 800 22 5547 (Post-sales Business Computing) 800 360 999 (Post-sales Home Computing)	*Hungary* +36 (0)1 382 1111
	India +91 11 682 6035
China +86 (0) 10 6564 5959	*Indonesia* +62 (21) 350 3408
Colombia 9 800 919 477	*Ireland* +353 (0)1 662 5525
Czech Republic +42 (0)2 6130 7310	*Israel* +972 (0)9 952 48 48
Denmark +45 39 29 4099	*Italy* +39 02 264 10350
	Japan +81 3 3335 9800

Figura 1-5 *Esta lista de números de telefone pode ser digitalizada e, usando o OCR, convertida em um documento eletrônico.*

Gerencie seus documentos assim que forem digitalizados

Não apenas seu scanner pode ser usado para o OCR, mas algumas aplicações também funcionam com seu scanner para converter os documentos impressos em arquivos de texto e para organizá-los. Com tais aplicações, você poderá digitalizar suas receitas, imprimir apresentações, artigos ou o que tiver, e eles serão armazenados em seu computador como arquivos eletrônicos. Se isso fosse tudo que os programas fizessem, eles seriam economia de tempo real. Outro ótimo recurso dessas aplicações é sua capacidade de tomar nota automaticamente de palavras-chave como datas, nomes próprios etc. nos documentos digitalizados. Posteriormente, quando você estiver tentando encontrar um artigo sobre a história de Elk Snoot, Montana, a aplicação poderá localizá-lo imediatamente e permitir que você o exiba no monitor de seu computador ou o imprima.

Capítulo 1 – Familiarize-se com seu scanner | 9

Copie seus documentos e imagens

A maioria dos scanners vendidos atualmente oferece a capacidade de digitalizar ou imprimir diretamente uma imagem colocada em seu vidro. Embora esse recurso tenha estado sempre disponível, não era útil até que os fabricantes de scanner começaram a adicionar botões dedicados na frente dos scanners tornando isso tão fácil de operar quanto uma máquina copiadora.

Envie por fax seus documentos

Com a popularidade crescente do e-mail, a máquina de fax é usada cada vez menos. E mais, quando você precisar enviar por fax um documento, será ótimo saber que a maioria dos scanners pode ser usada como uma máquina de fax de alta qualidade. Essa capacidade permite enviar e receber fax sem ter que comprar uma máquina de fax. Tudo o que você precisa, além de seu scanner e de seu computador, é uma linha telefônica e uma placa de fax modem em seu computador. A maioria dos computadores fabricados desde de 1998 inclui modens com capacidade para fax. Como o recurso de cópia descrito anteriormente, praticamente todo scanner vendido hoje oferece esse recurso de fax.

Digitalize objetos em 3D

Como a maioria de nós tem um scanner de mesa, é fácil cair na armadilha de pensar que tudo que o scanner digitalize tem de ser plano. Na verdade, nada poderia estar mais distante da verdade. Seu scanner de mesa é essencialmente uma câmera digital sem uma lente de zoom. Praticamente qualquer coisa que você possa colocar em um scanner pode ser digitalizada com sucesso e transformada em um arquivo gráfico. Isso fornece uma maneira rápida de capturar uma imagem para algo que deseja vender através de um leilão on-line como o eBay. Algumas das coisas mais óbvias de digitalizar incluem coleções de moedas e de selos, porque são essencialmente planos. Você tem pratos pintados à mão feitos por alguém adorável ou alguns itens artesanais como renda, ponto de cruz contado ou bordado? Todos esses itens podem ser colocados em um scanner e suas imagens preservadas mesmo que não caibam sob a tampa. (A tampa na maioria dos scanners levanta-se.)

Você também pode digitalizar objetos em 3D como o bule de chá chinês antigo mostrado na Figura 1-6. E mais, pode fazer ótimos arranjos florais no scanner colocando as flores nele e um papel colorido complementar ou pano sobre elas para produzir uma imagem adorável para um cartão de visitas ou carta. O peso e a altura do objeto no scanner limitam o tamanho de um objeto que você pode digitalizar. Por exemplo, uma pessoa sentada no scanner provavelmente o quebraria ou um objeto que tem um pé de altura teria suas laterais fora de foco.

Além de todas as funções que já foram mencionadas, você poderá fazer muito mais coisas com seu scanner. Essas capacidades serão analisadas no livro. Agora daremos uma olhada internamente (por assim dizer) e descobriremos como um scanner faz o que faz.

Figura 1-6 Você pode ainda digitalizar objetos em 3D como este bule de chá chinês antigo.

Os motivos e os porquês da digitalização

Os scanners são dispositivos simples, como você pode ver na Figura 1-7, e operam de modo muito parecido com uma copiadora de escritório.

1. Você coloca uma imagem com a face para baixo no vidro do scanner. Sob o vidro há uma fonte de luz conectada a um mecanismo de digitalização; juntos são chamados de *cabeçote de digitalização*.
2. O scanner usa um pequeno motor para mover o cabeçote de digitalização sob a imagem que é colocada no vidro de cópia. O sensor do cabeçote de digitalização captura a luz que reflete da imagem. O cabeçote pode ler partes muito pequenas da imagem – menores que 1/120.000º de uma polegada quadrada.
3. Um *sensor CCD* é o cabeçote de digitalização que age como o dispositivo de registro. ("CCD" significa "dispositivo de carga acoplada", que é o tipo de sensor usado nos scanners e nas câmeras digitais.) O sensor captura a luz refletida e converte-a em sinais elétricos. Esses sinais são convertidos em bits do computador (chamados *pixels*) e enviados para seu computador.

É tudo sobre a digitalização – realmente. E mais, é vantajoso conhecer algum jargão usado pelos fabricantes e usuários do scanner. Você aprenderá esses termos na próxima seção.

Capítulo 1 - Familiarize-se com seu scanner | 11

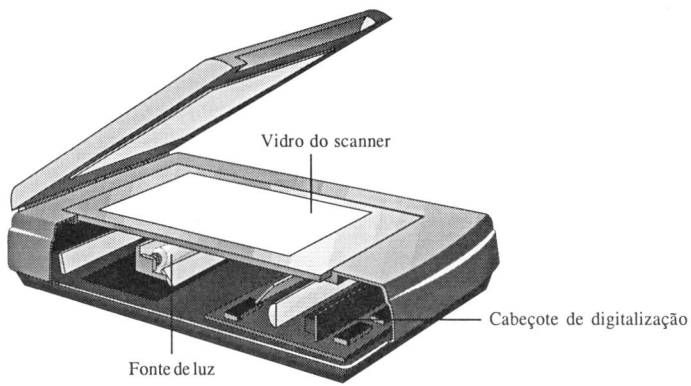

Figura 1-7 O interior de um scanner contém muito poucas partes.

Você sabia? Seu scanner vê apenas em preto e branco

Seu scanner colorido não pode ver a cor. O sensor CCD pode medir apenas a quantidade de luz que o atinge independentemente da cor. Fazer com que esses sensores com tons de cinza produzam a cor requer que a luz refletida da imagem seja dividida nas três cores primárias do computador: vermelho, verde e azul (RGB). Para tanto, a maioria dos scanners tem três linhas idênticas de sensores no cabeçote de digitalização. Cada linha é convertida com um filtro colorido diferente com vermelho, verde e azul. Todos os três conjuntos de informações (chamados canais) são então convertidos em bits e enviados para o computador, que transmite as informações para cada um dos canais RGB de seu monitor. O resultado aparece como uma imagem colorida. Os scanners mais caros concentram a luz refletida através de um prisma, que divide a luz em suas partes componentes e cada cor atinge sua respectiva linha de sensores CCD. A vantagem dessa abordagem mais cara é que a interpretação da cor é melhor. Diferente dos filtros coloridos, que tendem a ficar mais opacos com a idade, o prisma mantém a definição nítida da cor – supondo que alguém não deixe o scanner cair e desalinhe o cabeçote de digitalização.

Termos e conceitos do scanner que você deve compreender

Esteja você falando sobre motores de carro ou composição, todo campo tem sua própria terminologia. Os scanners têm suas próprias palavras técnicas também e seria útil compreendê-las e como se aplicam ao comprar ou usar um scanner.

Pixels

A menor parte de uma imagem digital, os *pixels* são geralmente referidos como os blocos de construção das imagens digitais. Do mesmo modo como uma imagem em mosaico (como a mostrada na Figura 1-8) é composta por centenas, se não milhares de blocos coloridos, uma imagem digital é composta por milhares, se não milhões, de pixels uniformemente quadrados organizados em um padrão em xadrez. Se você possui ou viu anúncios de câmeras digitais, já foi exposto ao termo. A primeira coisa que analisamos ao falar sobre as câmeras digitais é quantos milhões de pixels (megapixels) a câmera pode capturar.

Você precisa saber dois fatos sobre os pixels. Um, eles são quadrados e podem exibir apenas uma cor de cada vez. A outra coisa a entender sobre os pixels é que eles não têm um tamanho fixo como as outras unidades de medida como as polegadas ou os centímetros.

Figura 1-8 *Como esta imagem em mosaico, as imagens digitais são compostas por minúsculas partes chamadas pixels.*

Por exemplo, um pixel em uma das TVs gigantes dos estádios pode ter vários pés de largura, ao passo que um pixel de um slide colorido digitalizado pode ter uma largura de 1/8000º de uma polegada. O tamanho de um pixel é controlado por nosso próximo tópico – a resolução.

Resolução

Facilmente o termo mais mal utilizado na computação gráfica, a *resolução* define a densidade dos pixels. Dito de outra maneira, a resolução informa quantos pixels têm que caber em uma polegada ou em outra unidade de medida. Eis um exemplo: suponha que temos uma imagem com 1.000 pixels de largura. Se a resolução do dispositivo de exibição for definida para 1.000 pixels por polegada (ppi), a imagem aparecerá com 1 polegada de largura. Se a resolução for diminuída para 100 ppi, a mesma imagem aparecerá com 10 polegadas de largura. Mesmo que a exibição tenha feito com que os pixels na imagem apareçam dez vezes maiores, a imagem ainda conterá 1.000 pixels. A partir disso, podemos ver uma relação entre o tamanho da imagem e a resolução:

- Se a resolução for aumentada, o tamanho exibido ou impresso da imagem diminuirá.
- Se a resolução for diminuída, o tamanho de saída exibido ou impresso da imagem aumentará.

Descobriremos mais sobre a resolução no próximo capítulo, mas, no momento, você precisa apenas compreender a relação entre a resolução e o tamanho da saída.

Profundidade da cor

O segundo recurso técnico mais anunciado de um scanner é a *profundidade da cor*. A maioria dos scanners captura três cores primárias: vermelho, verde e azul (RGB). O número de tonalidades diferentes de cada cor que o scanner pode capturar determina quantas cores ele pode digitalizar. Por exemplo, a saída da maioria dos scanners tem sido historicamente de uma cor com 24 bits. O que isso significa é que a cor para cada uma das três cores (canais) é limitada ao número de diferentes tonalizadas que podem ser expressas por 24 bits, que é mais ou menos 16,7 milhões de cores. A maioria dos scanners oferece profundidades de cor que são superiores a uma cor com 24 bits. Embora pareça razoável que uma profundidade de cor maior produza uma cor superior, a diferença de qualidade entre uma digitalização produzida com um scanner com 24 bits e com 48 bits pode raramente ser vista a olho nu.

A principal vantagem da profundidade da cor aumentada é sua capacidade de capturar uma faixa maior de cores, mas, o mais importante, alguns scanners podem transmitir essas informações com 48 bits para aplicações que podem trabalhar com uma profundidade de cor superior e extrair o detalhe maior da imagem a partir da digitalização. Esse tipo de trabalho é geralmente feito por profissionais que têm computadores grandes e muito tempo de experiência.

Espaço da cor

Também chamado de "modo da cor" ou de "modelo de cor", o *espaço da cor* determina o modo como seu scanner e computador vêem as cores em sua digitalização. Todos os scanners permitem selecionar o espaço da cor como mostrado na Figura 1-9. Para tornar a experiência de digitalização amistosa, a maioria das interfaces do software de digitalização permite selecionar o tipo de imagem que você está digitalizando e a partir dessa escolha o modo de cor correto é selecionado. Por exemplo, se você selecionar o texto impresso, o software do scanner irá configurar internamente o scanner para o trabalho de arte. Saiba que essas definições predefinidas do espaço da cor são seleções gerais e nem sempre podem ser as melhores para a imagem que você está digitalizando. No Capítulo 3, você aprenderá mais sobre como selecionar o modo de cor correto.

Embora haja mais de uma dúzia de modos de cor, os seguintes são os mais comuns.

Trabalho de arte

Também chamado de "preto e branco". (A Adobe chama-o de "mapa de bits com uma cor".) Você também pode vê-lo referido como "cor com 1 bit". Seja qual for o nome, descreve uma imagem que tem apenas duas cores. Um exemplo clássico disso é um cartão de visitas padrão ou uma folha de texto impresso com uma impressora a laser. Saiba que, quando o termo "preto e branco" é usado para descrever um antigo filme ou show na televisão, ele está de fato referindo-se aos tons de cinza, que é o próximo modo de cor analisado.

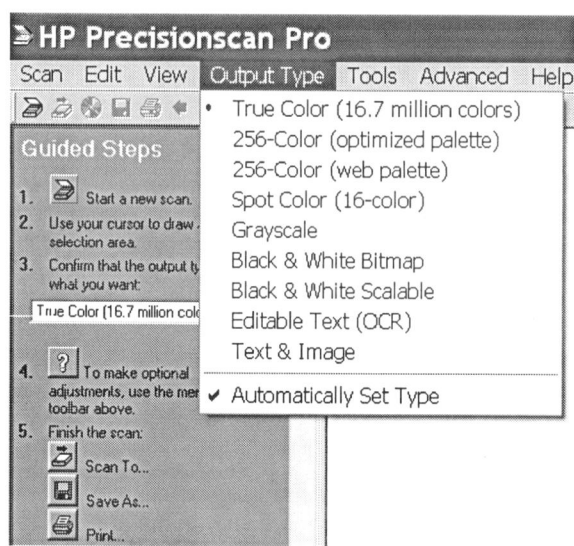

Figura 1-9 A maioria dos softwares de digitalização oferece muitas opções para o espaço da cor.

Tons de cinza

Como o trabalho de arte, o modo de tons de cinza tem apenas uma cor (preto), mas tem 256 tonalidades diferentes. Uma fotografia em preto e branco digitalizada para uma imagem de computador é um exemplo de imagens com tons de cinza.

256 cores

Este espaço de cor também tem vários nomes. Um espaço de cor favorito na Internet é também chamado de "cor com 8 bits" ou "cor indexada". Uma imagem colorida com 8 bits é composta por até 256 cores diferentes. Dependendo do número de cores na imagem original, exibir uma imagem com uma palheta de 256 cores pode às vezes fazer com que uma fotografia colorida pareça uma história em quadrinhos amadora e outras vezes exatamente como o original. Esse tópico é tratado com mais detalhes no Capítulo 6.

Cor RGB

 Mesmo que uma imagem seja usada na Web, você nunca deve digitalizá-la com 256 cores caso pretenda fazer qualquer edição nela depois de tê-la digitalizado.

O espaço da cor RGB ganha o prêmio para a maioria dos nomes. Também é chamado de "cor com 24 bits", "16,7 milhões", "milhões de cores" (pela HP), "true color" e muito mais. É o modo de cor escolhido para toda a digitalização colorida. Fornece à sua imagem colorida digitalizada uma palheta de cores grande o bastante para o scanner poder representar com segurança todas as cores do original.

Diferentes tipos de scanners

Praticamente todo scanner que você encontra será um scanner de mesa. E mais, é útil conhecer os outros scanners que existem apenas para não ficar confuso na próxima vez em que se comunicar com sua impressora, bureau ou Kinko's.

Scanners de mesa

A maioria dos scanners de mesa é plana. Eles têm todas as formas e tamanhos, alguns são mostrados na Figura 1-10. O que todos eles têm em comum é sua forma geral. Um scanner de mesa tem um vidro de cópia plano sob o qual uma fonte de luz se move abaixo do objeto sendo digitalizado. Alguns têm opções dedicadas como um alimentador automático de documentos (ADF) fornecendo uma digitalização automatizada de diversos documentos. Outros oferecem acessórios predefinidos ou externos para digitalizar os negativos de filme ou slides coloridos e têm um nome errado. São chamados de "adaptadores de transparência", que tem feito com que mais de um usuário ache que eles eram para digitalizar transparências de projeção. Alguns scanners de mesa são pequenos, finos ou ambos. Os outros têm um tamanho exagerado para que possam digitalizar imagens grandes como mapas e grandes desenhos CAD arquiteturais. Outros ainda são designados para serem usados por profissionais da impressão e custam vários milhares de dólares. O tipo mais caro de scanner não é de mesa; é um scanner chamado de scanner de tambor.

Figura 1-10 Os scanners de mesa têm todas as formas e tamanhos.

> **Nota** Qualquer equipamento ou software designado para o uso na produção de material que será impresso em uma impressora em ofsete é referido como "pré-impressão".

Scanners de tambor

Quando J.P. Morgan foi perguntado sobre quanto custava seu novo iate, ele respondeu: "Se você tiver que perguntar o preço, não pode pagá-lo." O mesmo pode ser dito sobre o scanner de tambor. Eles são grandes, custam mais que seu carro e podem requerer mais de um operador. E mais, embora provavelmente você nunca entre em contato com esses gigantes da digitalização, ouvirá falar sobre eles sempre. Veja a Figura 1-11 e a seção separada "Você sabia o que é um scanner de tambor?" para aprender um pouco mais sobre eles e o que os tornam tão famosos.

Scanners de filme

Embora ainda sejam mais caros que os scanners de mesa, os scanners de filme são scanners dedicados, como os apresentados na Figura 1-12, que são designados especificamente para digitalizar os negativos de filme e slides coloridos. Nos últimos anos, o número de fabricantes que produzem scanners de filme aumentou dez vezes e o preço desses dispositivos caiu drasticamente. Se você tiver muitos slides coloridos ou negativos de filme em uma caixa de sapatos, um investimento em um scanner de filme poderá ser uma decisão sábia. Outro candidato para um bom scanner de filme é o fotógrafo que ainda está fotografando um filme mas deseja manipular as fotos no Photoshop em vez de um quarto escuro.

Foto cortesia de Heidelberg.

Figura 1-11 O scanner de tambor Heidelberg Primescan D é usado para criar digitalizações de alta qualidade para a pré-impressão.

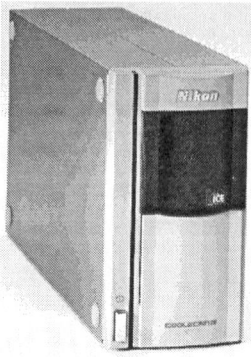 

Figura 1-12 Estes scanners de filme são designados para converter os negativos do filme e os slides coloridos em imagens de computador.

 Se você tiver feito a troca do filme para a câmera digital e tiver uma grande coleção de negativos de filme e slides, considere comprar um scanner de filme, digitalizando todos os seus negativos/slides de filme existentes e então vendendo novamente o scanner em um leilão on-line como o eBay.

Scanner de tambor

Um scanner de tambor não é na verdade usado para digitalizar tambores. Esse scanner caro consiste em um cilindro de vidro girando rapidamente no qual uma imagem é gravada no interior. Uma fonte de luz é emitida pela imagem no tambor e lida por um tubo multiplicador de fotos (PMT). Inventado em 1949, um PMT é uma válvula eletrônica contendo um sensor fosfórico. O PMT produz uma alta proporção entre o sinal-ruído (S/R), que é uma maneira técnica de dizer que produz a digitalização com qualidade mais alta.

Por melhores que sejam as imagens de um scanner de tambor, algumas dificuldades estão associadas a eles (com exceção de seu preço). É necessário montar o slide ou o negativo com um filme fino de óleo mineral ou naftalina. Naturalmente, depois da digitalização estar completa, a cobertura tem que ser removida.

Scanners especializados

São os scanners designados para funções específicas. Embora não sejam geralmente vistos nos distribuidores de vendas a varejo, são entretanto ótimas ferramentas de produtividade para os serviços que fazem.

Capítulo 1 – Familiarize-se com seu scanner | 19

Scanners de mão

Esta categoria de scanner inclui unidades que têm o tamanho de um marcador de feltro gordo e pode digitalizar uma palavra ou uma linha de texto de cada vez (veja a Figura 1-13). O que fazem com o texto digitalizado depende do que esse scanner de mão foi designado a fazer. Alguns digitalizarão o texto, executarão o OCR (converte-o no texto que pode ser transmitido para um documento do processador de texto) e então irão transferi-lo para um computador. Outros são dicionários práticos; têm uma pequena tela LCD no lado da caneta e traduzirão a palavra digitalizada para outra língua. É uma ótima ajuda quando você está lendo um documento em outra língua e não consegue se lembrar de sua definição. Você pode digitalizar a palavra e ver a definição em vez de paginar um dicionário. Esse tipo de scanner também inclui os scanners de código de barra, que não são mais ferramentas usadas apenas por grandes empresas. Muitas aplicações de pequeno escritório/escritório pessoal (SOHO) suportam a geração e a leitura dos códigos de barra.

Scanners de cartão de visita

Estes scanners dedicados fazem uma coisa e muito bem. Segure um cartão de visitas no scanner e essa jóia lerá o cartão, extrairá todas as informações dele e irá colocá-las em seu catálogo de endereços no computador ou em seu PDA. O modelo mostrado na Figura 1-14 pode digitalizar os logotipos dos cartões e outros ainda digitalizam com cores.

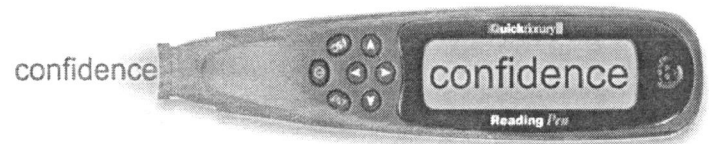

Direitos autorais da Wizcom Technologies.
Todos os direitos reservados. Usados com permissão.

Figura 1-13 Os scanners de mão executam várias funções especializadas.

Figura 1-14 Este scanner dedicado pode extrair os dados do cartão de visitas para seu computador ou PDA.

Agora que você aprendeu um pouco sobre os scanners e o que eles podem fazer, no próximo capítulo descobrirá tudo que precisa saber para comprar, instalar e manter seu scanner.

Capítulo 2

Compre, instale e mantenha seu scanner

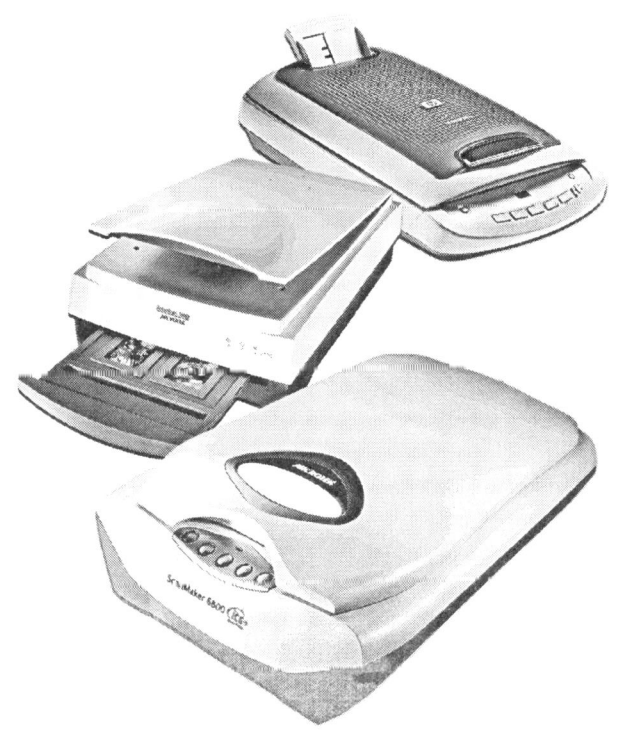

Como...

- Decidir sobre qual scanner é melhor para suas necessidades
- Ler as informações técnicas do scanner
- Instalar o software de seu scanner
- Instalar o hardware do scanner e testá-lo

Agora que você sabe algo sobre como um scanner funciona e tem alguma noção da terminologia relevante, poderá usar esse conhecimento para obter o melhor scanner adequado às suas necessidades. Este capítulo examinará as tarefas que você deseja realizar com um scanner e descobrirá qual tipo de scanner fornece a melhor combinação de preço/desempenho. Também veremos que outro equipamento é requerido no caminho de um computador e daremos uma olhada em alguns enfeites simples que podem surpreendê-lo.

Qual scanner é melhor para você?

Muitos modelos diferentes de scanners estão disponíveis no mercado. Em geral, você encontrará vários modelos de scanner diferentes do mesmo fabricante e eles parecerão semelhantes. Apenas quando observar a gíria técnica na lateral da caixa verá as diferenças entre essas unidades aparentemente idênticas. Assim que souber quais são as diferenças, terá que decidir se os recursos extras valem a pena o dinheiro extra. Sim, pode ser uma tarefa assustadora determinar qual scanner melhor satisfaz suas necessidades, mas nas seções seguintes passaremos por um processo de decisão que felizmente irá ajudá-lo a obter o máximo no investimento em seu scanner.

De qual tipo de scanner você precisa?

A primeira pergunta a fazer a si mesmo é: o que estarei fazendo a mais com o scanner? Algumas coisas para as quais um scanner pode ser usado para digitalizar incluem

- Fotografias
- Negativos de filmes e slides coloridos
- Material impresso (OCR)
- Objetos em 3D
- Objetos de família e coisas a serem lembradas

A maioria das pessoas usará o scanner para digitalizar fotos e talvez alguns outros itens. Se, por outro lado, você quiser basicamente digitalizar negativos de filme e slides, então deverá considerar a compra definitiva de um scanner de filme dedicado, que produzirá digitalizações com a melhor qualidade desse meio. A desvantagem desses scanners é que eles podem digitalizar apenas slides e negativos. Se você quiser digitalizar fotos e alguns slides e negativos, considere obter um dos scanners de foto que inclui uma unidade de transparência (TPU); assim, poderá digitalizar fotos bem como filme e negativos.

Alguns scanners de foto de ponta são designados especificamente para fotógrafos profissionais que têm ainda de fazer a transição para as câmeras digitais, mas ainda requerem magens digitais. São scanners de mesa que podem digitalizar diversos tamanhos de negativos em resoluções de até 10.000 dpi.

De qual tamanho de scanner você precisa?

De qual tamanho de scanner você precisa refere-se ao tamanho máximo do documento que pode ser digitalizado. A maioria dos scanners tem uma área de digitalização com o tamanho A4 ou de carta americana (8,5x11 polegadas). Esse tamanho da área de digitalização também chamado de "área de leitura") satisfaz a maioria das necessidades, a menos que você precise digitalizar documentos que tenham um tamanho legal (8,5x14 polegadas). E mais, alguns scanners especializados têm uma área de digitalização grande o bastante para digitalizar uma página de tablóide inteira (11x17 polegadas) e os scanners com formato grande são capazes de digitalizar grandes desenhos CAD, mapas e desenhos arquiteturais com até o tamanho E (36x48 polegadas). Durante o trabalho neste livro, descobri que as bibliotecas usam scanners do formato grande para digitalizar jornais para as finalidades de armazenamento. Esses scanners são grandes o bastante para digitalizar uma página aberta inteira de uma só vez. São chamados de *scanners com formato grande* e não são scanners de mesa; eles se parecem com o mostrado na Figura 2-1.

Você deve comprar um scanner novo, renovado ou usado?

Gosto de barganhar como qualquer pessoa, mas para os scanners, os preços caíram e o desempenho aumentou tanto nos últimos anos que qualquer scanner usado provavelmente não será uma boa escolha. Por exemplo, tenho um scanner em minha garagem que era um scanner de pré-impressão de ponta em 1993 e foi vendido por mais de $2.000. Vi vários no ebay na última semana e os vendedores não foram capazes de conseguir mais $20 por eles.

Os scanners renovados podem ser uma ótima barganha e a maioria dos fabricantes de scanner tem uma área em seu site da Web onde eles podem ser comprados. Uma peça importante do aviso ao comprar um scanner renovado ou em liquidação é comparar o preço e as especificações do scanner sendo oferecido com os novos scanners similares. Como os preços dos scanners continuam a cair, algumas vezes o preço descontado ainda é mais do que um novo scanner equivalente. Outra consideração ao ver um scanner renovado – também chamado anteriormente de possuído, reproduzido e (meu favorito) adorado previamente – é a garantia oferecida. Algumas empresas oferecem a garantia original, embora as garantias de 90 dias também sejam comuns.

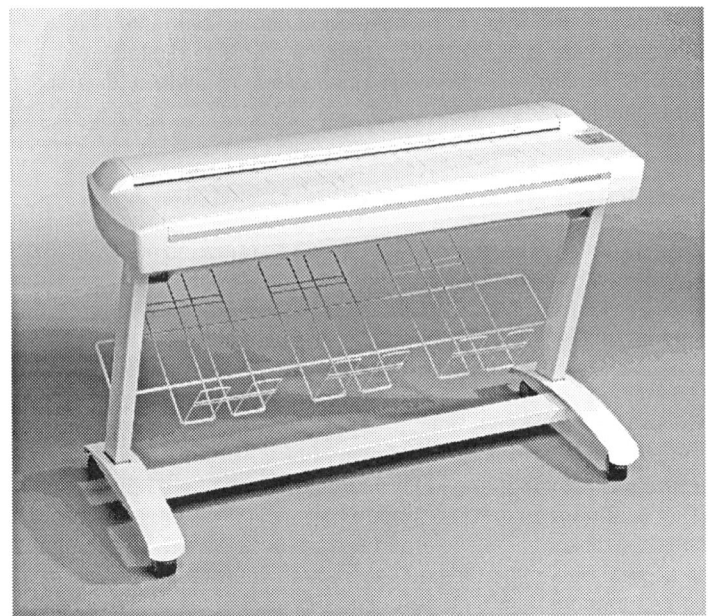

Foto cortesia da Contex.com Scanning Technology.

Figura 2-1 Um scanner com formato grande pode digitalizar documentos com até 50 polegadas de largura.

Onde você deve comprar seu scanner?

Não há nenhuma resposta pronta para esta pergunta. A vantagem de comprar na Internet é qu geralmente é mais barato e na maioria dos casos você economiza o imposto local. Mas, lembre se de que os encargos do envio podem custar mais que suas economias no imposto. Sua lo de informática local ou superloja do escritório têm funcionários para responder a suas pergunta mas as probabilidades deles saberem qualquer coisa sobre scanners (além do preço) são be remotas. Isso não os torna maus ou estúpidos; é simplesmente que a margem de lucro é tã pequena na venda dos scanners que as lojas não podem ter especialistas no local pa responder a suas perguntas. Essa mesma loja também tem muitos scanners exibidos, mas ele não estão ligados a nada, portanto você não tem a oportunidade de fazer digitalizações de teste Mas pergunte a si mesmo o que procuraria, de qualquer modo. Os scanners tornaram-se iten de conveniência – significando que um scanner da Epson será executado do mesmo modo qu o scanner equivalente da HP, embora ambas as empresas disputem minha conclusão.

Qual é a melhor interface do scanner?

A interface que seu scanner usa para conectar seu computador afeta a rapidez com a qu seu scanner pode capturar uma imagem. Apenas há alguns anos, a interface da por paralela era a interface mais usada para os scanners do consumidor, ao passo que a por SCSI (Small Computer Standard Interface) era a única opção dos scanners de ponta

atualmente, a interface de scanner mais popular é o USB 1.1 (Universal Serial Bus). Embora
SCSI ainda seja utilizado, o IEEE 1394 (FireWire) e o USB 2.0 estão sendo usados cada
vez mais nos scanners de ponta.

A interface de scanner da qual você precisa é determinada por quais interfaces estão
disponíveis em seu computador. Se você ainda estiver usando o Windows 95, não poderá
usar o USB ou o IEEE 1394. Suas únicas escolhas são a porta paralela e o SCSI. (Precisará
instalar uma placa SCSI.) Os sistemas operacionais Windows 95, Me, XP e Windows 2000
suportam o USB e o IEEE 1394, mas, novamente, seu computador tem que ter o hardware
predefinido ou como uma placa complementar). A velocidade das transferências de dados
é medida no número de palavras com 8 bits (bytes) que podem ser movidas em um segundo.
A diferença de velocidade entre as diferentes interfaces é apresentada na Tabela 2-1.

Se o seu computador não tiver uma interface USB, uma placa complementar será bem barata
- menos de $25 para uma placa PCI USB 1.1. Não se esqueça de que seu computador tem
que ter o Windows 98 ou posterior instalado para usar uma placa USB. Embora o Windows
2000 suporte o USB e o IEEE 1394, o Windows NT, não. Se você não puder decidir entre
adicionar um adaptador IEEE 1394 ou o USB, considere que, embora os adaptadores IEEE
1394 sejam apenas um pouco mais caros que os USB, o número de periféricos usados na
interface IEEE 1394 é muito menor que os usados no USB. Há também as placas PCMCIA
USB e IEEE 1394 para adicionar esse recurso aos notebooks.

De quanta resolução você precisa?

A resolução costumava ser um grande ponto de venda para os scanners há alguns anos.
Agora praticamente todo scanner oferece valores de resolução astronômicos. De quanta
resolução você precisa? Para digitalizar fotos e outras imagens, você precisa muito menos
do que pode imaginar. A maioria das imagens é digitalizada com 200 a 300 pontos por
polegada (dpi). Surpreso? Se seu scanner oferece a capacidade de digitalizar os negativos
de filme ou slides, então as resoluções mais altas de 2400-4800 dpi serão necessárias. É
porque você precisa de uma resolução mais alta para digitalizar algo tão pequeno quanto
um negativo de 35mm para algo tão grande quanto uma foto de 8x10. E mais, há algumas
coisas sobre a resolução a saber ao ler as especificações do scanner.

Interface	Velocidade de transferência máxima (Megabytes por segundo)	Fator da velocidade (Comparado com a paralela)
Paralela	0.1 MBps	-
ECP/EPP paralela	3 MBps	26 vezes mais rápido
USB 1.0/1.1	1.5 MBps	13 vezes mais rápido
USB 2.0	60 MBps	522 vezes mais rápido
SCSI-2	20 MBps	174 vezes mais rápido
IEEE 1394	50 MBps	435 vezes mais rápido

Tabela 2-1 As opções da interface – SCSI, USB 1/2, Paralela, FireWire/1392/iLink.

Você sabia? Os USBs diferentes são compatíveis

Tecnicamente, três especificações USB estão disponíveis (USB 1.0, 1.1 e 2.0). A primeira interface USB era conhecida originalmente como USB. Depois de um ano, muitas melhorias foram feitas nela e ela se tornou 1.1. Para evitar confusão, 1.0 e 1.1 são reunidas na 1.1. O USB 2.0 mais recente pode se comunicar com um computador equipado com o USB 1.1, mas a interface irá operar na transferência de dados USB mais baixa. Portanto se seu scanner tiver uma interface USB 2.0 e seu computador tiver apenas a conexão USB mais antiga, funcionará. Embora o USB 2.0 use os mesmos cabos e conectores do USB 1.1, você poderá ter cabos que causam problemas ao conectar periféricos de alta velocidade. Para evitar problemas em potencial, a maioria dos revendedores inclui cabos compatíveis com o USB 2.0 com seus periféricos USB 2; se não, você deverá comprar um.

Você sabia? FireWire, IEEE 1394 e iLink são iguais

Primeiro havia o FireWire, que foi inventado pela Apple. Mais de 400 vezes mais rápido que o USB 1.1, o FireWire tornou-se a interface escolhida para as câmeras de vídeo digital. Logo as empresas começaram a usá-lo para outros dispositivos externos que aproveitavam o rendimento de alta velocidade da interface, como os scanners e as unidades externas. Então por que não foram chamados de FireWire? Porque a Apple possui o nome e é muito restritiva ao permitir que revendedores não Apple o usem. Logo se tornou um padrão (IEEE 1394), que acabou sendo conhecido como 1394. Isso deixa o iLink, que é o nome patenteado da Sony, para a mesma interface.

Jogo do número da resolução

Ao ler a resolução nas especificações do scanner, você pode descobrir que a resolução é expressa em um formato estranho. O que você pensaria sobre os dados da resolução que informam: "1200x2400 dpi"? Ele está dizendo que o cabeçote de gravação do scanner tem uma resolução de 1200 dpi. Portanto, de onde veio "2400 dpi"? No primeiro capítulo, você aprendeu que o cabeçote de digitalização é movido sob o vidro do scanner durante a digitalização. Montado em uma correia de borracha, o cabeçote de digitalização é movimen tado por um motor especial que pode movê-lo em etapas muito pequenas. O resultado é que a resolução em uma direção é duas vezes a resolução da outra. Como você pode usar essa resolução extra? Não pode. Portanto, quando você tem dois números que descrevem a resolução de um scanner, o número menor dos dois será a resolução real e o único valor que deve interessá-lo.

A outra área confusa do jogo da resolução tem relação com o fato de que há duas maneiras de descrever a resolução de um scanner. A resolução verdadeira do scanner é chamada de *resolução ótica*. O scanner também pode "ler entre as linhas", por assim dizer, e dobra ou triplica de modo eficiente a resolução aparente através de um processo chamado de *interpolação*. As especificações do scanner costumavam listar essas informações da resolução como um valor interpolado, mas agora são listadas de uma maneira mais sutil chamando-as de *resolução de entrada* (ótica) e *resolução de saída* (interpolada).

Qual profundidade sua cor precisa ter?

Os scanners listam quantas cores podem capturar descrevendo a profundidade da cor usando o número de bits utilizados para expressar cada cor. Quanto mais bits, maior será o número de cores que podem ser capturadas. Há diversas vantagens técnicas para a profundidade da cor aumentada, mas explicar como funciona é um tópico técnico extenso que o deixaria entediado e me daria dor de cabeça. A pergunta importante a fazer é: de quantos bits de profundidade de cor você precisa? Qualquer scanner no mercado atualmente tem mais profundidade de cor do que é necessário para a maioria das aplicações.

Um aspecto da profundidade da cor e dos scanners deve ser analisado rapidamente. A maioria dos scanners, que oferece uma profundidade de cor com 30, 36 e 40 bits, pode capturar apenas essa profundidade de cor, mas então a processam e enviam uma cor com 24 bits para o computador. Não há nada de errado com isso, uma vez que apenas alguns programas de edição de fotos podem trabalhar com imagens que têm uma profundidade de cor maior. Alguns scanners (e câmeras digitais) oferecem a capacidade de enviar os dados do cabeçote de gravação para o computador. Em geral, isso é chamado de *dados brutos* e as pessoas que fazem o retoque de fotos comerciais e as outras pessoas da pré-impressão precisam de informações extras na imagem quando a manipulam (através da correção da cor, ajustes tonais etc.). Embora os dados brutos possam ser enviados para o computador e usados pelo programa de edição de fotos, em algum ponto eles terão que ser convertidos em dados RGB com 24 bits.

Quais outros fatores você deve considerar?

Depois de ter passado pelos itens mencionados nas seções anteriores e de ter estreitado sua pesquisa a algumas opções, eis algumas outras coisas a lembrar antes de fazer sua compra.

O fabricante do scanner tem reputação?

Comprar de uma empresa bem conhecida é importante por duas razões. Primeiro, se o scanner quebrar, você terá alguém que de fato responderá aos seus telefonemas e fornecerá um scanner de substituição. Segundo, uma empresa bem estabelecida continua a atualizar os drivers do scanner quando novos sistemas operacionais são introduzidos. Comprar um scanner de uma empresa da qual você nunca ouviu falar, como Lucky Happy Moon Scanners Ltda., pode ser um risco e não é recomendável.

Qual software é incluído com o scanner?

Todos os revendedores oferecem uma coleção de software para adicionar um valor mais aparente ao seu scanner. Em muitos casos, o software incluído é uma versão com recursos limitados (em geral indicado por "LE" para "edição limitada" em algum lugar em seu título), uma versão mais antiga da aplicação ou uma versão de avaliação cheia de recursos e um tempo limitado que irá parar de funcionar prontamente depois de 30 dias, a menos que você pague pela aplicação.

Instalação do scanner

Instalar um scanner em um computador costumava ser um pesadelo. Envolvia adicionar uma placa de interface do scanner ao computador e todos os outros ajustes necessários para fazer a nova placa funcionar. Atualmente, se você seguir as instruções que vierem com seu scanner, instalar será um negócio muito simples que é dividido em duas partes – software e hardware. Primeiro, você tem que instalar o software, para que, quando conectar o scanner ao computador, o sistema operacional tenha tudo de que precisa para completar a instalação do scanner.

Eis um resumo das etapas necessárias para instalar seu scanner:

1. Coloque o scanner onde ele deve ficar.
2. Destrave a trava de acesso. (Todos têm.)
3. Conecte o cabo de força, mas não o cabo USB ou IEEE 1394 ao computador.
4. Instale o software do scanner.
5. Conecte o cabo USB/1394 ao computador quando solicitado pelo software de instalação ou depois da instalação do software ficar completa.
6. Execute uma digitalização de teste e certifique-se de que tudo funcione.
7. Atualize o software de digitalização no site de suporte do fabricante.
8. Depois de completar a atualização execute uma digitalização de teste final.

Como encontrar o melhor local para seu scanner

Você deve dar alguma consideração ao local onde coloca seu scanner antes de deixá-lo em algum lugar em seu escritório. Primeiro, a superfície deve ser plana. Em seguida, se for digitalizar imagens apenas às vezes, então o local do scanner não é crítico. Por outro lado, se pretende fazer muitas digitalizações, deve considerar um local que coloque o scanner em um alcance fácil do computador. Se o melhor local for longe demais para o cabo de interface chegar ao computador, compre um mais longo. O dinheiro extra gasto para o cabo economizará muito dinheiro em consultas médicas que seriam o resultado natural de executar a versão scanner de Twister a partir de sua cadeira.

> **Dica**
> *Nunca deixe objetos, especialmente objetos pesados como livros, sobre seu scanner. Se fizer isso, de fato poderá desalinhar ou danificar o scanner.*

Como destravar e conectar o scanner

Todo scanner tem uma *trava de acesso* que impede que o cabeçote de digitalização deslize dentro dele enquanto estiver sendo movido. O cabeçote de digitalização tem que ser destravado antes do scanner ser ligado ou fará um barulho terrível quando o cabeçote de digitalização travado tentar se mover e poderá danificar o scanner. Há alguns anos, os construtores criaram algumas construções inovadoras que tornavam impossível conectar

Capítulo 2 – Compre, instale e mantenha seu scanner | 29

cabo de força ao scanner até que ele estivesse destravado. Conecte o cabo de interface o scanner, mas não o conecte ao computador.

Há vários scanners pequenos e novos que não precisam ser conectados a uma tomada AC; o contrário, eles tiram sua força do barramento USB. Esses scanners são referidos como ativados pelo USB e não podem ser conectados a um dispositivo de entrada e saída USB, a menos que esse dispositivo esteja autoligado. Você pode identificar um dispositivo autoligado pelo adaptador de força conectado a ele.

Como instalar o software do scanner

É uma operação muito automática. As únicas opções que você encontrará durante a instalação são escolhas sobre se deseja instalar o software opcional que foi incluído com seu scanner. Uma boa regra a seguir ao decidir sobre o software gratuito é perguntar a si mesmo se precisa dele ou se irá usá-lo. É uma decisão sua, claro, mas recomendo que instale apenas o software necessário para usar o scanner. Você poderá sempre instalar outro software posteriormente.

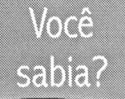

> **Você sabia?**
>
> **Por que você não deve conectar o scanner cedo demais**
>
> Se você conectar um scanner ou qualquer outro periférico em um scanner que execute o Windows 98 ou posterior, o sistema operacional irá detectar automaticamente o dispositivo e se o software do scanner não for instalado, o sistema operacional carregará um driver Windows Image Acquisition (WIA) para o scanner. A idéia do WIA parece boa, mas de fato é uma interface primitiva que não permite acessar muitos recursos do scanner.

Como anexar o scanner e fazer uma digitalização

Em algum ponto durante a instalação do software, você será solicitado a conectar o scanner ou a ligá-lo. Quando o computador detectar o scanner, ele completará sua instalação. Então, faça uma digitalização de teste para verificar se funciona corretamente. Mesmo que você tenha acabado de comprar seu scanner, poderá haver atualizações disponíveis no fabricante. Se houver atualizações, carregue-as, instale-as e depois da atualização estar completa, reinicie o computador e faça outra digitalização de visualização.

Depois de ter feito isso, você estará pronto e será capaz de iniciar a digitalização. Que funcionará bem, uma vez que é o tópico do próximo capítulo.

Capítulo 3

Faça sua primeira digitalização

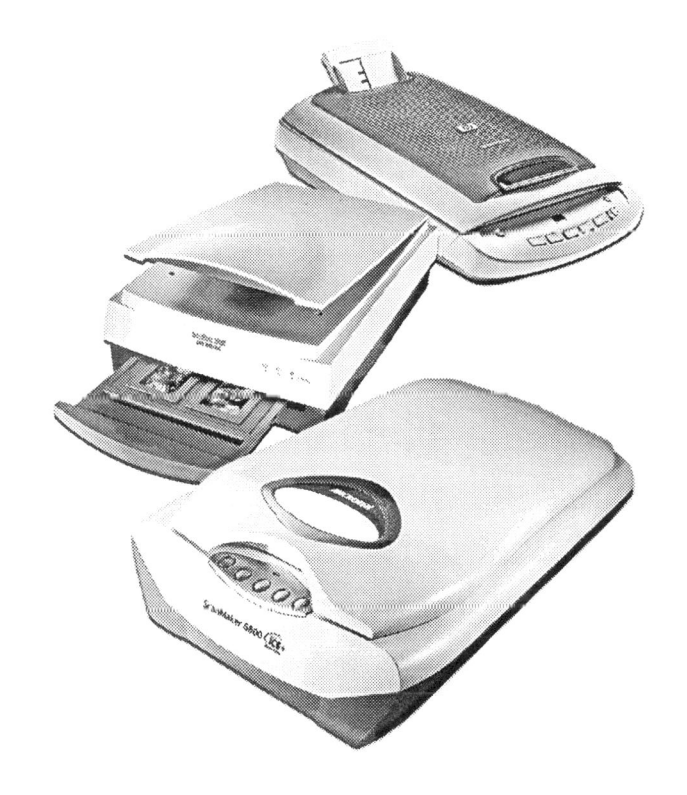

Como...

- Preparar uma imagem para ser digitalizada
- Descobrir as diferentes maneiras de iniciar a digitalização
- Obter melhores digitalizações com os recursos automáticos desativados
- Avaliar a digitalização
- Trabalhar com material com direitos autorais

Os scanners de hoje são fantásticos. Eles podem digitalizar em resoluções mais altas e capturar uma faixa maior de cores que os scanners fabricados apenas há alguns anos. Mas independentemente do quanto eles são bons, muitas imagens digitalizadas não ficam tão boas quanto deveriam, simplesmente porque elas ou o scanner não foram devidamente preparados antes de elas serem digitalizadas. Neste capítulo, analisaremos as etapas simples necessárias para preparar uma imagem para ser digitalizada e como avaliar uma digitalização completa.

As ferramentas que você precisa ter próximas ao seu scanner

As ferramentas necessárias para preparar o scanner e as imagens que você está digitalizando são os itens domésticos comuns, e os procedimentos reais são simples. O problema é, quando chega a hora de digitalizar algo, muito poucas pessoas, se houver alguma, executarão essas etapas necessárias a menos que as ferramentas estejam localizadas convenientemente próximas ao scanner. Mantenho as minhas (veja a Figura 3-1) em uma pequena cesta plástica perto de meu scanner. As ferramentas necessárias são as seguintes:

- **Limpador de vidro** Recomendo mantê-lo em uma pequena garrafa com borrifador. Qualquer marca serve, a menos que você tenha visto o filme *Casamento grego* – então sabe que Windex é a única escolha lógica.
- **Tecido sem fiapos** Há muitos produtos de papel e de tecido caros identificados como de algodão e, embora as toalhas de papel funcionem bem na maioria das vezes, consigo os melhores resultados usando camisetas velhas. Elas passam pelo secador tantas vezes que são suaves e sem fiapos funcionalmente.
- **Pincel suave** A maioria das lojas de fotos tem excelentes pincéis designados especificamente para as fotos. Alguns são antiestáticos; outros são muito largos, para tornar a limpeza da foto inteira uma tarefa mais fácil. Embora sejam bons, achei que o pincel que vem com a maquiagem funciona igualmente bem, compreendendo que é um pincel duro e tem de ser aplicado levemente – e nunca utilize um que tenha sido usado para aplicar o blush.
- **Esquadro plástico** É usado para alinhar as fotos. Uso dois tamanhos diferentes, mas praticamente qualquer um pequeno servirá.

Capítulo 3 – Faça sua primeira digitalização | **33**

- **Bloco de papel milimetrado** Usado para alinhar as fotos no vidro do scanner. Consiga um bloco de papel milimetrado barato e não o papel caro feito para os desenhistas.
- **Cola em bastão adesiva** É o mesmo adesivo usado para as pequenas notas Post-it que são colocadas em todo lugar. É usado ao alinhar as fotos.

Agora que você está devidamente armado, vejamos como preparar uma imagem para a digitalização.

Figura 3-1 Eis algumas ferramentas de digitalização que melhorarão a qualidade de suas digitalizações.

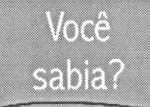

Você sabia?

Por que o ar enlatado nem sempre é a melhor escolha

Uma maneira popular de remover a poeira e os fragmentos de uma foto ou scanner é dar um jato de ar enlatado (também chamado de "ar comprimido"). Embora nada esteja inerentemente errado com o uso desses jatos pneumáticos, você deve saber sobre algumas desvantagens. Primeiro, soprar ar em uma foto pode produzir uma carga estática nela, que tende a atrair mais poeira. Dar ao scanner um jato para remover o fragmento espalha-o em qualquer coisa próxima a ele. Terceiro, o enlatado é uma solução bem mais cara do que as tradicionais analisadas neste capítulo. Mantenho uma lata de ar útil para soprar meu teclado às vezes e para qualquer outra pequena preciosidade.

Três etapas para a preparação da digitalização

Ao ler esta seção, poderá parecer que leva muito tempo para preparar uma imagem para a digitalização e não desejo tornar a digitalização trabalhosa. Minha experiência mostrou que assim que você souber o que faz, levará menos de um minuto para preparar a primeira digitalização e menos de 15 segundos para preparar as digitalizações subseqüentes. Tornar o scanner e a imagem prontos para serem digitalizados envolve as três etapas seguintes:

1. Limpe o vidro do scanner, se necessário.
2. Remova a poeira e o fragmento da foto.
3. Alinhe a foto com o vidro do scanner.

Como limpar o vidro do scanner

O vidro do scanner precisa apenas ser limpo no início de uma sessão de digitalização, a menos que você esteja digitalizando objetos em 3D como bolinhos com calda de chocolate ou sopa. É brincadeira sobre a sopa – não digitalize uma sopa.

Use um limpador de vidro aplicado com um pano suave – não o borrife ou despeje diretamente no vidro do scanner. Todo fabricante de scanner tem suas preferências para os limpadores de vidro. Por exemplo, a Hewlett-Packard (HP) recomenda limpadores de vidro que não contenham amônia, e a Microtek recomenda usar álcool. O importante é limpar o vidro e não deixar nenhuma risca nele. A melhor maneira de verificar é levantar a tampa do scanner quando a luz de digitalização estiver ligada e procurar as riscas.

> **Dica:** Se seu scanner recomendar álcool para a limpeza de seu vidro, use isopropílico em vez do álcool de polimento. O último contém óleo como a lanolina e deixará um filme sobre o vidro de seu scanner.

Não arranhe o vidro do scanner. Saiba que a maioria das toalhas de papel baratas tem uma textura áspera que pode criar pequenos arranhões no vidro. Se você não puder encontrar uma antiga camiseta ou algo equivalente, as toalhas de papel com alta qualidade servirão.

Como lidar com o vidro do scanner embaçado

Ao examinar o vidro do scanner, você poderá fazer uma descoberta surpreendente – o vidro pode parecer embaçado na parte interna. Não entre em pânico, é normal e quase todos os casos não têm um efeito prejudicial na digitalização resultante. A menos que o fabricante de seu scanner forneça instruções específicas sobre como remover ou limpar a parte interna do vidro do scanner, deixe como está.

Capítulo 3 – Faça sua primeira digitalização | 35

Como limpar a imagem

Para as fotos, a etapa mais importante é remover qualquer poeira ou fragmento com um pincel suave. Isso é especialmente essencial antes de digitalizar negativos ou slides coloridos, porque um fator de aumento maior usado para essas pequenas imagens poderá fazer com que as partículas de poeira pareçam ter o tamanho de bolas de algodão na digitalização resultante. Vários materiais e técnicas podem ser usados para de fato diminuir a sujeira e o encardido da superfície da fotografia.

> **Dica**
> *Sempre lide com as fotos e os negativos por suas bordas. Se for fazer muita digitalização com fotos ou negativos, recomendo comprar um par de luvas de algodão brancas em sua loja de fotos local. São baratas e tornam a lida com as fotos e os negativos mais fácil.*

A poeira e o fragmento podem ser persistentes e você pode descobrir que sua retirada da foto, slide ou negativo pode ser um pequeno desafio. Retire gentilmente a poeira da foto, tomando cuidado para não arranhar sua superfície. Na Figura 3-1, você notará que um de meus pincéis tem um pequeno bulbo para apertar a fim soprar a poeira enquanto a retira. Se a poeira estiver grudada na foto, a umidade no cômodo será provavelmente muito baixa. A foto pode ter uma carga estática, tornando sua foto um ímã de poeira. Tenha paciência, a poeira sairá. Se você estiver tendo problemas físicos com a imagem como um panorama ondulado ou uma foto danificada, encontrará várias técnicas para o resgate e a restauração fotográficos no Capítulo 15.

> **Você sabia?**
> **A limpeza é uma economia de tempo real**
> Toda essa atenção para a limpeza do scanner e da foto antes da digitalização real pode parecer um pouco compulsiva, mas o fato é que se a foto ou o vidro de cópia do scanner tiverem sujeira ou poeira, essa mesma poeira e sujeira serão digitalizadas fielmente para o arquivo de imagem resultante. Embora seja verdade que esse fragmento indesejado possa ser removido no computador, também leva tempo para fazê-lo de qualquer modo. Fiz três execuções cronometradas com três fotografias diferentes com quantidades variáveis de poeira, sujeira e pêlo de cachorro. Em média, fui capaz de remover o fragmento usando o Photoshop em quase 18 minutos. Então limpei todas as três imagens e os scanners antes de digitá-las novamente. Levei cerca de 20 segundos para limpar o vidro do scanner e cada foto. Assim, é verdade dizer que, embora nunca pareçamos ter bastante tempo para fazê-lo corretamente, sempre encontramos tempo para corrigir os erros.

> **Dica**
> *Detesto incluir isto, mas como conheço pelo menos três pessoas que fizeram, vale a pena mencionar. Não esfregue suas fotos com toalhinhas úmidas ou um tecido tratado com produtos para retirar pó como Pledge ou Endust.*

Alinhe a imagem no scanner

Como a maioria dos programas de edição de fotos oferece a capacidade de endireitar uma imagem que foi digitalizada torta, uma grande tentação é colocar a imagem no scanner usando a borda de seu vidro como um guia, abaixar a tampa e esperar pelo melhor. Se você passar alguns momentos alinhando devidamente a foto no scanner, não precisará fazê-lo mais tarde com o programa de edição de fotos e terá uma digitalização melhor, uma vez que a rotação do software de qualquer imagem eletrônica degrada-a. Para saber mais sobre isso, veja a seção separada a seguir sobre como girar as imagens com o software.

Como digitalizar próximo à borda

A maioria dos scanners de mesa de hoje produz excelentes digitalizações. Por causa do modo como o cabeçote de digitalização é movido mecanicamente no comprimento do scanner durante uma digitalização, a qualidade da digitalização produzida bem perto da borda do vidro de digitalização geralmente não é tão boa quanto a produzida pela área digitalizada no meio do vidro. Isso não quer dizer que as fotos colocadas próximas à borda do vidro do scanner serão piores que as colocadas no meio. É apenas um fato: as digitalizações feitas com a foto posicionada distante da borda do vidro serão melhores que as digitalizadas na borda; o quanto melhor é determinado pela qualidade do scanner. Os scanners menos caros fazem um serviço mais fraco de digitalização na borda do que os scanners com qualidade mais alta.

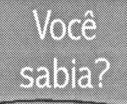

> **Você sabia?**
>
> **Como girar imagens digitalizadas usando um software que as piore**
>
> Sempre que uma imagem é girada usando o software, ela piora, com exceção das rotações que têm ângulos de 90°, 180° ou 270°, que não pioram a imagem. É porque quando a imagem é girada em ângulos diferentes dos mencionados, o computador tem que recriar (chamado de *leitura*) todo pixel na imagem para criar o efeito de rotação. O resultado mais comum dessa leitura é uma perda notável do detalhe e uma suavização geral da foto. As imagens com um pouco de *ruído* (o ruído geralmente aparece em pontos minúsculos de áreas com brilho ou escuras) ou as digitalizações de materiais impressos quando giradas desenvolverão padrões em xadrez indesejados, chamados de padrões moiré ou ondulados. Resultado: é melhor levar alguns minutos extras para ter a imagem alinhada corretamente do que tentar corrigi-la posteriormente no software.

Técnicas de alinhamento

Portanto, como você alinha uma foto colocada no meio do vidro do scanner? Depende do que está digitalizando. Se for uma fotografia cuja borda é paralela à extremidade da borda eis uma técnica simples:

1. Coloque o esquadro plástico com ângulo reto (ângulo de 90°) no vidro do scanner (como ilustrado na Figura 3-2) e então coloque a foto nele.

2. Depois de ser alinhada, deixando o esquadro no vidro, coloque lentamente a tampa de volta ao scanner. Se a imagem sendo digitalizada for muito fina e leve, saiba que é muito fácil que o fluxo de ar produzido pela recolocação da tampa mova a foto.
3. Faça uma digitalização de visualização. O resultado é uma foto alinhada com o scanner e que pode ser selecionada, como mostra a Figura 3-2, sem cortar qualquer borda.

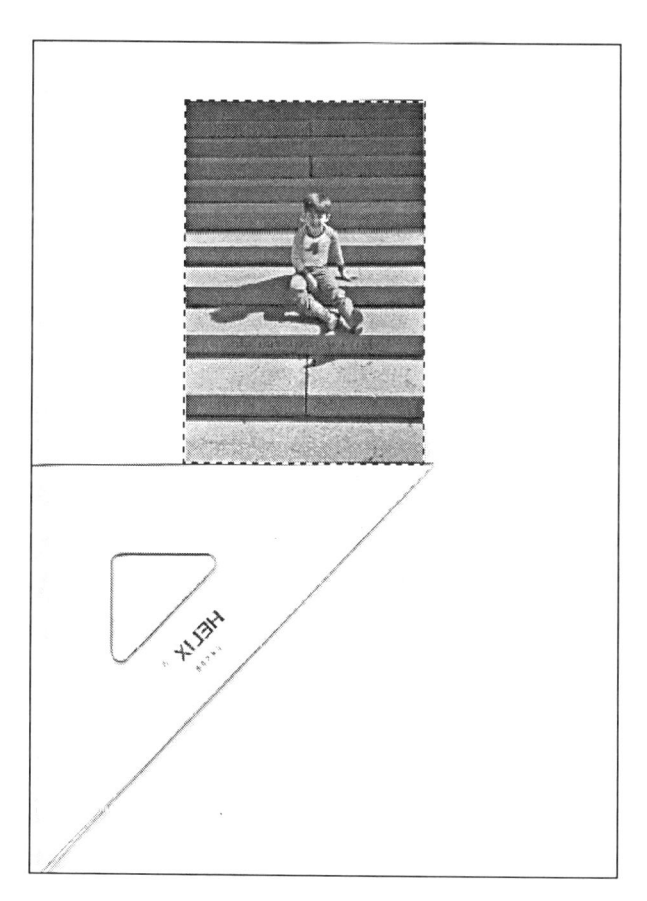

Figura 3-2 Um esquadro fornece uma maneira rápida e precisa de alinhar uma foto em seu scanner.

Como alinhar imagens com bordas tortas

Muitas vezes uma foto é cortada torta, produzindo uma borda que não é paralela com a borda real da fotografia. Isso ocorre com muita freqüência quando diversas fotos são impressas em uma única folha de papel e, então, cada foto é cortada usando uma tesoura. Para alinhar isso devidamente, precisamos de uma folha de papel milimetrado e algum adesivo Post-it.

1. Coloque um pedacinho de adesivo no meio de uma folha do papel milimetrado. A quantidade e o número de pedaços colocados no papel são determinados pelo tamanho e pelo peso da foto sendo digitalizada. As imagens maiores e/ou mais espessas podem requerer vários pedacinhos distribuídos no papel.
2. Coloque gentilmente a foto sobre o adesivo, fazendo apenas um contato muito leve. (Não queira que ela grude ainda.)
3. Coloque o esquadro sobre a fotografia para que fique alinhado com as linhas no papel milimetrado.
4. Gire a foto para que a borda da fotografia fique alinhada com a borda do esquadro como mostrado em seguida e então pressione a foto firmemente para prendê-la.

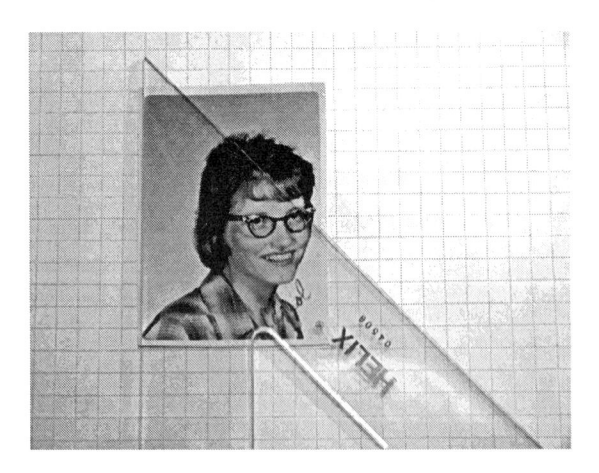

5. Remova o esquadro e coloque a face do papel no vidro do scanner com a borda do papel alinhada com a borda do vidro do scanner, recoloque a tampa e digitalize a foto.
6. Quando a digitalização estiver completa, você poderá remover facilmente qualquer adesivo que tenha permanecido na parte de trás das fotos fazendo uma bola com seus dedos.

Tenha cuidado ao aplicar o adesivo em certos materiais. Por exemplo, os antigos recortes de jornal tendem a ficar muito frágeis e poderão ser danificados se você tentar colá-los no papel milimetrado. Tenho experiência de que esse alinhamento é menos crítico com os recortes de jornal, portanto recomendo usar o esquadro para alinhar a borda mais reta. Embora a maioria das antigas fotografias com as quais trabalhei tenha a tendência de ser espessa e dura, alguns materiais de família podem realmente ser danificados pela luz do scanner. Veja o Capítulo 15 para obter mais informações sobre como digitalizar e preservar esses tipos de materiais.

Como alinhar fotos tortas

Se a borda for reta, mas a foto real estiver torta, você poderá usar a técnica anterior para endireitar a fotografia. A única diferença é: na etapa 4, você terá que alinhar um elemento vertical ou horizontal da foto com a borda do esquadro. A Figura 3-3 é um exemplo de três mastros que faziam parte de uma série de fotos tiradas para ter todas as bandeiras flamejando diretamente a partir dos mastros. Infelizmente, a câmera foi entortada quando a foto foi tirada, portanto colei a foto em um papel milimetrado para que os mastros ficassem paralelos com a grade, então digitalizei a imagem. A Figura 3-4 mostra o recorte feito quando a foto foi selecionada. Uma pequena parte da fotografia ficará perdida quando a foto for digitalizada, mas se ela tivesse sido girada usando um programa de edição de fotos, a mesma parte teria sido perdida. Um detalhe final é o fato de que a palavra "YMCA" na bandeira ficou invertida. Quando a digitalizei, tive de fazer com que o scanner aplicasse um movimento horizontal na imagem digitalizada e isso resultou na foto apresentada na Figura 3-5.

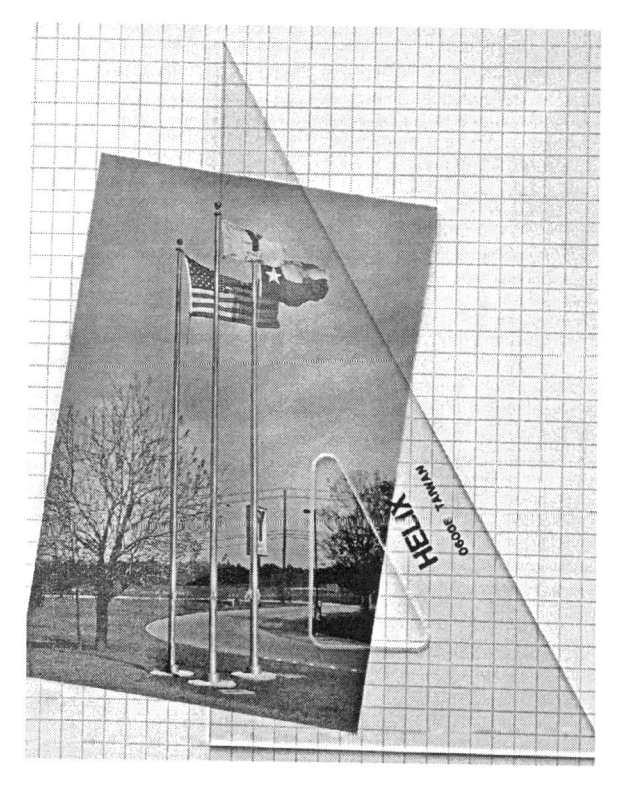

Figura 3-3 Até uma fotografia torta pode ser endireitada com seu scanner.

Figura 3-4 Os mastros ficarão retos quando digitalizados no computador.

> **Dica**
> Depois de alinhar com cuidado uma foto em um scanner e ver a visualização, você poderá descobrir que a foto está de cabeça para baixo. Não a reposicione, mas localize a função de rotação (também chamada de "espelho") e faça com que o scanner gire a imagem. O scanner poderá fazê-lo sem perda de qualidade da imagem.

Etapas para uma ótima digitalização

Agora que estamos prontos para digitalizar, precisaremos iniciar o software que controla o scanner. Isso pode ser feito de uma das duas maneiras. Você pode pressionar um botão localizado na frente do scanner que inicializa o software de digitalização que foi colocado em seu computador quando você instalou o scanner ou pode iniciar o scanner diretamente a partir de seu software de edição de fotos. Na maioria dos programas de edição de fotos, o software de digitalização é inicializado escolhendo o comando Import (Importar) no menu File (Arquivo) (File | Import) e selecionando o scanner em uma lista como o exemplo Photoshop Elements mostrado na Figura 3-6. Outras aplicações do software de edição de imagens (como o Paint Shop Pro da Jasc, o Corel PHOTO-PAINT e o Collage) inicializam a interface para o scanner escolhendo File | Acquire Image (Adquirir Imagem).

Capítulo 3 – Faça sua primeira digitalização | **41**

Figura 3-5 O scanner girou exatamente a imagem para que "YMCA" não ficasse invertida.

> **Dica**
>
> Ao iniciar o scanner de dentro de outra aplicação como o Photoshop Elements ou o Word, evite usar a interface WIA se puder. É uma interface primitiva que não utiliza muitos recursos do scanner e não produzirá os melhores resultados de digitalização possíveis.

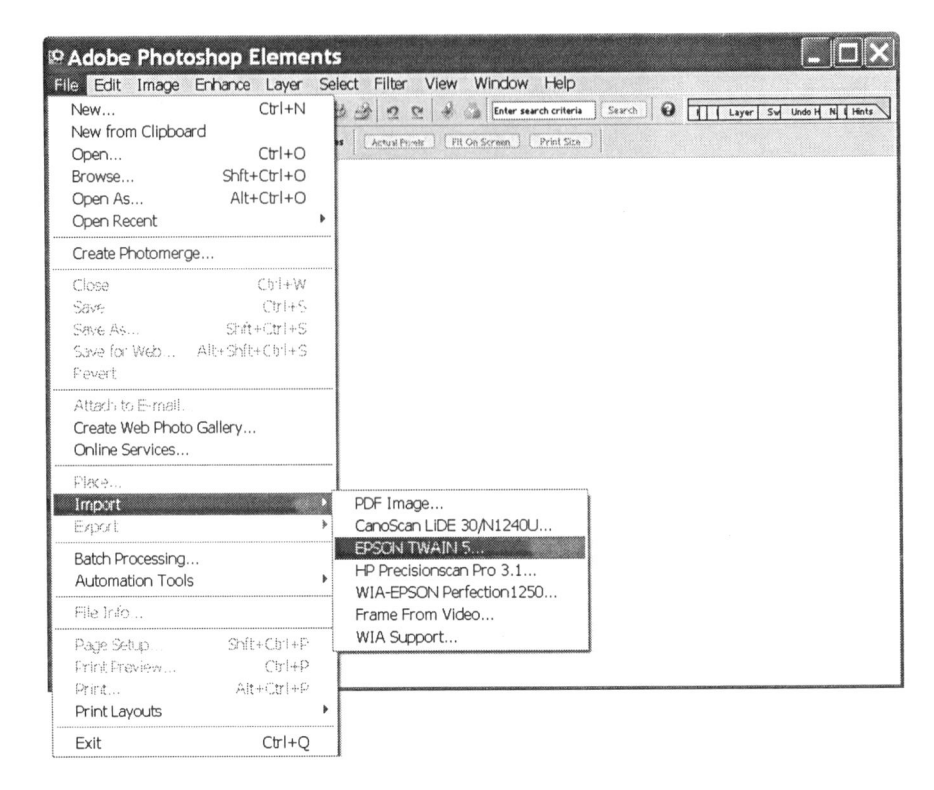

Figura 3-6 Como iniciar o scanner
de dentro do programa de edição de imagens.

Independentemente de como você o faz ou qual software de scanner está usando, o processo ainda será o mesmo. Eis as etapas básicas a seguir para digitalizar uma imagem.

1. Visualize a imagem.
2. Selecione a imagem.
3. Escolha as definições.
4. Digitalize a imagem.
5. Visualize a digitalização.
6. Digitalize novamente se for necessário.

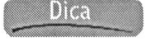

Dica

Muitos scanners no mercado atualmente iniciam em um modo totalmente automático de operação. Embora forneçam uma maneira rápida e fácil de digitalizar uma imagem, nem sempre produzem as melhores digitalizações. Para obter digitalizações otimizadas, recomendo que você não use o recurso automático.

Visualize a imagem que está digitalizando

Grande parte dos softwares de digitalização produz uma imagem de visualização assim que o scanner é iniciado. Em alguns casos, a digitalização de visualização não ocorre imediatamente, porque o software está aguardando que a lâmpada do scanner esquente, o que assegura a precisão da cor da digitalização. Em alguns casos, o scanner pode estar aguardando que você inicie a digitalização de visualização.

Praticamente todas as digitalizações de visualização são representações com baixa resolução da imagem digitalizada. Embora a visualização seja uma imagem com qualidade baixa, é usada para selecionar a área a ser digitalizada e verificar a definição do modo de cor do scanner.

Selecione a área a ser digitalizada (recorte)

A partir da visualização, você selecionará a área do vidro do scanner que deseja digitalizar. Seu scanner pode tentar selecionar automaticamente a área da imagem para você e em grande parte das vezes fará um bom trabalho. As duas situações nas quais não funcionará é quando a cor da borda da imagem sendo digitalizada for parecida com a cor da parte interna da tampa do scanner e quando você desejar digitalizar apenas uma parte da imagem colocada no scanner.

Aprimore sua seleção com o zoom

Quando estiver selecionando um único item a partir de muitos em uma folha de papel ou quando a seleção da área a ser digitalizada for crítica, eis como fazer uma seleção precisa.

1. Na visualização, clique e arraste um retângulo da área que deseja digitalizar, como será mostrado em seguida. Depois de ter feito uma seleção grosseira, poderá mover as barras de seleção clicando-as e arrastando-as para a posição desejada.

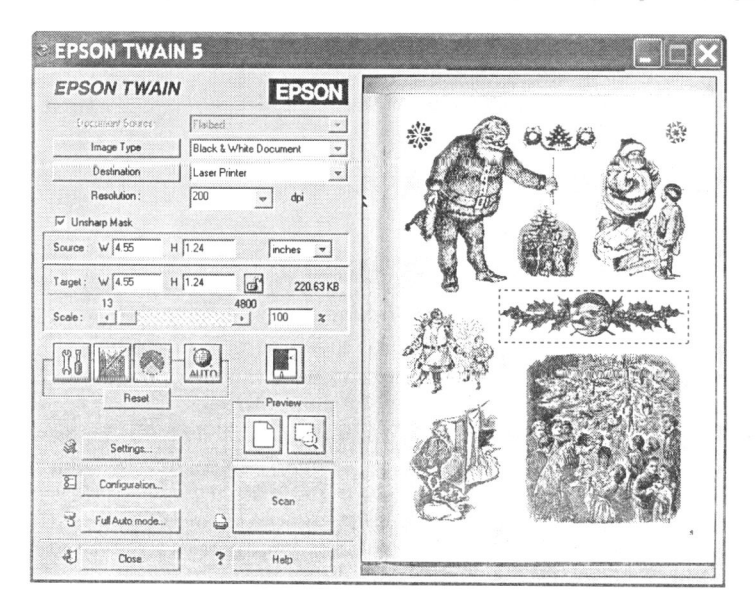

2. Depois de ter feito a primeira seleção, localize o botão ou o comando que amplia a área selecionada. Na caixa de diálogo Epson, apresentada anteriormente, é o botão com a lente de aumento na seção Preview (Visualização). Nos scanners HP, geralmente é um ícone com lente de aumento. Quando o zoom for ativado, o scanner digitalizará a imagem novamente e a área selecionada preencherá a janela de visualização, como mostrado em seguida. Neste ponto, você poderá fazer qualquer ajuste final nas barras de seleção.

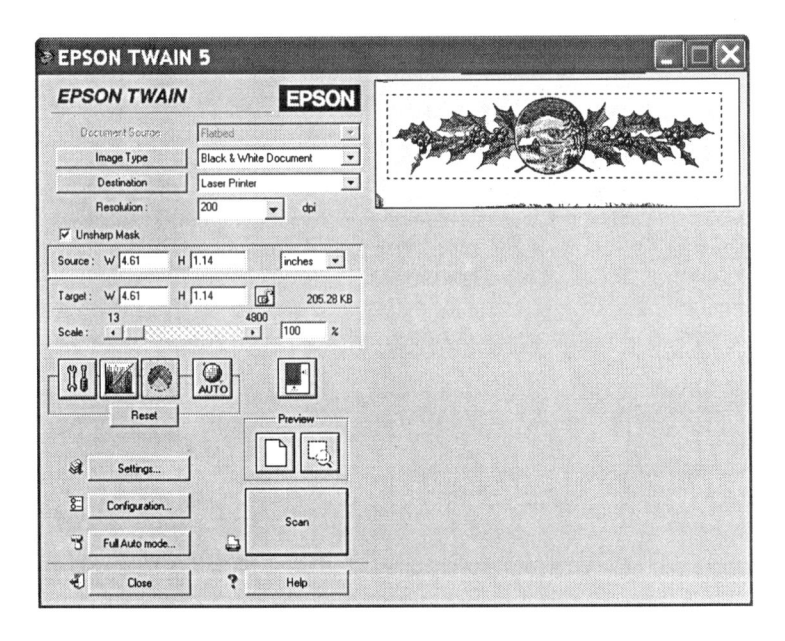

3. Se a foto não estiver orientada corretamente, você poderá girá-la neste ponto ou poderá digitalizá-la para o computador e girá-la usando seu software de edição de fotos. Lembre-se de que as rotações em múltiplos de 90° não pioram a qualidade da imagem.

Com a seleção como a deseja, você terá apenas mais algumas verificações a fazer.

Selecione o modo de entrada correto

Há pouco tempo, a caixa de diálogo que controlava o scanner pediria ao usuário para selecionar o modo de entrada da cor a partir de opções como trabalho de arte, retícula, tons de cinza, 256 cores, cores RGB, mais todas as possíveis variações de nomenclatura desses modos usados pelos diferentes fabricantes de scanner. Agora, o software do scanner com ͟ qual você trabalha irá experimentar e determinar qual tipo de imagem você está digitalizando e descreverá o modo de cor do scanner em termos de qual é a imagem. Descobri que os scanners mais cheios de recursos que custam um pouco mais ainda tendem a descrever o modo em vez do tipo de imagem sendo digitalizada.

Capítulo 3 – Faça sua primeira digitalização | **45**

A seguinte tabela mostra alguns termos mais comuns usados para descrever os vários modos de entrada da cor:

Termo técnico	Descrito comumente como
Trabalho de arte	Documento em preto e branco, OCR (Reconhecimento do Caractere Ótico), mapa de bits (1 bit)
Tons de cinza	Foto em preto e branco, 256 tonalidades de cinza
Tons de cinza com de-screening	Documento em preto e branco
256 cores	Gráficos da Web, palheta da Web
Cor RGB	Foto colorida, milhões de cores
Cor RGB com de-screening	Documento colorido
Cor com 48 bits	Bilhões de cores

Dica: *Digitalizar um material impresso pode criar padrões ondulados, portanto a maioria dos scanners oferece um recurso que elimina ou reduz muito esses padrões. O processo é chamado de "de-screening" e em geral é selecionado automaticamente pelo scanner, dependendo da seleção de seu modo de entrada.*

Como regra geral, o software de digitalização é muito preciso ao adivinhar o modo de cor correto. Eis algumas regras:

- **Gráficos de cores da Web** Embora possa ser convertido eventualmente em 256 cores, digitalize isso como imagens com cores RGB, uma vez que muitos filtros e recursos em seu software de edição de fotos precisam que as imagens com cores RGB funcionem.
- **OCR** Se você estiver digitalizando páginas de texto impresso para convertê-las em arquivos de texto, achará que a aplicação OCR que faz a conversão também controlará a digitalização.
- **Trabalho de arte** São imagens em preto e branco que você geralmente encontra nos cartões de visita. As imagens têm apenas duas cores: preto e branco. O trabalho de arte não deve ser confundido com tons de cinza. Se você estiver digitalizando o trabalho de arte que é um pouco primitivo, recomendo ler a seção no Capítulo 9 que analisa esse tópico com mais detalhes.
- **Cor com 48 bits** Este modo poderá ser usado apenas se o scanner e o programa de edição de fotos que você está usando puderem suportá-lo. Embora possa fornecer uma captura maior de detalhe para algumas imagens, os arquivos são enormes e não recomendados a menos que você esteja usando o Photoshop e tenha um sistema poderoso com muita memória, um monitor ajustado e muita paciência.

Soluções rápidas para obter digitalizações melhores

Com a seleção feita e o modo de cor selecionado, você estará pronto para digitalizar. Antes de pressionar o botão de digitalização, eis algumas considerações a serem feitas.

Vantagens e desvantagens da abordagem automática para a digitalização

A maioria dos softwares de digitalização faz um ótimo trabalho ao determinar automaticamente as melhores definições para obter uma boa digitalização da imagem no vidro do scanner. Se você tiver muitas fotografias para digitalizar e não puder investir tempo ou a qualidade da digitalização resultante não for crítica, descobrirá que poderá converter rapidamente uma caixa de sapatos cheia de antigas fotos em arquivos de imagem eletrônicos. Durante a composição deste livro, estava usando um scanner HP 5500C (veja a Figura 3-7) que tem um alimentador de fotos predefinido que permite colocar até 24 fotos e alimentá-las em lote. Ele move as fotos em uma almofada de ar muito parecida com um aerodeslizador. O tempo economizado com a colocação manual das fotos uma de cada vez é enorme. O único problema que tive com esse scanner é que o sistema de ar é um pouco barulhento e se parece muito com um pequeno aspirador de pó.

Por causa do modo como os recursos do scanner automáticos funcionam ao ajustar coisas como a exposição e os controles da cor, você obterá uma boa digitalização em grande parte das vezes. As fotos, que têm uma iluminação por trás, uma cor enfraquecida, que foram muito expostas e outras coisas, não terão tanto sucesso como as fotos com uma ótima aparência.

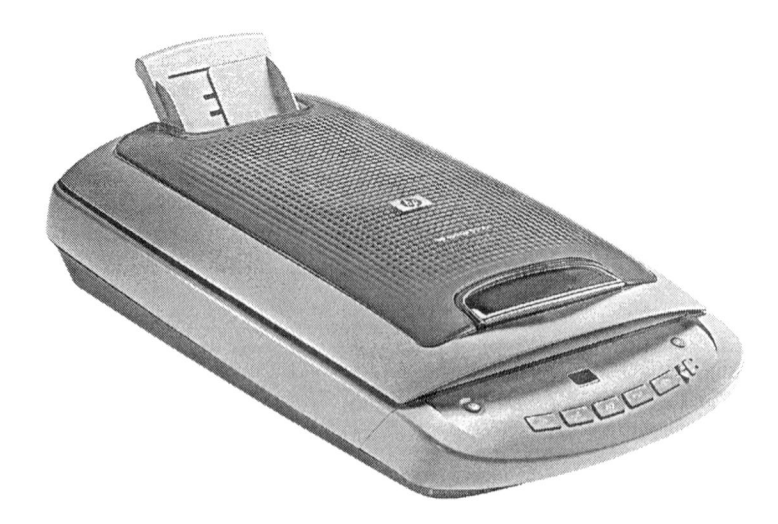

Figura 3-7 Este scanner HP 5500C fornece uma maneira rápida e fácil de digitalizar muitas fotos.

Capítulo 3 – Faça sua primeira digitalização | 47

Resolução – Você precisa de menos do que possa imaginar

Com os scanners oferecendo resoluções de 2.400 pontos por polegada (dpi) ou superior, geralmente é uma surpresa para os usuários ver que a seleção da resolução automática é definida para 200 dpi para a maioria dos tipos de imagens. Acredita-se comumente que aumentar a resolução da digitalização aumenta a nitidez e a clareza da imagem digitalizada, mas para grande parte dos tipos de digitalização não é verdade. Aumentar a resolução faz com que a digitalização leve mais tempo e crie arquivos de imagem enormes sem qualquer melhoria visível de sua impressora. Recomendo que você não mude essa definição. Portanto, por que os scanners oferecem esses valores de resolução superaltos se irão digitalizar apenas com resoluções na casa baixa do cem? Na verdade, essas resoluções mais altas são necessárias para digitalizar slides coloridos e negativos, o que será tratado no Capítulo 11, e para tornar as imagens maiores.

Altere o tamanho da imagem (dentro dos limites) – dimensionamento

Um dos ótimos recursos de um scanner, que raramente são usados, é a capacidade de mudar o tamanho de uma imagem. Embora isso tenha sido analisado no Capítulo 2, vale a pena repetir. O tamanho físico de uma imagem pode ser alterado em um programa de edição de fotos através de um processo chamado de leitura. Não importa o quanto é bom o programa, quando você aumentar o tamanho de uma foto assim, a imagem piorará visivelmente no sentido de que perde nitidez e detalhe. Se a foto original for *dimensionada* pelo scanner quando digitalizada, poderá ficar maior sem a perda associada do detalhe. O dimensionamento é feito fazendo com que o scanner digitalize em uma resolução mais alta, que produz mais pixels e cria uma imagem maior. Dito isso, gostaria de inserir um ditado que é popular no Texas: "Você não pode tirar uma bolsa de seda da orelha de um porco". Se a foto original tiver uma baixa qualidade, a imagem maior resultante também terá uma qualidade inferior. E como um resultado de ser maior, os defeitos serão mais aparentes.

Um melhor uso para o dimensionamento é quando você está digitalizando uma foto para uma determinada publicação como uma circular e precisa de uma foto com um tamanho específico para a colocação. Depois de ter recortado a foto com a área de seleção, poderá informar ao scanner qual tamanho a saída precisa ter, ele fará o cálculo e produzirá uma imagem digitalizada com o tamanho desejado. Você poderá geralmente escolher o dimensionamento na porcentagem ou escolher o modo fácil, que é informar ao programa qual deve ser o tamanho final. A caixa de diálogo mostrada em seguida é a usada em um dos scanners HP.

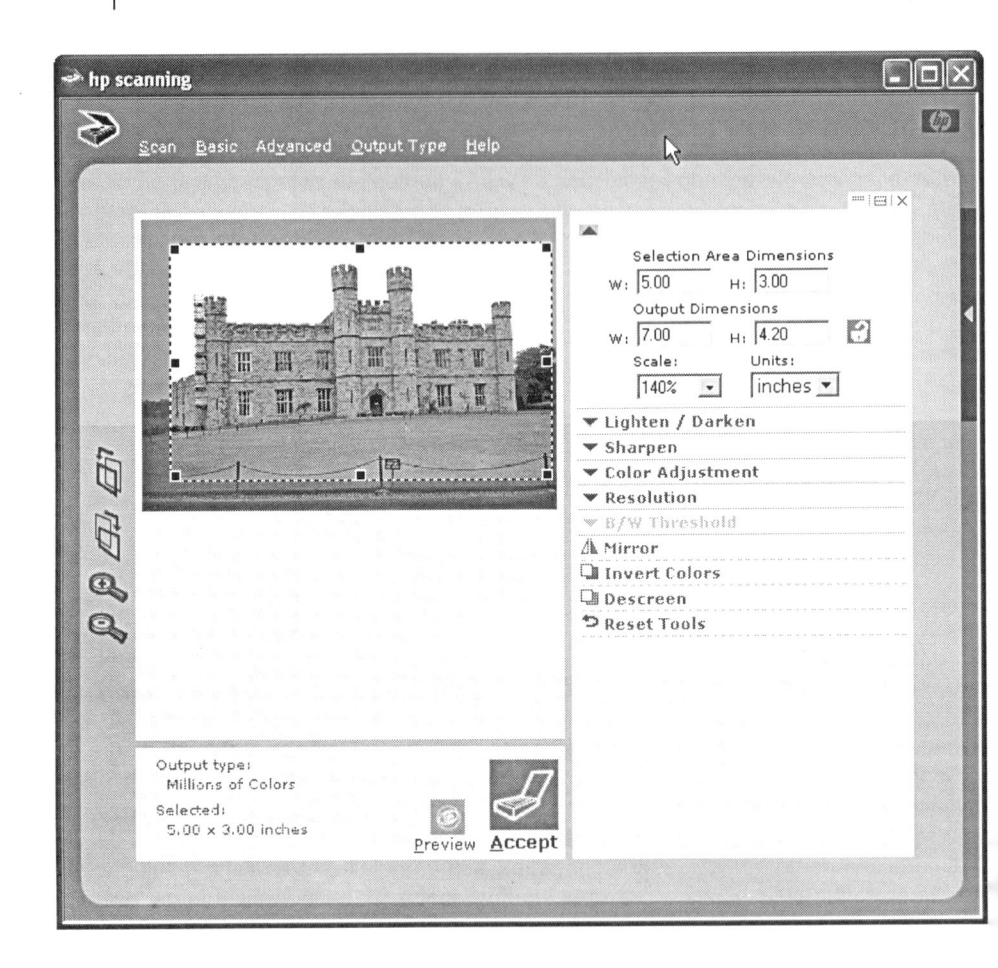

Você sabia?

E como manter as proporções?

A proporção de uma imagem descreve a taxa de largura da imagem em relação à sua altura. Ao definir a área a ser digitalizada, o recurso de proporção do software do scanner é desbloqueado por default. Isso significa que você pode mudar a taxa da largura em relação a altura da área de seleção Assim que a imagem tiver sido digitalizada para um programa de edição de imagens, a proporção será em geral bloqueada para evitar que a imagem seja distorcida. A exceção a essa regra é quando você está usando a ferramenta de recorte para mudar a proporção.

Capítulo 3 – Faça sua primeira digitalização | **49**

Digitalize a imagem – finalmente

A etapa final é digitalizar a imagem. Se o software de digitalização foi inicializado de dentro de uma aplicação de edição de fotos como o Paint Shop Pro ou o Photoshop Elements, a imagem digitalizada aparecerá em uma janela de imagem no programa. Se o scanner foi iniciado usando um botão na frente ou inicializando o software de digitalização a partir do computador, a maioria dos softwares de digitalização oferecerá a opção de enviar a imagem para um programa de edição de fotos, imprimi-la ou gravá-la como um arquivo. No próximo capítulo, aprenderemos sobre os diferentes formatos disponíveis para gravar as imagens digitalizadas e as vantagens e desvantagens de cada tipo.

Revise a digitalização

A última etapa é ver a imagem digitalizada. O serviço de digitalização não estará completo até que você tenha revisado a imagem digitalizada usando um programa de edição de fotos. Essa etapa é necessária porque a imagem que estávamos vendo neste capítulo era a imagem de visualização com resolução baixa, que não tem qualidade o suficiente para avaliar a digitalização. Eis algumas coisas a procurar ao avaliar a digitalização.

> **Dica**: Embora você possa exibir a imagem digitalizada com o visor de imagens Windows ou seu navegador Internet (se foram gravadas como imagens JPEG ou GIF), essas ferramentas de exibição nem sempre fornecem uma exibição precisa da imagem.

A imagem tem digitais, poeira ou fragmentos?

Objetos estranhos podem aparecer como manchas minúsculas de preto ou branco. Se você vir mais do que alguns, remova a foto e limpe-a. Verifique se o vidro do scanner está limpo, posicione a foto de volta no vidro e digitalize-a novamente. Se apenas um ou dois pequenos defeitos de sujeira aparecerem e a digitalização parecer bastante boa, poderá levar menos tempo usar a ferramenta de clone de seu programa de edição de fotos para removê-la, o que é tratado no Capítulo 14.

A digitalização parece estar torta?

Embora você tenha alinhado a foto no scanner, algumas vezes colocar a tampa tem um efeito de movimento rápido no qual o ar sendo deslocado pela tampa move ligeiramente a imagem. Vale a pena repetir, mesmo que seu programa de edição de imagem possa corrigir uma digitalização torta, tem o preço de uma pequena piora da imagem. Além disso, na maioria dos editores de foto, obter o ângulo de rotação correto pode levar tanto tempo ou mais do que realinhar e digitalizar novamente a imagem. Sua melhor resposta é remover a foto, realinhá-la e digitalizá-la novamente.

A imagem é muito ou pouco exposta?

O scanner define sua exposição com base nos valores médios da imagem inteira sendo digitalizada, portanto, se, por exemplo, uma parte de uma foto for realmente exposta em excesso (também chamado de "queimada"), ela afetará as definições de exposição geral do scanner e produzirá uma digitalização mais escura do que a desejada. No Capítulo 10 aprenderemos a compensar esses problemas.

> **Você sabia?**
>
> **Como os níveis de zoom afetam o que você vê**
>
> Ao exibir sua imagem digitalizada com um programa de edição de fotos ou qualquer outro visor de imagens, você precisa saber que as imagens de mapa de bits podem parecer ter distorção quando exibidas em níveis de zoom que não são 100%. É porque em níveis de zoom diferentes de 100%, você não estará de fato exibindo a imagem digitalizada, mas uma aproximação do que o computador calcula como a imagem ficaria no nível de zoom selecionado. As formas mais comuns de distorção são as linhas diagonais em uma imagem que possa parecer ser dentada ou de padrões ondulados.
>
> O tipo de imagem que você está exibindo também afeta quanta distorção pode ser produzida em diferentes níveis de zoom. Por exemplo, uma foto colorida pode ter desde um pouco até nenhuma distorção, ao passo que uma imagem em preto e branco (trabalho de arte) pode parecer muito danificada. Em quase todos os casos, a porcentagem do zoom é exibida em algum lugar na barra de títulos da janela da imagem.

Problemas dos direitos autorais ou... Você pode não possuir uma imagem sua

Uma palavra sábia – só porque você a digitaliza, não significa que pode digitalizá-la. Parece algo Zen, não é? Estou certo de que a maioria sabe que praticamente tudo que está impresso tem direitos autorais de uma forma ou de outra. A maioria dos casos é óbvia. Por exemplo, você não pensaria em digitalizar uma fotografia de um tiragem da *National Geographic* e vendê-la como papel de parede. Não pensaria – certo? Embora isso seja uma violação óbvia dos direitos autorais, outras são mais sutis.

É ilegal fazer cópias de qualquer fotografia que tenha sido feita por um fotógrafo profissional ou estúdio. Exemplos disso são fotos de escola e imagens de casamento tiradas por um profissional contratado – não as malfeitas tiradas com a câmera descartável durante a recepção. Por mais estranho que possa parecer, a lei estabelece que embora você possa ter pago uma pessoa ou organização para tirar uma foto sua e de seus entes queridos e tenha pago pelo material, a imagem ainda pertence ao fotógrafo ou ao estúdio e é uma violação da lei de direitos autorais duplicá-las.

Capítulo 3 – Faça sua primeira digitalização | 51

Digitalizar e reproduzir notas de dinheiro (prova legal), passaportes ou fazer cópias extras de sua folha de pagamento é ilegal, portanto não faça isso. É ilegal para o OCR digitalizar e reproduzir qualquer documento com direitos autorais – como este livro. Embora estejamos no ramo, digitalizar e copiar uma partitura de música também é uma violação de direitos autorais. A exceção para isso é qualquer documento que esteja no domínio público, que pode se aplicar aos documentos criados antes de 1922. Qualquer coisa criada depois de 1922 certamente cairá nas leis de direitos autorais nos Estados Unidos.

> **Você sabia?**
>
> **Sua Bíblia é de domínio público ou não?**
>
> A versão King James da Bíblia é considerada de domínio público. A maioria das outras traduções ou paráfrases populares, como a Nova Versão Internacional (NIV), a Bíblia Viva etc., tem direitos autorais e é protegida com zelo pelos proprietários dos direitos.

Capítulo 4

Grave o que você digitalizou

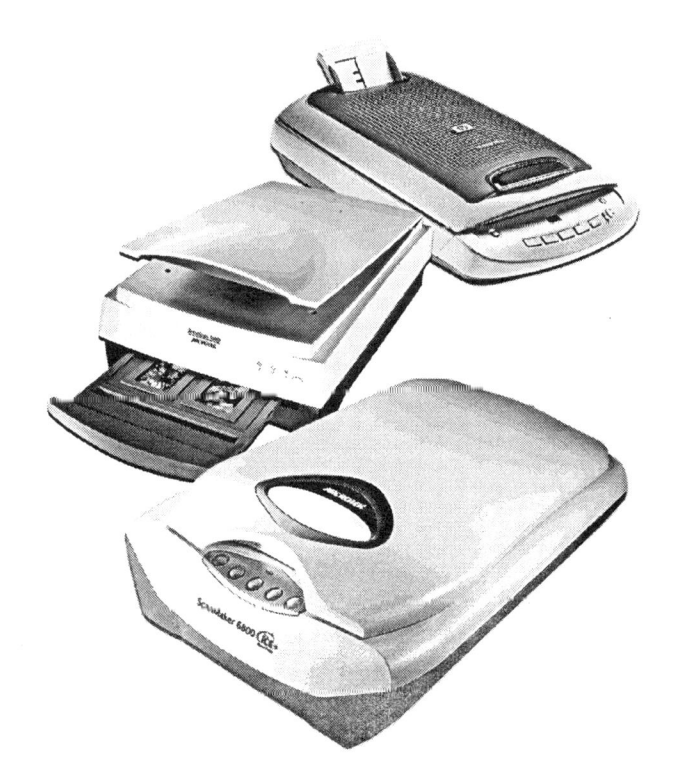

/ Dominando o scanner

Como...

- Gravar as imagens digitalizadas
- Selecionar o melhor formato gráfico
- Selecionar os melhores esquemas de compressão
- Usar dispositivos de armazenamento diferentes
- Organizar suas imagens

Depois de ter todo o trabalho de digitalizar uma imagem, você precisará gravá-la. É geralmente o momento em que vê uma grande coleção de tipos de imagens com nomes estranhos. Neste capítulo, iremos explorar várias opções para gravar suas digitalizações e aprenderemos as trocas envolvidas em tornar os grandes arquivos de imagem tão pequenos quanto for possível.

O procedimento para gravar as imagens digitalizadas não é complicado e envolve as seguintes etapas:

1. Selecione o formato para gravar a imagem digitalizada.
2. Determine o melhor meio para o armazenamento ou o transporte.
3. Escolha as definições para o formato gráfico selecionado.
4. Grave o arquivo de imagem.

Tipos de arquivos gráficos

A primeira decisão que você tem que tomar antes de gravar qualquer imagem digitalizada é qual formato gráfico usar. O modo como uma imagem é gravada usando seu software de digitalização ou seu programa de edição de fotos é como gravar uma carta em seu processador de texto ou qualquer outro programa Windows. O que faz com que pareça complicado é quando você nota que pode gravar os arquivos em muitos formatos diferentes. Se você for novo na computação gráfica, veja a lista de formatos gráficos que um programa de edição de fotos suporta, como os do Photoshop Elements, apresentados na Figura 4-1. Ter tantas opções pode quase tirar seu fôlego, mesmo que você de fato precise usar apenas alguns formatos.

Capítulo 4 – Grave o que você digitalizou | 55

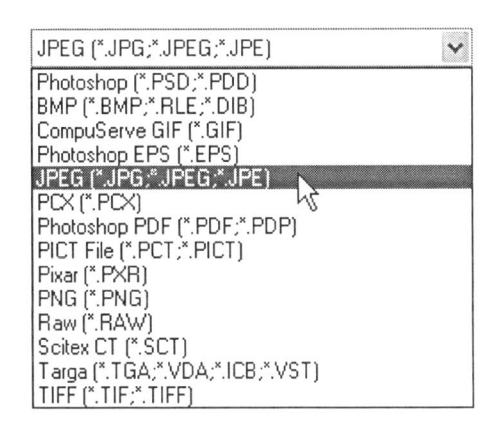

```
JPEG (*.JPG;*.JPEG;*.JPE)
Photoshop (*.PSD;*.PDD)
BMP (*.BMP;*.RLE;*.DIB)
CompuServe GIF (*.GIF)
Photoshop EPS (*.EPS)
JPEG (*.JPG;*.JPEG;*.JPE)
PCX (*.PCX)
Photoshop PDF (*.PDF;*.PDP)
PICT File (*.PCT;*.PICT)
Pixar (*.PXR)
PNG (*.PNG)
Raw (*.RAW)
Scitex CT (*.SCT)
Targa (*.TGA;*.VDA;*.ICB;*.VST)
TIFF (*.TIF;*.TIFF)
```

Figura 4-1 *Muitos formatos de arquivo diferentes podem ser usados para gravar as imagens.*

Não deixe que todos os nomes desses formatos o confundam. Basicamente, todos os formatos podem ser colocados em categorias em um dos seguintes grupos:

- **Formatos da Internet** Estes formatos são usados para serem enviados com e-mails e nas páginas da Web. São usados porque a maioria dos navegadores da Internet os reconhece e os exibe.

- **Formatos padrões gráficos** Quando você precisar gravar o arquivo em um formato que uma outra pessoa possa abrir, usará um dos formatos considerados padrões da indústria para a troca gráfica.

- **Formatos nativos** Ao gravar os arquivos para um uso posterior com seu próprio editor de fotos, você poderá gravar a imagem em um formato de arquivo que mantenha todas as informações exclusivas para essa aplicação, como as camadas, as seleções etc. Qualquer formato de arquivo exclusivo do programa que o gravou é chamado de *formato nativo*.

Formatos da Internet

O tamanho dos arquivos gráficos enviados na Internet tem de ser o menor possível para que possam ser carregados rapidamente. Para tornar as imagens menores, alguma forma de compressão é aplicada aos arquivos. Os dois formatos mais populares que têm uma compressão de arquivo predefinida são o GIF e o JPEG (inclusive o JPEG 2000). Dois tipos de compressão são usados nos formatos de arquivo: o tipo de compressão que reduz o tamanho do arquivo em mais ou menos 50% e preserva a imagem (chamado de *sem perda*) e uma compressão que consegue uma grande quantidade de compressão (até 90%) com alguma degradação da imagem (chamada de *com perda*). A Tabela 4-1 resume as diferenças entre os dois formatos.

Quando usar o JPEG ou o GIF

Embora o JPEG seja ótimo, não irá substituir o GIF em pouco tempo; para alguns tipos de imagens, o GIF é a melhor escolha para a qualidade da imagem, o tamanho do arquivo ou ambos. Compreender quando usar o JPEG requer que você conheça quais tipos de imagem funcionam melhor com ele. Em geral, o JPEG é superior ao GIF por armazenar imagens coloridas ou em tons de cinza como fotografias digitalizadas, trabalho de arte com tons contínuos e um material parecido. Qualquer imagem digitalizada contendo variações suaves na cor, como quando ocorre nas áreas destacadas ou sombreadas, será representada com mais precisão e, o mais importante, em menos espaço, usando o JPEG no lugar do GIF.

O GIF faz o melhor quando você está gravando imagens digitalizadas que contêm apenas algumas cores distintas, como logotipos simples, desenhos com linhas e desenhos animados. Para esses tipos de imagens, a compressão no GIF não é somente sem perda, mas, na maioria dos casos, de fato compacta-as melhor que o JPEG. É porque as áreas grandes de pixels de cores idênticas são compactadas com mais eficiência pelo GIF. O JPEG não pode compactar esse tipo de dados tanto quanto o GIF sem introduzir aspectos artificiais.

	GIF	JPEG
Compressão	**Sem perda** Quantidade fixa de compressão aplicada. Nenhuma perda da qualidade da imagem	**Com perda** O usuário seleciona a quantidade de compressão. Alguma perda da qualidade da imagem, dependendo da quantidade de compressão aplicada
Resultados da compressão	Redução moderada do tamanho do arquivo	Tamanho do arquivo muito reduzido
Profundidade da cor	Pode ser usada apenas nas imagens com 256 cores	Pode ser usada em imagens com 24 bits ou com tons de cinza
Usado melhor com	Imagens como desenhos animados com pouca cor, desenhos com linhas e logotipos	Todas as fotografias
Permite a transparência dando a aparência de ver através de uma imagem ou de uma imagem flutuando no fundo	Sim	Não

Tabela 4-1 A comparação entre os formatos de arquivo JPEG e GIF.

Capítulo 4 – Grave o que você digitalizou | 57

Formatos padrões gráficos

Quando você precisar enviar uma imagem padrão para uma impressora ou para um bureau, muito provavelmente eles pedirão que esteja em um formato gráfico que tenha se tornado o padrão de fato para a publicação. Seu nome oficial é Tagged Image Format File, mas todos se referem a ele por suas iniciais: *TIFF* ou *TIF*. Os arquivos TIFF também oferecem várias opções de compressão sem perda, mas, como nos arquivos GIF, você poderá esperar apenas uma redução de 40 a 50% no tamanho do arquivo. As versões mais recentes dos editores de fotos oferecem a capacidade de gravar uma imagem como um arquivo TIFF usando a compressão JPEG. Saiba que muitos programas mais antigos de edição de fotos não podem ler esses arquivos.

Dica *Muitos profissionais usam um formato chamado "Encapsulated PostScript" (EPS). Esse formato é a escolha de muitos profissionais gráficos para enviar a arte gráfica para uma impressora ou bureau, porque é o formato ideal para gravar dados vetoriais. Embora esse formato possa ser usado para os arquivos de mapa de bits de imagens fotográficas, não foi realmente projetado para ele e o tamanho do arquivo EPS resultante pode se tornar muito grande – muito, muito grande.*

Outro formato muito usado no ambiente Windows é o BMP. Quando você quiser gravar uma imagem digitalizada para usar como papel de parede em sua plataforma Windows, deverá gravá-la como um arquivo BMP.

Dica *Para preservar a qualidade das imagens digitalizadas que são importantes ou requerem a edição de fotos, você deve sempre gravar uma cópia usando um dos formatos sem perda, como o TIFF.*

Formatos nativos

Embora o software de digitalização não tenha um formato nativo, você pode gravar um arquivo no formato nativo de seu programa de edição de fotos o abri-lo posteriormente sem qualquer perda dos recursos ou informações especiais que podem ser interpretados e usados apenas por esse programa. É o formato escolhido para as imagens importantes que você pode querer revisitar mais tarde. Por que não gravar todas as imagens no formato nativo? Primeiro, os arquivos podem ficar muito grandes, especialmente se a imagem contiver muitas camadas. Em segundo lugar, poucas pessoas têm o software necessário para abrir o arquivo.

Gravar suas imagens digitalizadas em formatos diferentes dos já mencionados deverá ser feito se você tiver uma solicitação específica para eles; do contrário, não os utilize.

Opções de gravação

Dependendo do formato de arquivo selecionado, você poderá ter muito mais opções para escolher quando gravar uma imagem. A maioria das opções envolve selecionar um nível de compressão para as imagens JPEG ou escolher um tipo de compressão para os arquivos TIFF.

Como selecionar a melhor compressão JPEG

Selecionar a melhor compressão JPEG é o ato de equilíbrio entre o tamanho do arquivo e a qualidade. Para tornar as coisas um pouco mais complicadas, é difícil prever quanta compressão pode ser aplicada em uma imagem sem produzir aspectos *artificiais*, áreas graves de distorção na imagem. E mais, as definições geralmente se referem à qualidade da imagem ao invés da quantidade de compressão, portanto uma definição máxima significa que a compressão selecionada produz a melhor imagem e também o maior arquivo. Uma definição mínima aplica a compressão máxima resultando no menor arquivo e na maior quantidade de distorção. A caixa de diálogo de definição para o Adobe Photoshop Elements 2.0 é mostrada aqui:

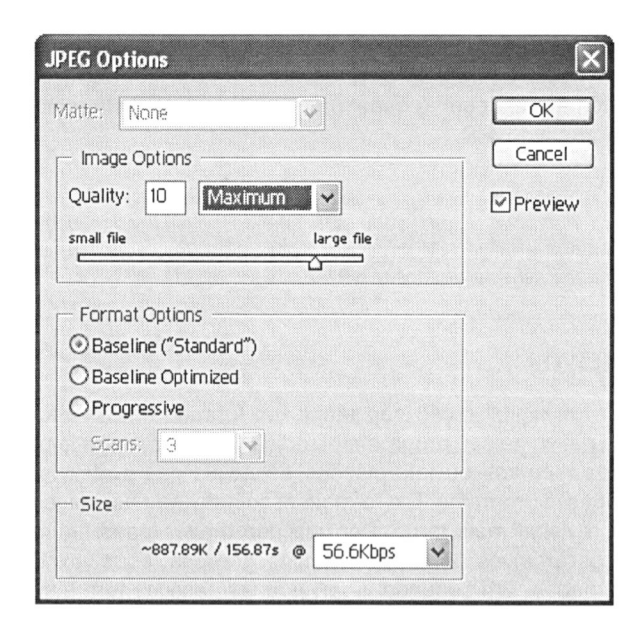

Como se tudo não fosse o bastante, a terminologia usada para descrever a definição da qualidade/compressão varia entre os fabricantes. A Figura 4-2 mostra duas imagens que foram gravadas como arquivos JPEG em níveis de compressão diferentes. A imagem à esquerda foi gravada com uma definição máxima e resultou em um arquivo com um pouco mais de 2MB. A imagem à direita foi gravada com uma qualidade de imagem mínima e resultou em um arquivo com 116KB, mas com os aspectos artificiais mostrados.

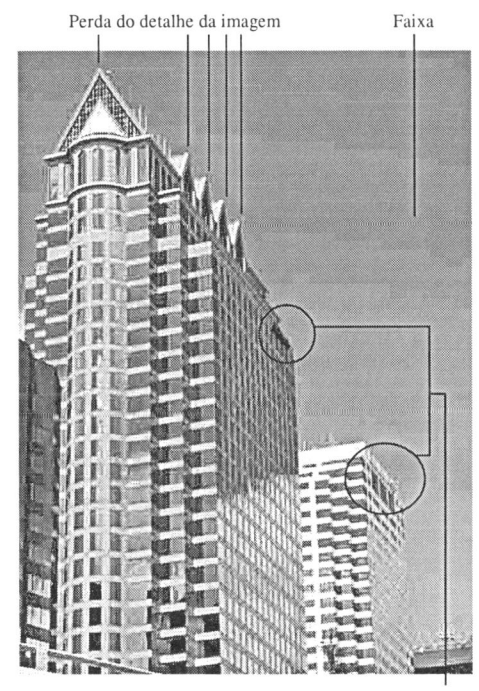

Figura 4-2 Como comparar os efeitos da qualidade máxima da compressão (esquerda) e o tamanho do arquivo mínimo (direita).

Agora que falamos o básico sobre a compressão JPEG, você precisa conhecer alguns fatores que afetam o tamanho da imagem resultante e a distorção.

- **Tamanho da imagem** Simplificando, quanto maior for a imagem, menos distorção será vista no arquivo resultante. A imagem original na Figura 4-2 era muito grande e quando qualidade mínima/compressão JPEG máxima foi aplicada, praticamente nenhuma distorção pôde ser vista. Não até eu ter redimensionado ambas as imagens para que ficassem pequenas o bastante para serem colocadas na Web, a aplicação da compressão máxima produziu os aspectos artificiais mostrados.
- **Detalhe da imagem** A quantidade de detalhe em uma imagem determina o tamanho que o arquivo resultante terá. Uma imagem complexa com muito contraste não será tão compactada quanto uma paisagem com uma grande quantidade de céu azul sólido.
- **A degradação JPEG ocorre com toda gravação** Sempre que uma imagem JPEG é aberta, modificada e gravada, uma pequena quantidade de perda ocorre. Simplesmente abrir a imagem para exibi-la não causa nenhuma degradação. Para colocar as coisas em perspectiva, a quantidade de vezes necessárias para abrir, modificar e gravar um arquivo para produzir aspectos artificiais notáveis é de 50 a 200 vezes.

- **Você não pode desfazer os efeitos da compressão** Se uma imagem foi gravada com uma definição da qualidade mínima, uma certa quantidade de dano foi feita. Gravar essa mesma imagem digitalizada com uma definição da qualidade máxima não irá desfazer o que ocorreu na primeira vez em que ela foi gravada.

- **Uma imagem com 256 cores não pode ser gravada como um arquivo JPEG** O JPEG pode ser aplicado apenas nas imagens com cores RGB e com tons de cinza.

- **Uma compressão muito pequena expande o tamanho do arquivo** Um fato pouco conhecido sobre a compressão JPEG é que se você aplicar a definição de qualidade máxima/compressão mais baixa, ela de fato dobrará o tamanho do arquivo de imagem ao invés de compactá-la. Por exemplo, no Photoshop Elements, quando você seleciona a definição de qualidade máxima no menu instantâneo, a caixa de diálogo exibe uma definição 10 (fora da faixa 12). Se você mudar manualmente o valor da qualidade para 12, o tamanho do arquivo dobrará.

- **As bordas sólidas podem causar problemas** Outros fatos pouco conhecidos sobre a compressão JPEG são que, se sua imagem digitalizada tiver uma borda grande com uma cor em torno dela, ela aumentará o tamanho do arquivo resultante e o limite nítido da borda poderá criar aspectos artificiais visíveis (bordas fantasmas).

Como escolher a compressão TIFF

Como mencionado anteriormente, a compressão disponível para as imagens TIFF é a sem perda. Apesar disso, muitas impressoras, bureaus e outras organizações gráficas (inclusive o departamento gráfico de minha editora) insistem que nenhuma compressão a ser aplicada nas imagens TIFF é enviada com elas. Os arquivos resultantes podem ser bem grandes, mas são carregados muito rapidamente, uma vez que o arquivo não precisa ser descompactado antes de ser aberto em uma aplicação. Para manter seus arquivos menores, sempre recomendo selecionar uma compressão para os arquivos TIFF; qualquer escolha funcionará. A imagem que segue mostra algumas opções disponíveis ao gravar um arquivo TIFF com o Photoshop Elements. Duas opções – Zip e JPEG – não são suportadas nos programas mais antigos que podem ler os arquivos TIFF. A compressão LZW é provavelmente a mais usada para a compressão TIFF nos PCs.

Estamos quase acabando. Você também tem a opção de gravar o perfil da cor associado à imagem. Embora alguns scanners mais caros anexem um perfil de cor à imagem digitalizada que eles produzem, a opção de anexar um perfil de cor a um arquivo de imagem geralmente é mais vista nos programas de edição de fotos. É útil quando a foto será reproduzida por um sistema que possa utilizar os perfis da cor. Não são mágicos; atribuir um perfil não as torna cores precisas, apenas fornece parâmetros específicos para ajudar a um sistema de gerenciamento de cores a produzir cores precisas. Se você tiver camadas em sua imagem e o formato de arquivo selecionado as suportar, então terá a opção de gravar as informações da camada com a imagem.

Não terá terminado ainda se o formato de arquivo selecionado tiver opções adicionais.

Capítulo 4 – Grave o que você digitalizou | 61

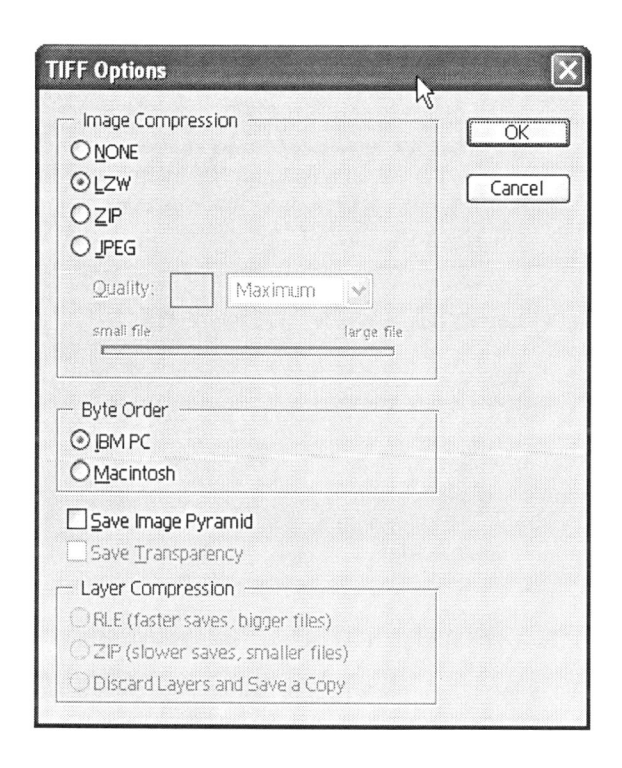

Dica

Os novos programas de edição de fotos suportam e gravam suas imagens no formato TIFF mais recente. Certifique-se de que as pessoas que estão recebendo suas imagens digitalizadas como arquivos TIFF para a impressão possam suportar a versão mais recente também ou poderão não ser capazes de abrir seus arquivos.

Você sabia?

O que é um perfil da cor, a propósito?

Um *perfil da cor* descreve como as cores em um dispositivo como um scanner, impressora ou monitor mapeiam um certo espaço da cor. Em outras palavras, são as informações anexadas a uma imagem que informam ao dispositivo que lê o arquivo sobre como as cores devem ser exibidas para que coincidam com as cores como elas apareceram no sistema que criou o arquivo.

Sugestões de formato do arquivo

Se você estiver trabalhando com imagens que têm de ser mantidas e possivelmente revisitadas mais tarde, sempre grave o arquivo no formato nativo. Para enviar para a impressora ou para a colocação em um programa de layout de páginas, grave uma cópia como um arquivo TIFF. Se você quiser compartilhar as fotos com um amigo, grave uma cópia como um arquivo JPEG. Mesmo que seja uma compressão com perda, seus efeitos serão visíveis apenas quando você aplicar uma compressão extremamente alta. Alguns scanners mais novos e programas de edição de fotos oferecem a opção de gravar a imagem como JPEG 2000 (JP2). Isso permite uma compressão maior que o JPEG, com menos degradação da imagem. Antes de você ficar entusiasmado e começar a gravar as imagens nesse formato, recomendo que espere até que a maioria dos maiores navegadores da Internet suporte esse novo padrão JPEG. Caso contrário, prometo que descobrirá que muitos de seus amigos e associados não poderão abrir ou exibir o arquivo. É um padrão novo ótimo, mas ainda é muito novo.

Onde você armazenará suas imagens?

Se estiver digitalizando apenas uma única foto para anexar a um e-mail, será mais bem servido gravando a imagem na pasta My Photos (Minhas Fotos) no Windows ou em alguma outra pasta criada se estiver usando uma versão anterior do Windows. Se estiver armazenando muitas fotos, terá de saber que as fotos coloridas ocupam muito espaço no disco rígido, portanto, um pouco de planejamento prévio será benéfico a longo prazo. Antes de analisarmos o gerenciamento das imagens, consideremos as opções disponíveis para armazenar suas imagens digitalizadas.

Como usar o armazenamento do disco rígido

Há duas classificações de armazenamento gerais para as imagens digitalizadas – removível e fixo. O armazenamento fixo é geralmente limitado aos discos rígidos, que agora vêm com capacidades monstruosas de até 250 gigabytes (GB) ou 250 bilhões de bytes de dados, como o apresentado aqui. Na verdade, haverá logo discos com +350GB. Se você fosse armazenar fotos coloridas 5x7 digitalizadas em uma alta resolução e gravadas como arquivos TIFF em tal disco, ele poderia manter 250.000 delas. A vantagem de armazenar suas imagens digitalizadas nos discos rígidos é que os discos são rápidos e baratos. A desvantagem básica dos discos rígidos é que eles são dispositivos mecânicos que podem e falham. Se você armazenar suas fotos ou outros documentos em um disco rígido, recomendo configurar um disco duplicado para manter uma cópia espelhada do que há no disco. Meu disco está mantendo atualmente mais de 25.000 fotos e outros documentos representando mais de 30 anos de fotografia e centenas de horas de digitalização em filme e fotografias. Por menos de $100 comprei um disco rígido suficiente para fazer backup do disco rígido primário e o configurei para fazer backup do disco primário automaticamente toda noite.

Capítulo 4 – Grave o que você digitalizou | 63

Como usar o armazenamento removível

Quando o primeiro PC da IBM apareceu, ele oferecia apenas uma forma de meio removível – fita cassete. Não estou brincando. Os 1,44MB de um disquete tradicional parecem minúsculos segundo os padrões de hoje, onde mais de 4 gigabytes podem ser transportados facilmente para e a partir do trabalho em um único DVD do tamanho de um CD. Agora que você tem tantas opções para o meio removível, seria impossível listar todas. Portanto a tabela seguinte lista as formas populares e ainda algumas que não estão mais conosco.

Dispositivo	Capacidade	Comentários
Disquete 3,5"	1,44MB	Já foi o rei do armazenamento portável, está sendo substituído lentamente pelo gravador de CD. O custo médio é muito barato – beirando a gratuidade (com descontos).
Drive Zip	100-750MB	Ainda um meio popular com a capacidade de 100MB, embora os discos com 250MB e 750MB nunca tenham se tornado tão populares quanto o de 100MB. O custo por disco é de $8-$10 para 100MB e $12-$18 para os discos com 250MB e 750MB.
Dispositivos de memória	16MB a 1GB	O CompactFlash, SmartMedia, MediaStick e o Microdrive são geralmente usados em dispositivos digitais como as câmeras e os MP3 players, mas também podem ser usados para armazenar e transportar dados.
SuperDrive	100MB	Não é mais vendido nos Estados Unidos. Uma ótima idéia que entrou no mercado tarde demais. Era muito popular com muitas pessoas porque podia ler os disquetes 3,5" comuns e o disco com capacidade mais alta.
Gravador de CD	600-700MB	Chamado de *queimadores de CD (CDR)*, esta classe de dispositivo de armazenamento tornou-se a reprodução dominante no mercado do meio removível. Com uma capacidade grande e um meio muito barato, tornou-se rapidamente o meio removível escolhido.
Drive Jaz	1-2GB	Já foi o rei do armazenamento removível com alta capacidade, os drives Jaz agora descontínuos da Iomega foram lentamente colocados fora do mercado pelos gravadores de CD mais rápidos e baratos.
DVD	4,7GB	Introduzido lentamente pelos formatos em conflito e os altos preços inicialmente para os gravadores e a mídia, o DVD está agora ganhando popularidade como um dispositivo de armazenado de massa.

Como organizar suas imagens

Quando sua biblioteca começar a crescer, você descobrirá que pode ser quase tão difícil localizar um certo arquivo de fotos quanto encontrar uma foto colocada em uma caixa de sapatos. Se você for um amador sério ou um fotógrafo profissional, precisará de um produto que possa permitir atribuir palavras-chave, o controle das fotos nos CDs e em outros locais e que possa oferecer outros recursos de gerenciamento do banco de dados também. Existem vários produtos. Atualmente estou gerenciando uma biblioteca com mais de 25.000 fotos. (Muitas são fotos ruins – mas meus drives são *enormes*, portanto raramente descarto qualquer foto digitalizada.)

Os organizadores de fotos variam desde um shareware realmente pobre até alguns produtos excelentes como o Jasc Paint Shop Album, o Adobe Photoshop Album, o Canto Cumulus e o Portfolio da Extensis. O recurso mais importante que você deve procurar em um gerenciamento de imagens é a facilidade com a qual ele é configurado e usado. Outros recursos importantes são a capacidade de extrair informações de palavras-chave dos arquivos existentes e a capacidade de pesquisar pelas palavras-chave e pequenas imagens. O Portfolio 6 é um exemplo de organizador de fotos (veja a Figura 4-3). Os organizadores de fotos mais novos vão além de simplesmente fornecer ferramentas para manter um banco de dados visual; agora, eles oferecem uma edição de imagem básica e aperfeiçoamento mais a capacidade de criar projetos legais como calendários de fotos, cartões de visita e mais. O Capítulo 12 fala sobre este tópico com detalhes.

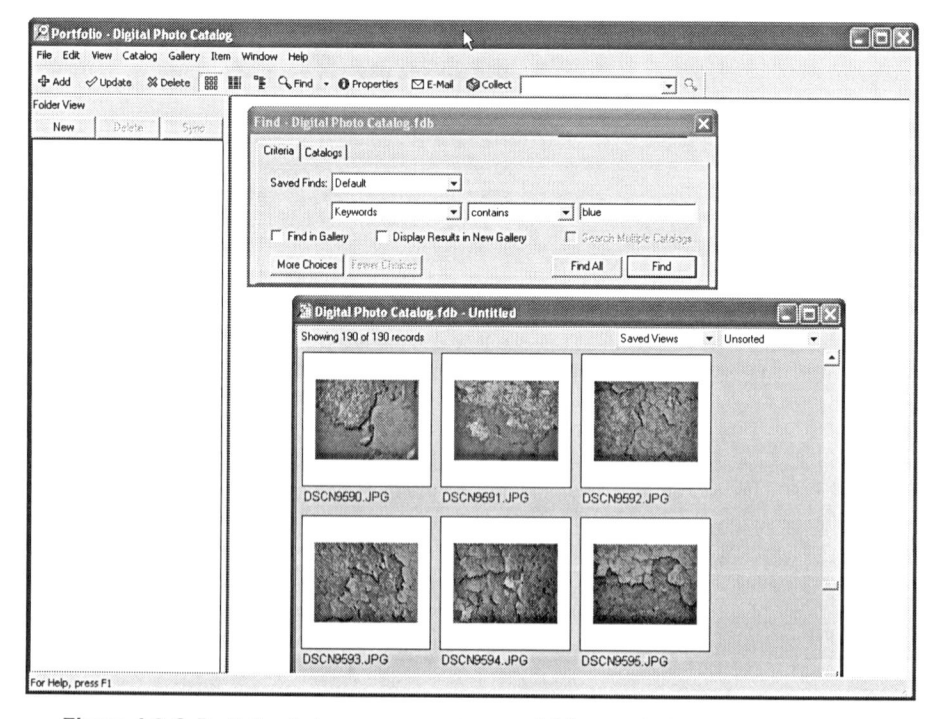

Figura 4-3 O Portfolio ajuda-me a gerenciar uma biblioteca de imagens muito grande.

Capítulo 4 – Grave o que você digitalizou | **65**

A maioria desses gerenciadores de imagens fornece uma versão de avaliação gratuita por 30 dias de seu produto, portanto carregue um e veja se ele funciona para você.

Apresentamos muita coisa neste capítulo e espero que você faça agora sérias considerações sobre como gravar e a respeito da organização de sua biblioteca de imagens. Agora que sabe como gravar as imagens, iremos para o próximo capítulo e aprenderemos como imprimir tudo isso que digitalizamos.

Capítulo 5

Imprima o que você digitalizou

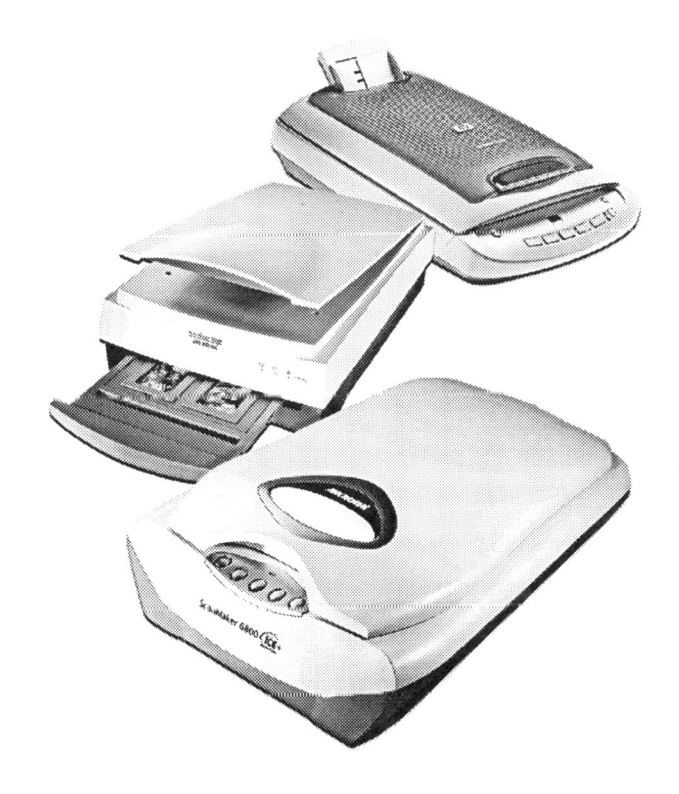

Como...

- Selecionar a melhor impressora para o serviço
- Compreender a diferença entre impressoras de fotos e não de fotos
- Manter e operar sua impressora
- Combinar o meio com o projeto

Agora que digitalizamos e armazenamos as imagens, muitos de nós desejarão imprimi-las para montar um álbum de recortes ou cópias para enviar aos amigos e à família. Há alguns anos, isso teria requerido uma impressora de $10.000 para ter uma fotografia colorida com aparência decente. Agora, com uma impressora a jato de tinta (custando menos que algumas centenas de dólares) e os novos papéis de fotos disponíveis, podemos produzir fotografias que pareçam reais.

Uma pequena história das impressoras do consumidor

No início havia impressoras matriciais e todos nós, que lidávamos com computadores naquela época, examinávamos os pontos minúsculos e dizíamos que era legal – e tinha interferência. As impressoras a laser apareceram logo depois e, embora a saída (300 dpi) fosse fascinante, o preço também era (mais de $3.000), portanto mantivemos nossas impressoras matriciais. Não havia nenhuma cor naqueles dias.

Quando as impressoras a jato de tinta apareceram pela primeira vez, imprimiam apenas em preto e branco, mas sua saída se parecia com a das impressoras a laser que não podíamos ter. Comprei uma das primeiras impressoras a jato de tinta HP, pagando mais de $600 (e isso foi em uma liquidação). Ela imprimia cerca de uma página por minuto – se eu tivesse sorte. O único argumento contra as impressoras a jato de tinta quando apareceram pela primeira vez era que a tinta poderia manchar se o papel ficasse molhado. Em pouco tempo, as impressoras a jato de tinta substituíram as unidades matriciais e nossa audição coletiva começou a retornar. Agora eram as lasers versus as jatos de tinta, mas ainda não havia nenhuma cor. Quando as primeiras impressoras a jato de tinta coloridas começaram a aparecer nas prateleiras, elas imprimiam uma cor que me lembrava as primeiras TVs coloridas nos anos 1950, que produziam cores estranhas, mas não nos importávamos porque era colorida. Em menos de três anos, as impressoras a jato de tinta coloridas começaram a ter seu ato coletivo e a produzir cores vivas em velocidades que competiam com as impressoras a laser. Atualmente, você pode ter uma excelente impressora a jato de tinta colorida por menos de $150 e algumas impressoras a laser do consumidor permanecem. O preço das impressoras a laser coloridas continua a cair, mas ainda são caras demais para o mercado consumidor porque ainda custam bem mais de $1.200. A maioria das impressoras a laser em preto e branco atuais encontra-se funcionando como impressoras de rede com alta velocidade de pequenas empresas e grandes corporações.

Capítulo 5 – Imprima o que você digitalizou | 69

Classifique as impressoras coloridas disponíveis de hoje

Com as impressoras a jato de tinta coloridas sendo a impressora dominante no mercado de hoje, você pode entrar em qualquer fornecedor de escritório ou loja de informática e ver uma longa linha delas nas prateleiras. A maioria dos fabricantes de impressoras oferece pelo menos cinco modelos diferentes de impressoras variando em preço de $100 a $800. Se não fosse confuso o bastante, se você vir a saída de amostra produzida por cada impressora, parecerá que todas têm mais ou menos a mesma qualidade de saída. Para ajudar a simplificar a escolha de uma impressora, precisará compreender as diferentes classificações de impressora e o que elas fazem. As categorias gerais das impressoras coloridas disponíveis no mercado atualmente são as seguintes:

- Impressoras a jato de tinta coloridas
- Impressoras a jato de tinta de fotos – tintas baseadas em tons
- Impressoras a jato de tinta de fotos – tintas baseadas em pigmentos
- Impressoras com sublimação dos tons

Você sabia?

Uma resolução mais alta não significa fotos melhores

Muitos fabricantes de impressora a jato de tinta concentram-se na resolução da impressão de seus produtos. Resoluções como 2.400 pontos por polegada (dpi) são comuns, com algumas empresas anunciando resoluções tão altas quanto 5.760 dpi. Embora esses números astronômicos pareçam produzir as melhores fotos possíveis, a maioria deles imprime as fotos de amostra impressionantes que você vê nas lojas com uma resolução de 720 dpi. Portanto, o que acontecerá se você imprimir uma de suas fotos em uma resolução mais alta como 2.440 dpi? Levará quase quatro vezes mais tempo para imprimir a foto, usará duas vezes mais tinta e a pior parte é que as áreas sombreadas da foto poderão de fato parecer mais escuras, causando uma perda do detalhe. Então você pode imaginar para qual resolução mais alta a impressora é usada. Ao imprimir fotos que são 8x10, ou maiores, a resolução mais alta melhora o detalhe sutil em uma imagem. Mas para formatos de foto menores, como 5x7 ou 4x6, fique com 720 dpi. O resultado e, ao procurar uma impressora, ignore os valores da resolução como um fator decisivo sobre qual impressora comprar. Ao imprimir uma foto, não fique tentado a anular as recomendações para imprimir em uma resolução mais baixa (720 dpi).

O que são impressoras a jato de tinta coloridas

A maioria das impressoras a jato de tinta no mercado hoje são impressoras a jato de tinta coloridas. A maioria imprime sua cor usando um cartucho de tinta preta e um cartucho colorido contendo três tintas coloridas diferentes (chamadas de *cartucho com três cores*). O preto é sempre mantido como uma cor separada por duas razões: permite a impressão do texto padrão sem gastar nenhuma cor e, segundo, embora seja teoricamente possível criar o preto usando as três tintas coloridas diferentes, na verdade a cor produzida é mais parecida com lama escura do que com o preto. As impressoras a jato de tinta coloridas oferecem velocidades de impressão muito rápidas (para o texto); algumas podem imprimir em ambos os lados do papel (dúplex). A HP tem uma impressora que pode detectar qual tipo de papel está em sua impressora e selecionar automaticamente as configurações corretas do meio. Resumindo, são surpreendentes.

Para que uma impressora a jato de tinta de foto baseada em tons é melhor

Quase toda impressora a jato de tinta de foto, que você encontrar, imprime usando tintas baseadas em tons. Na próxima seção, aprenderemos um pouco mais sobre as impressoras de tinta baseada em pigmentos, mas, no momento, iremos compreender o que torna uma impressora a jato de tinta colorida diferente de uma a jato de tinta de foto.

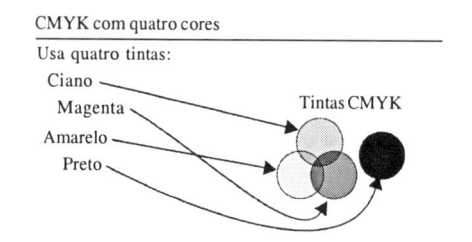

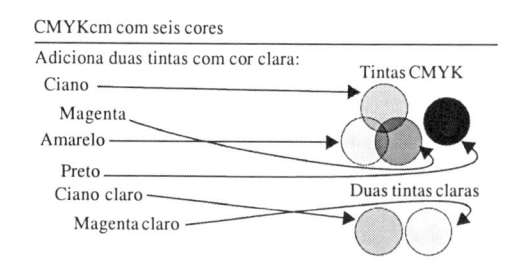

CMYK com quatro cores
Usa quatro tintas:
Ciano
Magenta
Amarelo
Preto
Tintas CMYK

CMYKcm com seis cores
Adiciona duas tintas com cor clara:
Ciano
Magenta
Amarelo
Preto
Ciano claro
Magenta claro
Tintas CMYK
Duas tintas claras

A maioria das impressoras a jato de tinta coloridas é descrita como impressoras com quatro cores no sentido de que usam quatro tintas para produzir uma saída colorida. As quatro tintas usadas são: preto (K), ciano, magenta e amarelo (CMY). Algumas impressoras com três cores no mercado criam ainda sua saída colorida usando o CMY e têm um cartucho de tinta baseado no pigmento preto separado que é usado apenas para imprimir texto. As impressoras com três cores não produzem uma boa cor, especialmente para as fotos e devem ser evitadas.

As impressoras a jato de tinta de foto são impressoras com seis cores que usam o preto (K), ciano, ciano claro, magenta, magenta claro e o amarelo (CcMmY), o que permite à impressora imprimir uma faixa muito maior de cores do que seria possível com apenas um cartucho colorido CMY. Sua impressora de fotos média tem um cartucho preto e um cartucho com seis cores ou outra configuração que vem ganhando popularidade, um cartucho preto e um cartucho com três cores que pode ser substituído por um cartucho com seis cores. Dito isso, a diferença na saída entre seis cores e quatro cores é sutil, não uma diferença de cair o queixo. Para aumentar a confusão, muitas impressoras de foto parecem idênticas ao modelo da impressora colorida feito pelo mesmo fabricante, porque diferem apenas nos mecanismos do cabeçote da impressora e na eletrônica interna necessária para as cores adicionais.

Capítulo 5 – Imprima o que você digitalizou | 71

> **Você sabia?**
>
> **Você conhece os símbolos da cor?**
>
> As principais cores usadas na impressão têm abreviações com uma letra. A maioria dessas abreviações de cor faz sentido. Por exemplo, as cores primárias são o vermelho (R), verde (G) e o azul (B); as cores complementares são o ciano (C), magenta (M) e o amarelo (Y). Então há o preto (K), cuja abreviação você poderia esperar que fosse o B, mas essa letra já é usada para o azul. Há também duas versões claras das cores, ciano claro (c) e o magenta claro (m), que são usadas nas impressoras com seis cores. São referidas como *cores claras*, não porque têm metade das calorias das cores comuns, mas porque têm metade do conteúdo colorido da cor normal.

Qual você deve comprar? Como as impressoras de foto são dedicadas basicamente para imprimir fotos, são tradicionalmente mais lentas ao imprimir documentos de texto do que a impressora colorida comum. Se a maioria do que você está imprimindo são fotos, então deverá obter uma impressora de foto. Mas se imprimir apenas fotos ocasionalmente, então uma impressora colorida de mesa padrão será sua melhor aposta. As fotos coloridas impressas por essas maravilhas são tão próximas da saída de uma impressora de foto que, na maioria dos casos, você precisará fazer uma comparação lado a lado para ver qualquer diferença na saída.

Por que a duração da impressão importa

Depois de ter imprimido uma foto, uma preocupação legítima deve ser sobre quanto tempo a foto irá durar antes de ficar fraca. Agora que a maioria das impressoras de foto pode imprimir fotos que se parecem com fotografias comuns que conhecemos e adoramos, os fabricantes de impressoras começaram a lidar com um fato real de que as tintas baseadas em tons tendem a enfraquecer com o tempo. A maioria das impressões baseadas em tons resiste ao enfraquecimento por cinco a 25 anos, dependendo de onde são armazenadas e do tipo de meio usado.

A solução para o problema do enfraquecimento foi criar uma impressora com tinta baseada em pigmentos que produz uma fotografia que não ficará fraca por um longo tempo. A Epson fabricou tal impressora há alguns anos, chamada Stylus Photo 2000P. Suas tintas baseadas em pigmentos poderiam produzir uma fotografia que resistia ao enfraquecimento por mais de 100 anos. Ainda tem uma tinta de armazenamento que eles dizem que não enfraquecerá por 200 anos. Essa duração é ótima por razões de armazenamento, mas as cores das tintas baseadas em pigmentos não são tão vivas quanto as produzidas pelas tintas baseadas em tons. A Epson voltou para a prancheta de desenho e produziu a próxima geração dessa impressora, a Stylus Photo 2200. Embora ainda seja uma impressora de tinta baseada em pigmentos, ela é capaz de criar uma saída colorida viva que é muito próxima de uma impressora de tinta baseada em tons. Então por que nem todos os fabricantes de impressora trocam para as tintas baseadas em pigmentos? O custo é a principal razão. A Epson Stylus Photo 2200, mostrada na Figura 5-1, vende seis vezes tanto quanto uma impressora de foto baseada em tons comum.

Quem precisa da duração da impressão?

Os fotógrafos profissionais que estão vendendo suas fotografias para os clientes precisam ser capazes de entregar uma foto que agüentará o teste do tempo. O custo não é um problema, uma vez que é calculado no que eles cobram pela impressão. Se você não for um fotógrafo profissional ou achar que $700-$800 é mais dinheiro do que seu orçamento pode lidar, tenho uma novidade. Considere a foto que você acabou de digitalizar e imprimir em sua impressora de foto. E se ela começar a enfraquecer depois de cinco anos? Imprima outra cópia. A única diferença é que em cinco anos os novos modelos de impressora de foto produzirão uma saída ainda melhor e provavelmente serão mais baratos.

Figura 5-1 A Epson Stylus Photo 2200 produz fotos que irão durar mais tempo que você.

Para que uma impressora de sublimação dos tons é melhor?

Agora que exploramos as tintas baseadas em tons e em pigmentos, é hora de ver o tipo de impressora que cria, de modo questionável, uma cor melhor. As impressoras de sublimação dos tons produzem uma cor resistente. Era, e ainda é, o tipo de impressora usado para testar a precisão da cor da saída impressa feita por impressoras profissionais. Até há alguns anos, a impressora de sublimação dos tons mais barata que você poderia comprar ficava na casa dos $15.000. Agora, diversas empresas criam pequenas impressoras de foto com sublimação dos tons dedicadas que produzem fotos que se parecem com as dos desenvolvedores de fotos. Uma que uso é a impressora de foto Sony DPP-SV77 (veja a Figura 5-2). Vendida por mais ou menos $300, sua cor é impressionante, porque as impressoras de sublimação dos tons de fato produzem uma saída com tons contínuos como um filme real. Se minha impressora Sony tem um limite, é que o tamanho máximo das impressões que ela pode produzir é de 4x6", o que é adequado para 90% de minhas necessidades. As impressoras de sublimação dos tons maiores que também estão disponíveis são ligeiramente mais caras que a impressora a jato de tinta equivalente.

Por melhores que sejam as impressoras de sublimação dos tons, o custo por impressão é relativamente alto. É por causa do modo como as impressoras de sublimação dos tons funcionam. Elas têm uma fita revestida interna que consiste nas tintas coloridas CMYK que são transferidas para a imagem. Cada foto impressa usa um conjunto completo de quatro folhas de cores diferentes (CMYK) independentemente do conteúdo colorido da imagem. Por exemplo, se eu fosse imprimir uma foto de um único quadrado vermelho minúsculo no meio de um campo branco, isso consumiria a mesma quantidade de fita colorida que uma foto de uma grande exibição de flores. Minha pequena Sony provavelmente custa 48¢ por impressão. Quando você considerar que eu posso levar um CD para o laboratório de fotos local de uma hora e obter o mesmo tamanho da impressão por mais ou menos 25¢ por cópia, poderá ver que está pagando pela conveniência.

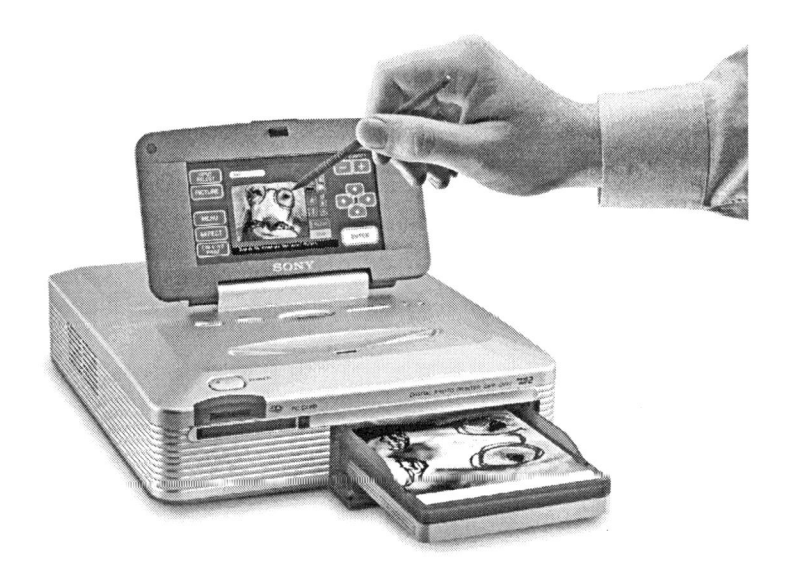

Figura 5-2 *A impressora de fotos Sony DPP-SV77 é uma impressora de sublimação dos tons que produz fotografias coloridas impressionantes.*

O que você precisa saber sobre a tinta da impressora e o meio

É um segredo mal mantido que os fabricantes de impressoras têm muito pouco lucro com as impressoras que eles vendem e vigiam a venda dos artigos de consumo (tinta e papel) para terem os lucros que mantêm os acionistas contentes. Como esses artigos de consumo são muito caros, muitas empresas de terceiros fornecem seus próprios cartuchos de tinta e kits de refil para os cartuchos existentes, ao passo que outras fabricam papéis de foto.

Você deve usar esses cartuchos de tintas de terceiros?

A pergunta mais importante é: as tintas usadas pelos revendedores de cartucho de tinta de terceiros são tão boas quanto as fornecidas pelo fabricante? Testei várias e achei que a qualidade de sua saída varia desde fraca até boa. Minha recomendação é usar os cartuchos do fabricante da impressora caso você utilize apenas alguns cartuchos a cada ano. Se seu cartucho tiver uma demanda maior que isso, poderá querer considerar um dos zilhões de revendedores na Internet. A única maneira de descobrir o quanto é bom um cartucho substituto de terceiros é, primeiro, imprimir uma foto de amostra usando os cartuchos do fabricante da impressora e, então, comprar um conjunto, imprimir outra amostra e comparar os resultados obtidos com seu produto. Se você não ficar satisfeito com os resultados, retorne os cartuchos e peça um reembolso. Se ficar satisfeito com eles, continue a usá-los e faça ocasionalmente outra impressão de amostra, porque a garantia de qualidade de alguns varia.

Use o meio que produza os melhores resultados

O papel costumava ser apenas papel; agora é um meio especializado. Cada tipo de papel é feito para uma finalidade específica – papel para jato de tinta, papel de foto, papel cuchê de foto etc. e são apenas aqueles que você vê nas lojas de revenda. Muitos outros tipos incomuns de papéis para jato de tinta estão disponíveis na Internet. Tenho visto papéis para transformar fotos em quebra-cabeças, para colocar uma foto em uma xícara de café ou até colocá-la em uma tela. Há tantos papéis especializados que achei que deveríamos apresentar alguns fatos gerais sobre os papéis para jato de tinta antes de terminarmos este capítulo.

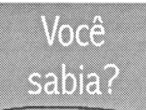

Você sabia?
O que estará em jogo se você usar cartuchos de tinta de terceiros?

A maioria dos fabricantes de impressora afirma que usar esses substitutos de tinta de terceiros suspende a garantia da impressora. A maioria dos usuários acredita nisso. Os fabricantes ameaçavam no passado suspender as garantias da impressora quando os cartuchos eram recarregados. A marca dos substitutos que você compra para sua impressora é uma decisão sua. Você *não* é exigido pela garantia do fabricante de qualquer máquina a usar apenas sua marca. O Magnuson-Moss Warranty Improvement Act impede que os fabricantes façam isso.

Imprimir fotos coloridas em papel de cópia barato produz imagens ruins, mesmo que use a mesma quantidade de tinta quando impresso no papel de foto. Imprimir uma foto malfeita em um papel muito caro não fará que ela pareça melhor. O segredo para obter os melhores resultados ao imprimir suas imagens digitalizadas é encontrar um papel que tenha a textura e o acabamento de que goste e, então, experimentar as definições de sua impressora para obter os resultados desejados.

Ajuste as definições de sua impressora para obter os melhores resultados

Independentemente de qual impressora você estiver usando, acessará o software que a controla quando selecionar File (Arquivo) | Print (Imprimir) no software do scanner ou na aplicação de edição de fotos. A caixa de diálogo mostrada a seguir é do Photoshop Elements 2.0. A impressora selecionada é uma Epson Stylus Photo 780.

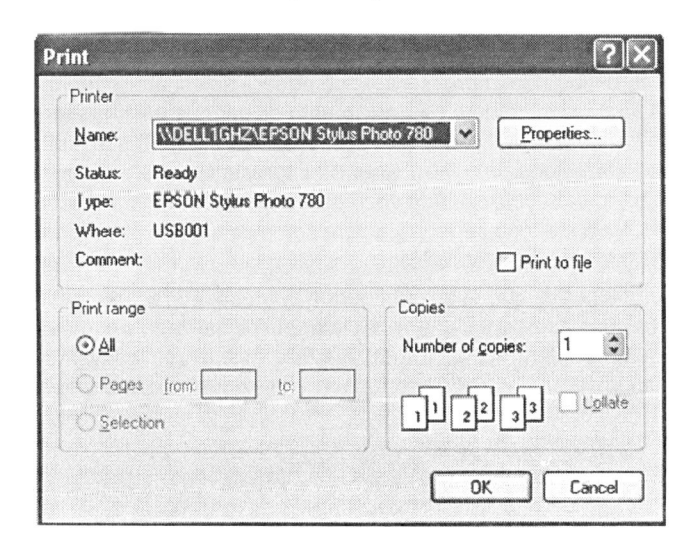

Embora os detalhes específicos variem de impressora para impressora, o procedimento descrito a seguir funciona para a maioria das situações.

1. Ao selecionar uma impressora, você verá um botão de propriedades ao lado de seu nome. Clicar o botão inicializará o software específico da impressora, como apresentado em seguida, que permite controlar muitos recursos da impressora.

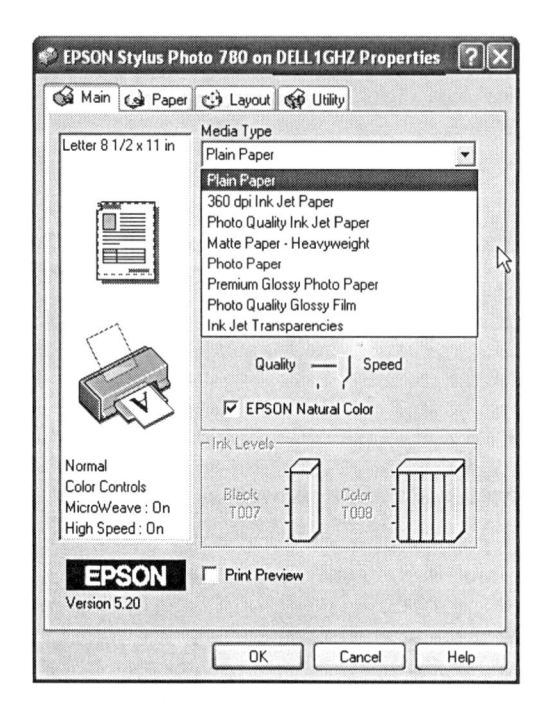

2. Na caixa de diálogo da impressora, você poderá selecionar o meio que é carregado na impressora assim como o gerenciamento da cor que a impressora deve usar para imprimir a imagem digitalizada. As opções do meio (papel) são limitadas aos nomes e aos tipos oferecidos pelo fabricante da impressora, que podem causar um pouco de arranhão no cabeçote quando você estiver usando um papel diferente das opções mostradas. Veja a seção separada sobre como coincidir o papel com as impressoras para obter informações sobre isso.

3. Se for a primeira vez que você configura a impressora, recomendo que experimente várias definições diferentes. Imprima a imagem digitalizada e escreva na parte de trás da foto quais configurações foram usadas. Assim que estiver satisfeito com os resultados, grave as definições com um nome exclusivo e use-as para imprimir suas fotos.

Você sabia?

Você deve coincidir os papéis da foto com as definições da impressora

O que acontecerá se você tiver uma impressora de fotos Epson carregada com papel de foto Kodak? Observando o menu instantâneo de papéis, não verá nada exceto os papéis Epson listados. Qual papel Epson combina com o papel Kodak que você tem? O primeiro lugar para obter a resposta para essa pergunta são as informações impressas que vieram com o papel. A maioria dos revendedores de papel lista as melhores definições do papel para a maioria dos grandes fabricantes de impressoras. Se sua impressora for nova demais para estar listada, verifique os sites da Web dos fabricantes do papel para ver se fornecem as recomendações de definição para sua impressora. Se ambos não tiverem sucesso, experimente coincidir o tipo de papel (cuchê, fosco etc.) com o próximo na lista de papéis da impressora.

Isto apenas cobre as impressoras em relação à impressão de fotos. No próximo capítulo, seremos mais específicos quanto à aplicação, começando com a digitalização de fotos e outras coisas pretendidas para a exibição na Web.

Parte II

Coloque seu scanner para trabalhar

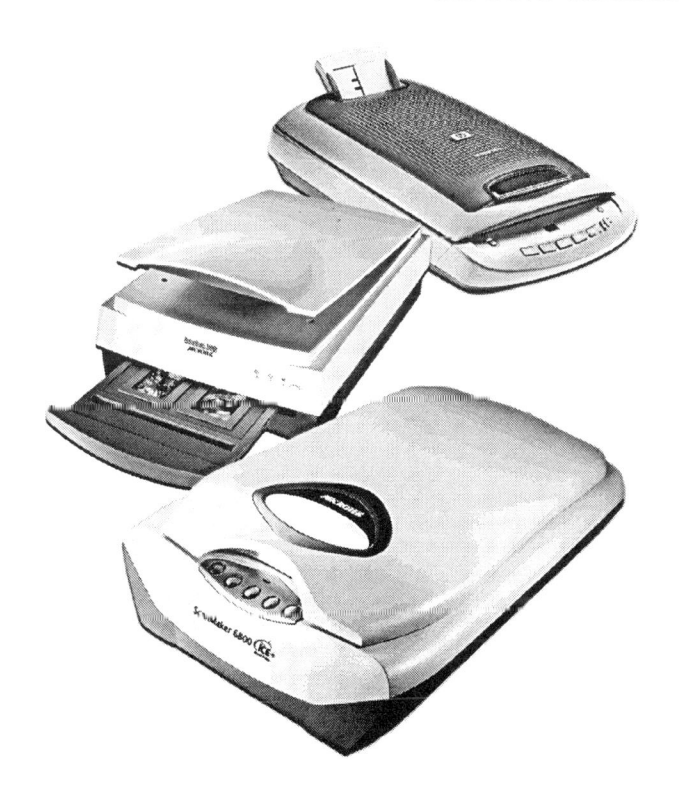

Capítulo 6

Digitalize gráficos para usar na Web

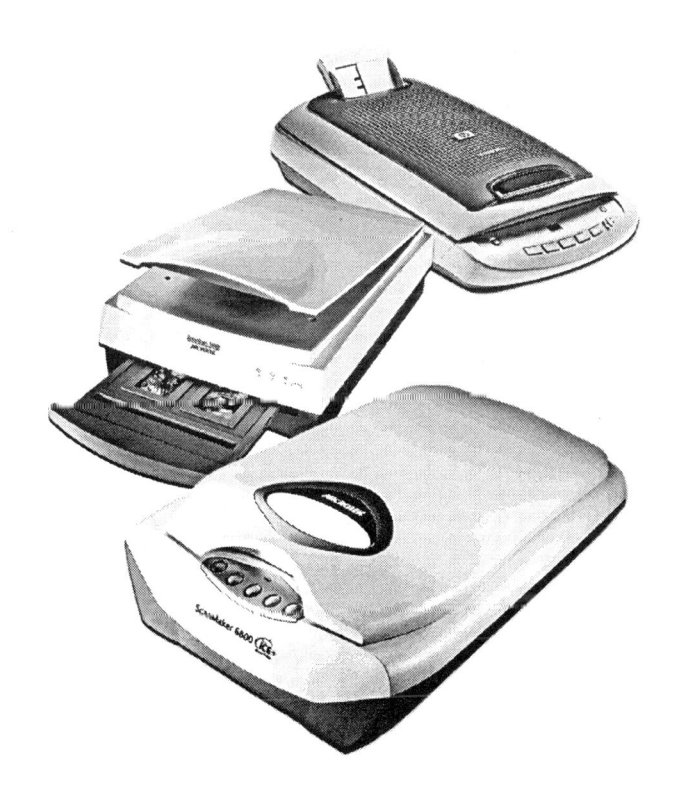

Como...

- Selecionar o melhor tamanho e o modo de cor para a Web
- Digitalizar e enviar uma foto com e-mail
- Digitalizar uma imagem para a colocação em um serviço de fotos baseado na We

Minha primeira experiência com a Internet foi há muito tempo e foi lenta, dolorosa e cheia de texto. Naquela época o e-mail era praticamente desconhecido, ao passo que hoje se tornou uma parte integral de nossa vida diária. Converso com pessoas todos os dias que desejam enviar fotografias para amigos, mas não sabem como fazê-lo. Neste capítulo aprenderemos como digitalizar uma fotografia para que "caiba" em um e-mail (há limites de tamanho) e veremos os diferentes métodos manuais para adicionar a foto ao seu e-mail Você também aprenderá a usar vários métodos automatizados utilizando um editor de foto (como o Photoshop Elements) ou o software que foi instalado com seu scanner.

Envie uma foto com um e-mail

Primeiro iremos aprender a digitalizar e a anexar uma foto a um e-mail da maneira antiga O procedimento não é complicado e envolve as seguintes etapas:

1. Digitalize a foto com o tamanho correto.
2. Grave-a com o melhor formato da Internet.
3. Anexe a imagem digitalizada a um e-mail.

Digitalize a foto

A primeira etapa envolve digitalizar a fotografia para o computador. As primeiras etapas irão recapitular o que aprendemos no Capítulo 3:

1. Certifique-se de que o scanner e a foto estejam limpos.
2. Alinhe a foto no vidro do scanner e abaixe gentilmente a tampa.
3. Usando o botão na frente do scanner ou do software de digitalização, crie uma visualização da foto como mostrado em seguida. Desse ponto em diante, a form como você digitaliza a imagem torna-se específica do scanner, portanto descrever o procedimento nas seções seguintes para alguns scanners mais populares r mercado atualmente.

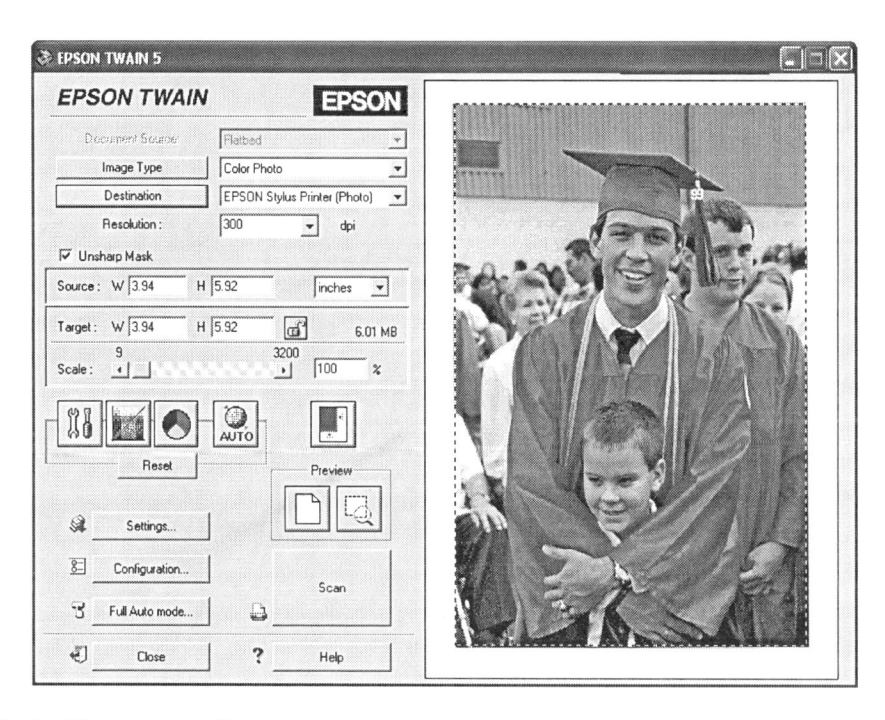

Digitalize uma foto para o e-mail usando um scanner Epson

Embora todos os scanners funcionem fundamentalmente do mesmo modo, há algumas diferenças interessantes na nomenclatura e nos procedimentos ao usar o software Twain para os scanners Epson. Eis um procedimento passo a passo para digitalizar uma foto que será anexada a um e-mail:

1. Altere a definição do destino/saída para Screen/Web (Tela/Web). A Figura 6-1 mostra a caixa de diálogo para isso, onde mudamos o destino da digitalização. Note que, quando a definição Screen/Web é alterada, a resoluçao da digitalização muda de sua definição original 300 dpi para 96 dpi. Clique em OK.
2. Clique o botão Scan (Digitalizar) e a imagem será digitalizada. A Epson permite continuar digitalizando mais imagens até que você tenha terminado.
3. Neste ponto, verá todas as imagens em sua Image Gallery (Galeria de Imagens). Se gravá-las usando suas definições defaults de fábrica, elas serão gravadas como arquivos BMP. Recomendo usar File (Arquivo) | Save As (Salvar Como) e gravar as Imagens como arquivos JPEG.

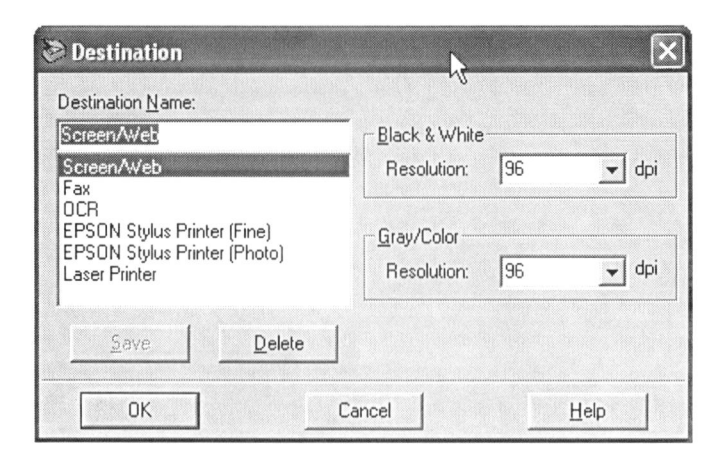

Figura 6-1 Altere o destino da impressora para Screen/Web usando o software da Epson.

> **Dica**
> Quando uma digitalização for gravada por qualquer programa de digitalização, anote onde os arquivos de imagem estão sendo gravados. Irá economizar muito tempo tendo que descobri-los mais tarde.

> **Você sabia? Qual é o melhor formato de imagem para a Web?**
>
> Os dois formatos mais usados para a publicação na Web são o GIF e o JPEG. O formato GIF é limitado a um máximo de 256 cores e deve ser usado apenas para gráficos simples como botões, logotipos e ícones.
>
> As fotografias digitalizadas (coloridas ou em tons de cinza) devem ser gravadas como arquivos JPEG. O JPEG é capaz de reproduzir milhões de cores ou tons e o mais importante: os arquivos JPEG podem ser compactados, o que permite criar um tamanho de arquivo razoável a partir de uma impressão original bem grande. As fotos gravadas usando o formato GIF podem ter uma palheta de cores limitada e o tamanho do arquivo de uma foto colorida no GIF quase sempre será maior que a mesma foto no formato JPEG compactado mesmo que contenha menos cores.

Digitalize uma foto para o e-mail usando o scanner HP

Ao digitalizar uma foto usando um scanner HP, provavelmente você usará seu software PrecisionScan Pro ou uma versão mais recente e automatizada (analisada posteriormente neste capítulo) que vem com alguns de seus últimos scanners. Com o PrecisionScan Pro, as opções defaults para as imagens destinadas para a Internet usam uma digitalização com 256 cores, que precisa ser alterada para True Color como mostra a Figura 6-2.

Embora as 256 cores funcionem, não é minha primeira escolha por duas razões. A imagem da foto colorida pode ser piorada pela conversão em 256 cores e você não pode manipular as imagens usando um editor de fotos como o Photoshop Elements sem converter a foto digitalizada de volta à cor com 24 bits. Portanto, recomendo o seguinte:

1. Mantenha a definição True Color (16,7 milhões de cores) que foi provavelmente detectada automaticamente.

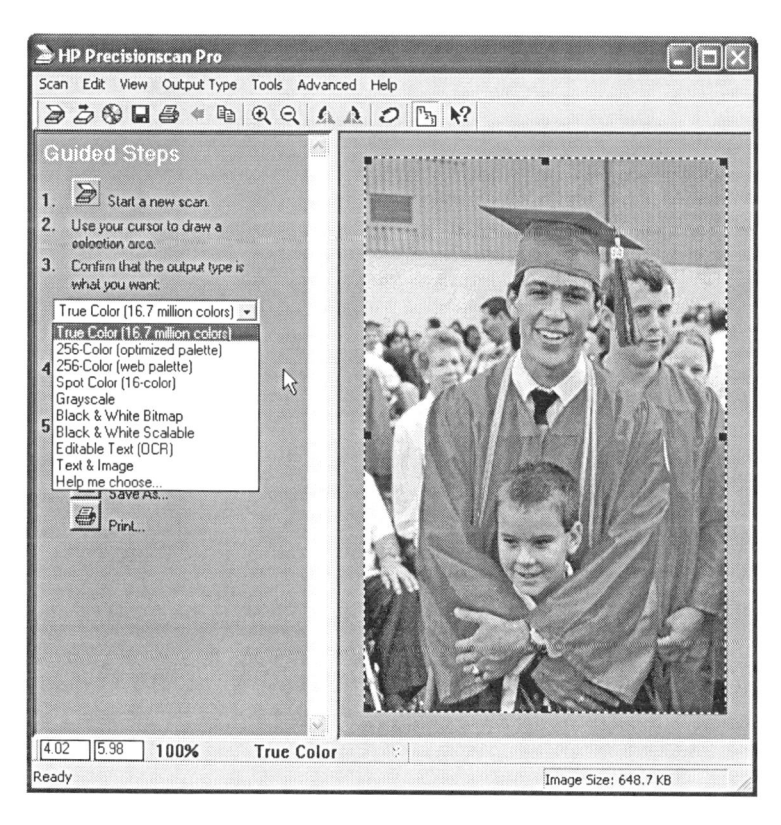

Figura 6-2 O software PrecisionScan da HP deseja usar 256 cores para as imagens da Web.

2. Escolha Tools (Ferramentas) | Change Resolution (Alterar Resolução) e mude a definição para **96** (dpi) como apresentado a seguir. Verá que 96 não é uma das definições da resolução predefinidas e você precisará fornecê-la como mostrado. Para obter mais informações sobre o uso de 96 dpi, veja a seção separada "Qual é a melhor resolução da Internet"? mais tarde neste capítulo. Note que, quando alterar a resolução, o tamanho do arquivo mostrado no canto inferior direito da caixa de diálogo mudará para refletir a mudança na resolução. Embora possa parecer um tamanho de arquivo grande, quando for compactado como arquivo JPEG, irá se tornar bem pequeno.

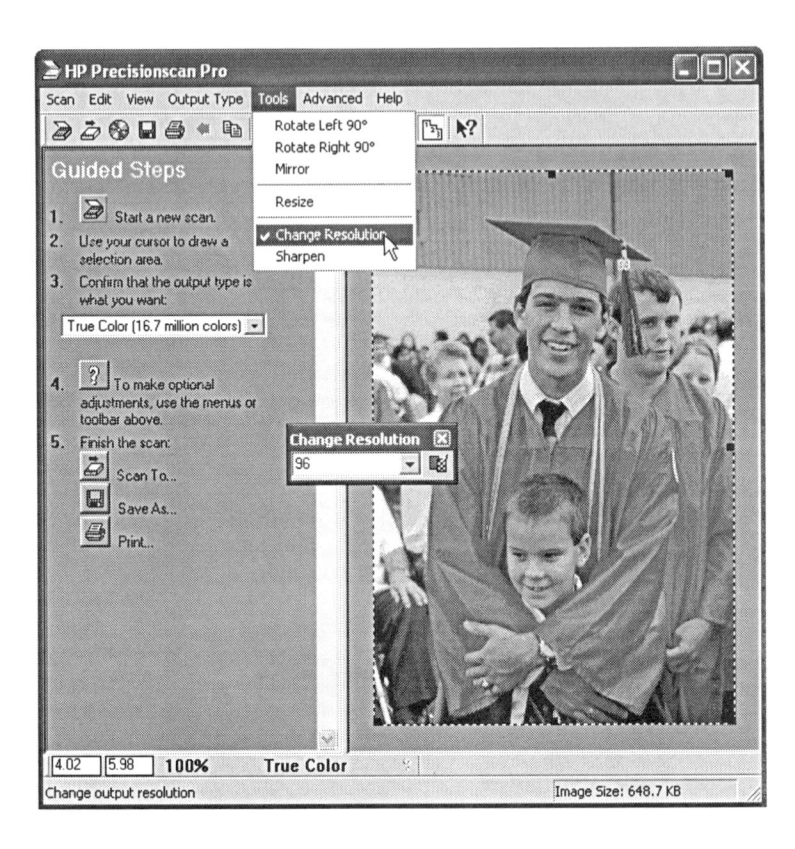

3. Digitalize a imagem e grave a digitalização completa. Para o Windows, você tem várias opções, o software HP supõe automaticamente que você deseje gravar a foto como um arquivo Windows Bitmap (*.BMP) e embora funcione, para o e-mail recomendo que o grave como um arquivo JPEG (*.JPEG) porque ele compacta muito mais a imagem resultante.

Digitalize uma foto para o e-mail usando um scanner Canon

Digitalizar uma foto com um scanner Canon usando o ScanGear CS fornece basicamente as mesmas opções encontradas no HP PrecisionScan Pro. Na caixa de diálogo avançada mostrada na Figura 6-3, escolha Color (photo) (Cor [foto]) e mude Output Resolution (Resolução da Saída) para 96. Verá que 96 não é uma das definições da resolução predefinidas e precisará fornecê-la. Para obter mais informações sobre o uso de 96 dpi, veja a seção separada "Qual é a melhor resolução da Internet?".

Trabalhe com tamanhos de arquivo de foto e resoluções diferentes

Como a resolução na qual você digitaliza uma foto determina o tamanho de seu arquivo e o tamanho do arquivo determina quanto tempo levará para alguém carregá-lo, a pergunta que desejará fazer é: qual é o tamanho de arquivo razoável para as fotos que serão anexadas a um e-mail? Nenhuma regra fixa se aplica, mas uma regra é manter o tamanho total de sua imagem com não mais de 100 a 120 kilobytes (KB). Mesmo que tenha uma das novas conexões a cabo com banda larga rápida ou DSL Internet, lembre-se de que muitas pessoas para as quais você está enviando uma foto ainda se moverão lentamente em um ritmo de 14,4 kilobits por segundo (Kbps) ou modens de telefone de 28,8Kbps. Os tempos de carregamento aproximados para um arquivo JPEG com 100K são:

Modem de, 14,4 Kbps – 56 segundos
Modem de 28,8 Kbps – 28 segundos
Modem de 56 Kbps – 14 segundos

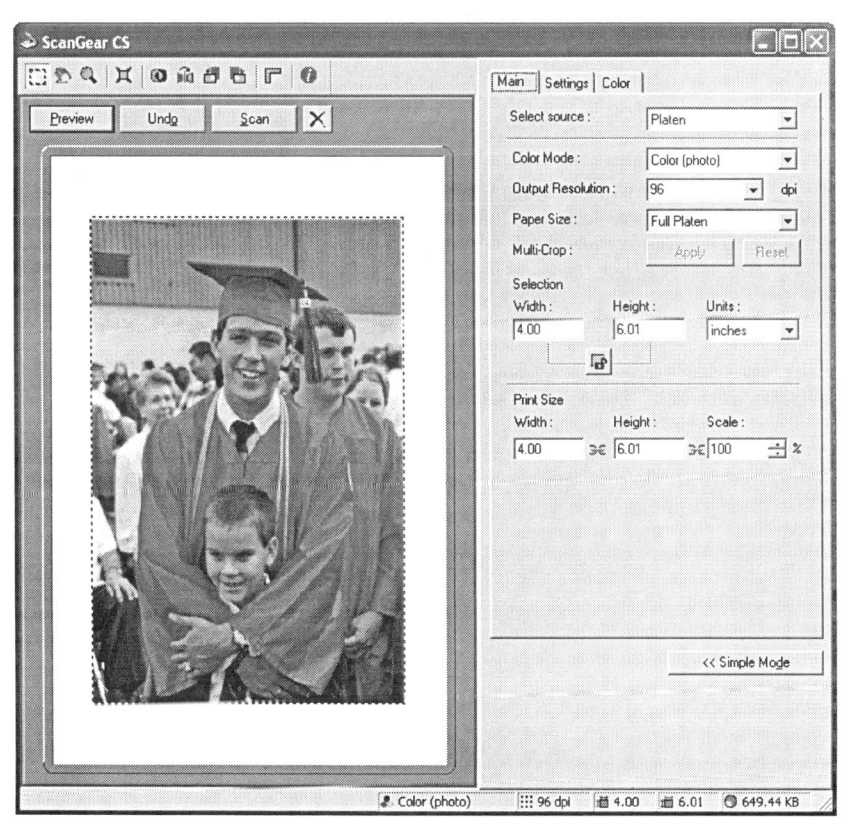

Figura 6-3 As definições do software ScanGear da Canon para as fotos coloridas limitadas à Web.

Você sabia? Qual é a melhor resolução da Internet?

Ao redimensionar as imagens para exibir na Internet, você tem muitas tradições e mitos urbanos com os quais lidar. O primeiro é que apenas 72 dpi produzirão a exibição otimizada de uma foto em um monitor. Muitos acreditam que é verdade porque o monitor do computador tem 72 pixels por polegada (ppi). Surpresa, não tem. A Apple foi a primeira a usar 72 dpi como uma resolução de tela nos primeiros Macs. Foi escolhido porque se relaciona ao padrão de impressão de 72 pontos para uma polegada mais do que qualquer outra coisa. Outras pessoas podem dizer que você tem de digitalizar imagens com 96 dpi (que é na verdade 96 ppi), porque essa resolução coincide com a resolução da tela da maioria dos monitores de computador atuais. Novamente, não é verdade na maioria dos casos. Portanto, qual é a melhor resolução? Aquela que produz uma imagem de tela da foto digitalizada que caiba confortavelmente em um vídeo de computador médio definido para 800x600. Como uma regra geral, se você digitalizar uma foto 4x6" padrão com uma resolução de 100 dpi, ela ficará ótima na maioria dos monitores do computador em um nível de ampliação da exibição de 100%.

Ter uma imagem cujo tamanho do arquivo é muito grande apresenta outras desvantagens. Muitos provedores de serviços da Internet (ISPs) não aceitarão um e-mail com arquivos anexos realmente grandes. Meu ISP estabelece uma linha com 5MB. Se alguém me enviar um e-mail com um arquivo de 6MB anexado, ele será recusado antes mesmo que eu o veja. Se você digitalizar uma foto com vários megabytes de tamanho e anexá-la a um e-mail para enviar para alguém com um modem de discagem lento, na maioria dos casos eles terão que esperar que sua foto anexada seja carregada não importando quanto tempo levará. Lembro-me de quando tinha um modem de 28,8 Kbps e alguém me enviou uma imagem com 3MB. Carregá-la reteve o meu computador por 25 minutos – e era a imagem errada!

As vantagens de recortar as imagens

Quando você estiver digitalizando para a Web, qualquer recorte da imagem que fizer para selecionar a área a ser digitalizada servirá para duas finalidades. Primeiro, o recorte pode melhorar a composição, uma parte importante de como fazer com que uma imagem pareça melhor. Segundo, torna menor o arquivo de imagem final. Portanto, se você estiver enviando a imagem por e-mail ou ela fizer parte de uma página da Web, a imagem será carregada mais rapidamente. Quando o recorte de uma imagem melhorar a composição, lembre-se de que a finalidade é concentrar a atenção do observador no assunto. A composição da foto é tratada com mais detalhes no Capítulo 11.

Anexe uma foto ao seu e-mail

Você pode usar vários métodos diferentes para anexar uma foto a um e-mail e enviar na internet. Pode incorporar a foto no e-mail para que pareça fazer parte dele ou pode anexar a foto, da mesma maneira como anexaria qualquer arquivo.

A maneira mais fácil de enviar uma foto ou arquivo é anexar. Quando você anexar a foto ao e-mail, não verá a foto – apenas um ícone indicando um arquivo anexado, como mostrado a seguir.

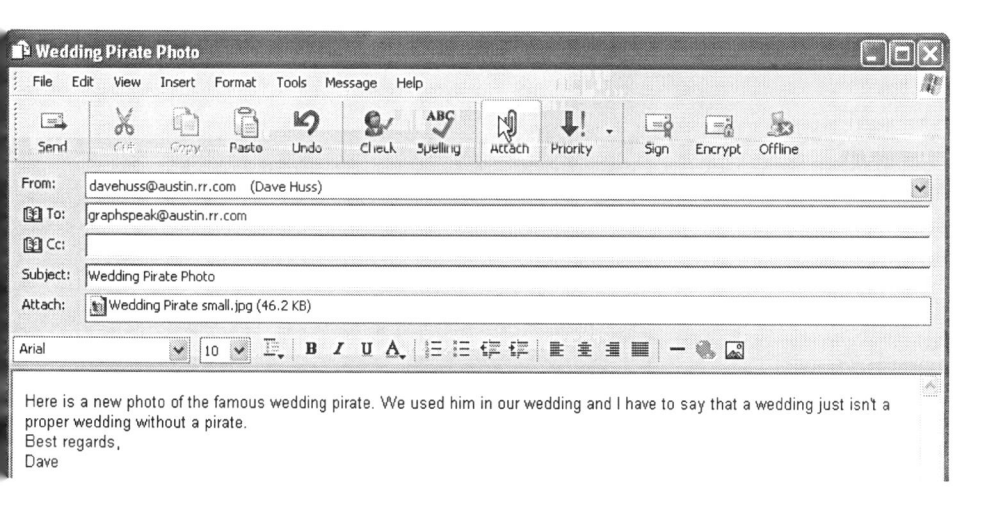

Quando o e-mail for recebido, como de fato aparecerá depende do sistema operacional e do navegador da Web sendo usado. Em geral, se o arquivo anexado estiver no formato JPEG, a imagem anexada será exibida na parte inferior do e-mail como a apresentada a seguir.

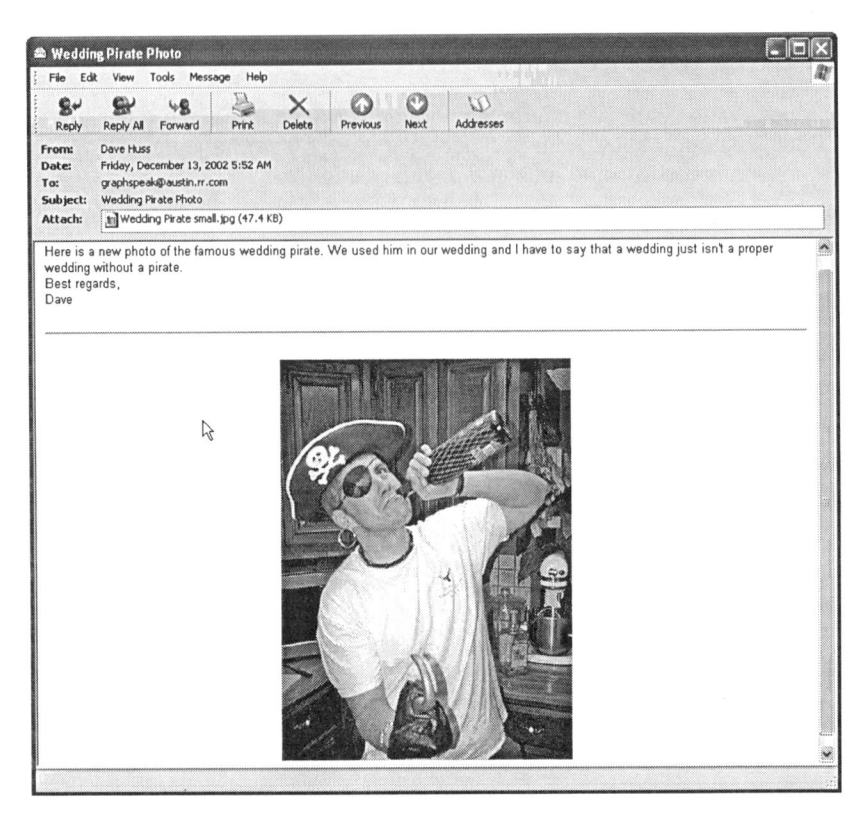

Como anexar sua foto a um e-mail

Eis como anexar uma foto a um e-mail usando o Outlook Express, mas funciona de uma maneira parecida com a maioria dos programas de e-mail:

1. Inicie um novo e-mail clicando o botão Send Mail (Enviar Correspondência) no menu
2. Selecione Insert (Inserir) | File e a caixa de diálogo Insert File (Inserir Arquivo) será aberta. Na caixa de diálogo, selecione o arquivo de sua foto e clique o botão Insert

> **Dica**
> Ao procurar uma foto, você poderá achar mais fácil encontrar a que está procurando se mudar a exibição para Thumbnails (Pequenas Imagens), como mostrado em seguida (se seu sistema operacional suportar).

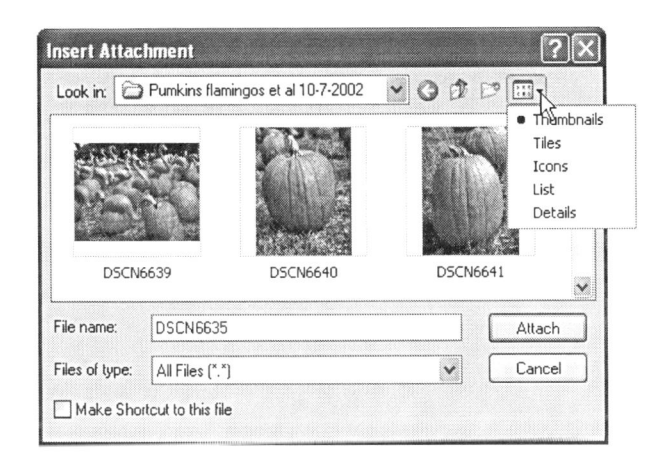

Capítulo 6 – Digitalize gráficos para usar na Web | 91

3. Adicione o e-mail usual, como assunto, endereço etc. e clique o botão Send (Enviar).

Incorpore uma foto em seu e-mail

Se seu software de e-mail suportar a HTML (um formato da Internet muito popular), você terá a opção de incorporar fotos no e-mail. A Figura 6-4 mostra um exemplo de e-mail com fotos incorporadas.

Inserir uma foto em um e-mail não é muito mais complicado do que anexá-la. Eis como é feito:

1. Inicie um novo e-mail clicando o botão Create Mail (Criar Correspondência) na barra de menus.
2. Verifique se seu e-mail está formatado como HTML. Para fazer isso no Outlook Express, clique o botão Format (Formatar) e verifique para saber se "HTML" (algumas versões anteriores do Outlook Express podem informar "Rich Text (HTML)") tem uma marca de verificação ao lado, como mostrado em seguida.

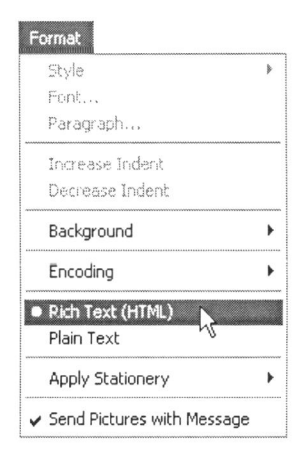

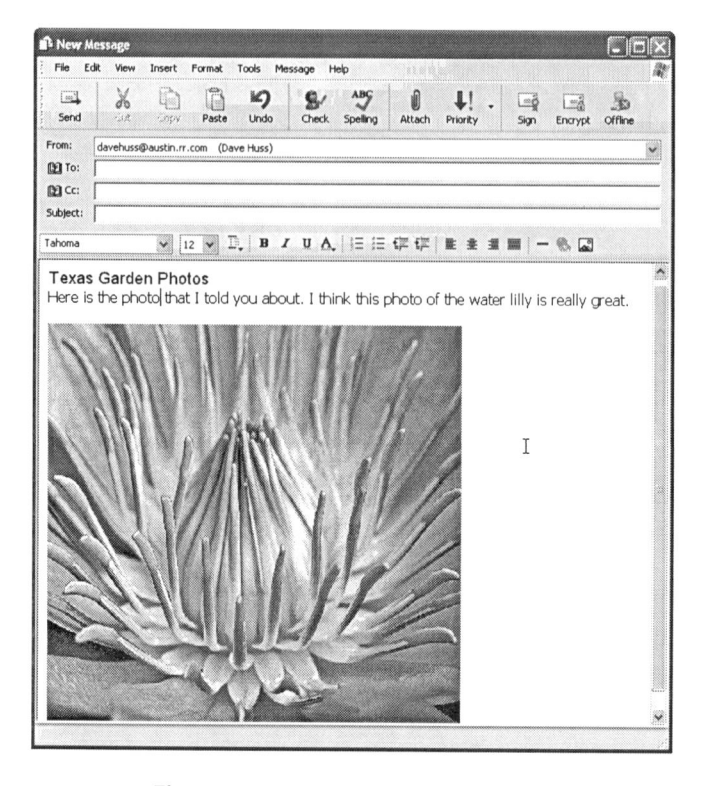

Figura 6-4 *Incorporar fotos em um e-mail pode produzir um e-mail muito emocionante.*

3. Clique o cursor no lugar do e-mail onde deseja colocar a foto. Na barra de ferramentas, clique o botão Insert Picture (Inserir Imagem) ou escolha Insert | Picture nos menus de comando para abrir a caixa de diálogo Picture mostrada a seguir.

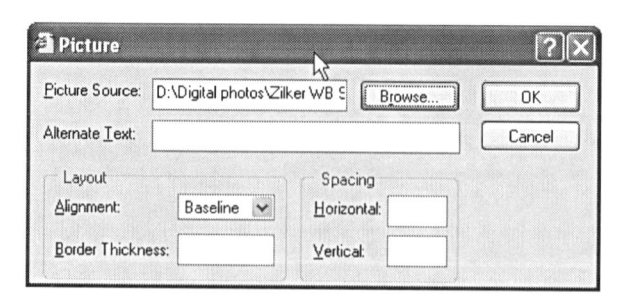

4. Clique o botão Browse (Paginar), então localize e selecione o arquivo. Assim que o arquivo estiver selecionado, clicar o botão Open (Abrir) voltará para a janela New Message (Nova Mensagem). Clicar em OK irá posicionar a foto no ponto de inserção.
5. Por default, a foto é colocada no ponto de inserção. Se for grande demais (vergonha para você), a foto aparecerá com seu tamanho nativo e barras de paginação serão exibidas nas laterais do e-mail, como apresentado aqui.

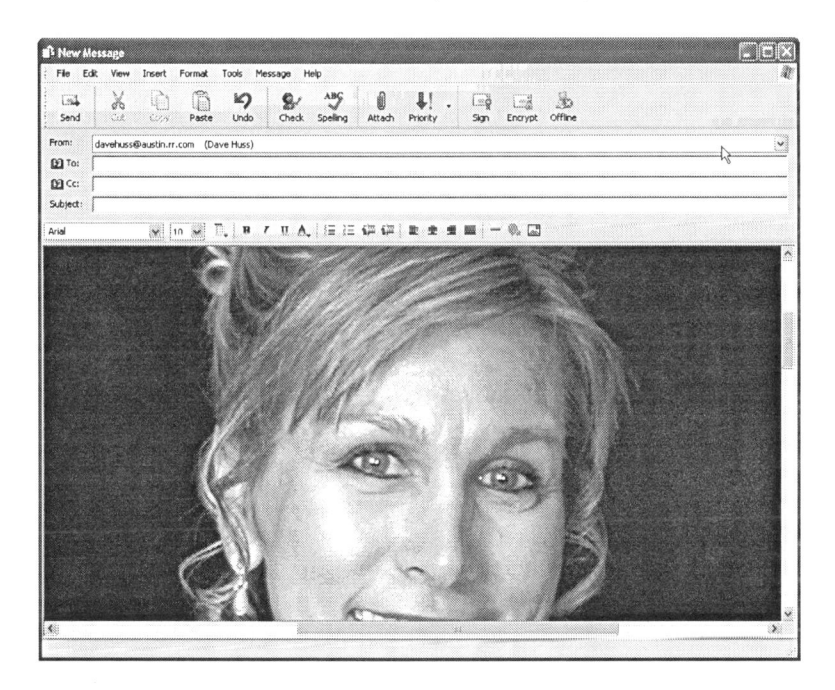

Você sabia?

Nem todos os e-mails são exibidos igualmente

Saiba sobre algumas considerações ao incorporar fotos. Primeiro, nem todos os sistemas operacionais ou servidores de correio podem ler devidamente o e-mail formatado como um arquivo HTML. Costumava enviar uma carta semanal com várias fotos incorporadas até que descobri que os usuários dos antigos sistemas Macintosh e a maioria de meus amigos que executavam o software de correspondência no Linux não podiam ver as fotos incorporadas ou em alguns casos não podiam nem mesmo ler o e-mail. Não há nenhuma solução fácil para esse problema. Minha solução foi enviar um e-mail separado, que continha o texto original, mas as fotos foram enviadas como arquivos anexos para qualquer pessoa que as solicitasse.

6. Você pode redimensionar uma foto incorporada em um e-mail clicando nela, fazendo com que as alças de controle apareçam no canto (como mostrado em seguida) e arrastando qualquer canto para redimensionar o tamanho aparente da foto. Digo "aparente" porque o tamanho da imagem original não muda na verdade, apenas a imagem exibida.

> **Dica**
>
> Para evitar a distorção de uma imagem, você deve redimensioná-la usando as alças do canto, que mantêm as proporções originais da imagem (relação entre os eixos).

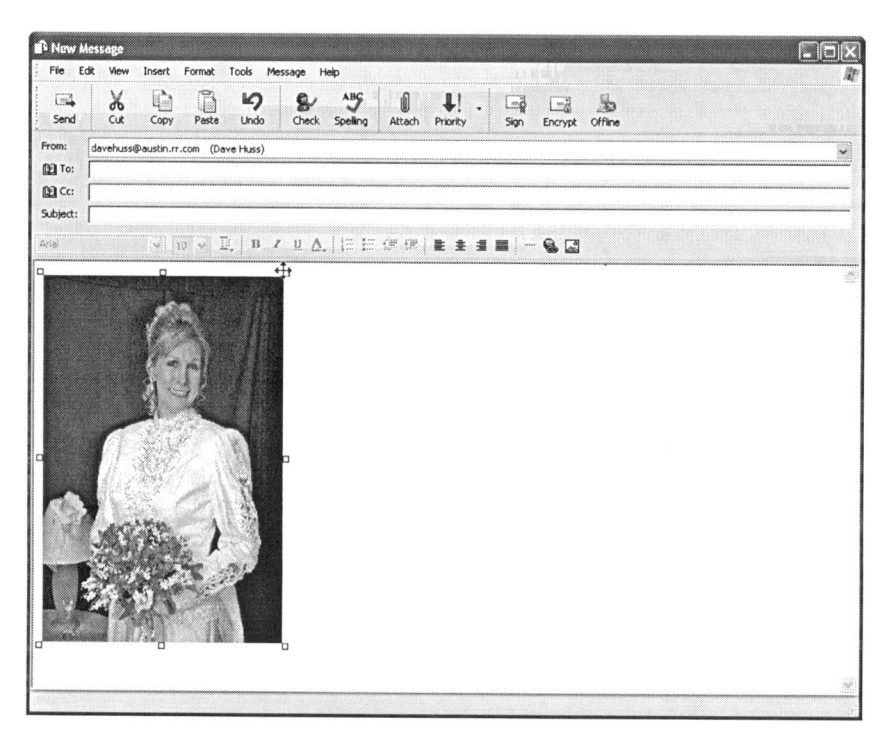

Como retirar uma foto de um e-mail

Possivelmente a pergunta mais feita em relação às fotos no e-mail envolve seu recebimento. Em geral, alguém recebe uma ótima foto em um e-mail e deseja saber como gravá-la separadamente do e-mail. É muito fácil – é assim:

1. Abra o e-mail (não o visualize apenas na caixa de correio).
2. Coloque o cursor na foto e clique com o botão direito do mouse. Um segundo menu instantâneo como o mostrado a seguir aparecerá. Escolha Save Picture As (Salvar Imagem Como).

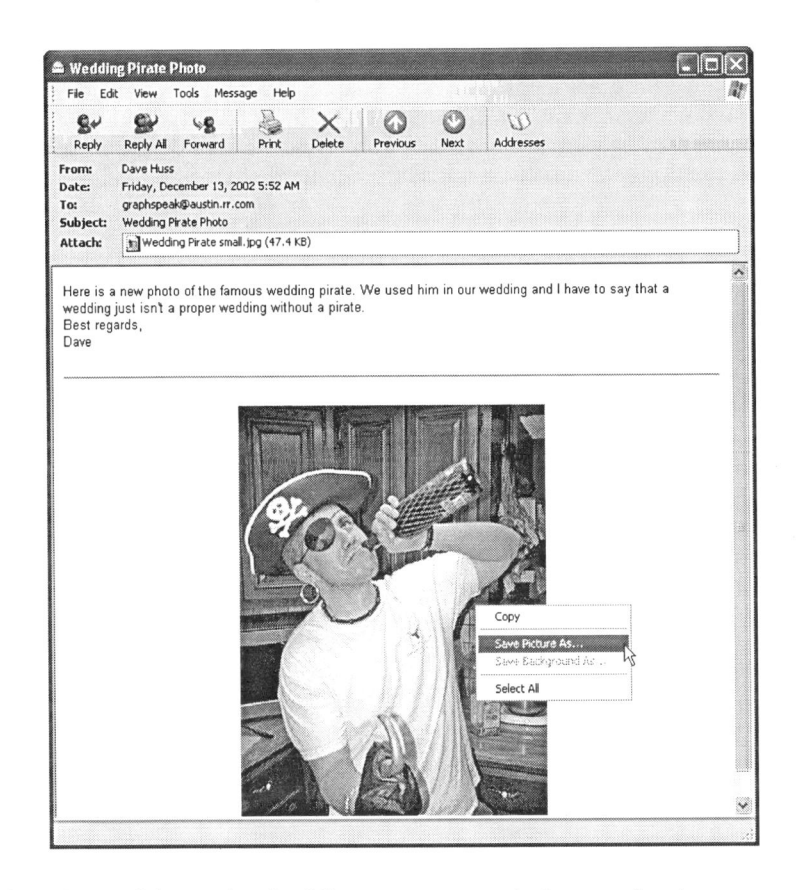

Capítulo 6 – Digitalize gráficos para usar na Web | 95

3. Quando a próxima caixa de diálogo aparecer, selecione um local e grave o arquivo. O formato do arquivo será determinado em parte pelo formato de arquivo da foto incorporada. Algumas vezes você terá a opção de gravar um JPEG como um BMP, mas, na maioria das vezes, poderá gravar apenas a imagem no formato que tinha quando anexada. Poderá sempre mudar o formato mais tarde em um programa de edição de fotos.

Digitalize para o e-mail e a impressão

Se a foto no e-mail foi digitalizada em uma resolução baixa para fazer com que seja carregada rapidamente, ela não será impressa muito bem a menos que você goste de fotos realmente pequenas. Você tem duas alternativas. Primeiro, digitalize a imagem duas vezes com duas resoluções diferentes, produzindo uma versão impressa e uma para a Web. A melhor solução é digitalizá-la com a resolução necessária para imprimir e então abrir o arquivo usando um editor de fotos como o Photoshop Elements, Paint Shop Pro, PhotoImpact etc. Em seguida, redimensione-a para ficar melhor e use File | Save As para gravar uma cópia JPEG menor da imagem. Recomendo colocar alguma palavra indicadora no nome de arquivo para que possa selecionar o arquivo certo ao incorporá-lo em um e-mail. O método que funciona para mim é adicionar a palavra "small" (pequeno) ao nome de arquivo. Por exemplo, tive uma imagem panorâmica grande (mais de 30MB) chamada "Daybreak.TIF". Quando a redimensionei para minha página da web, nomeei-a como "Daybreak small.JPEG". Outra solução resolve esse problema automaticamente e é descrita na próxima seção.

Fotos de e-mail automatizadas

Os criadores de algum software de edição de fotos (como o Photoshop Elements 2) sabem como pode ser demorado redimensionar e anexar uma foto a um e-mail. Portanto, eles fornecem um recurso automático que converte as imagens no tamanho correto para anexar a um e-mail e então inicializa sua aplicação de e-mail com o e-mail anexado! Tudo que você precisa fazer é abrir a imagem no Photoshop Elements e clicar em File | Attach to E-mail (Anexar ao E-mail). Se a imagem for grande demais (mais de 1200 pixels), uma mensagem de aviso como a mostrada em seguida aparecerá.

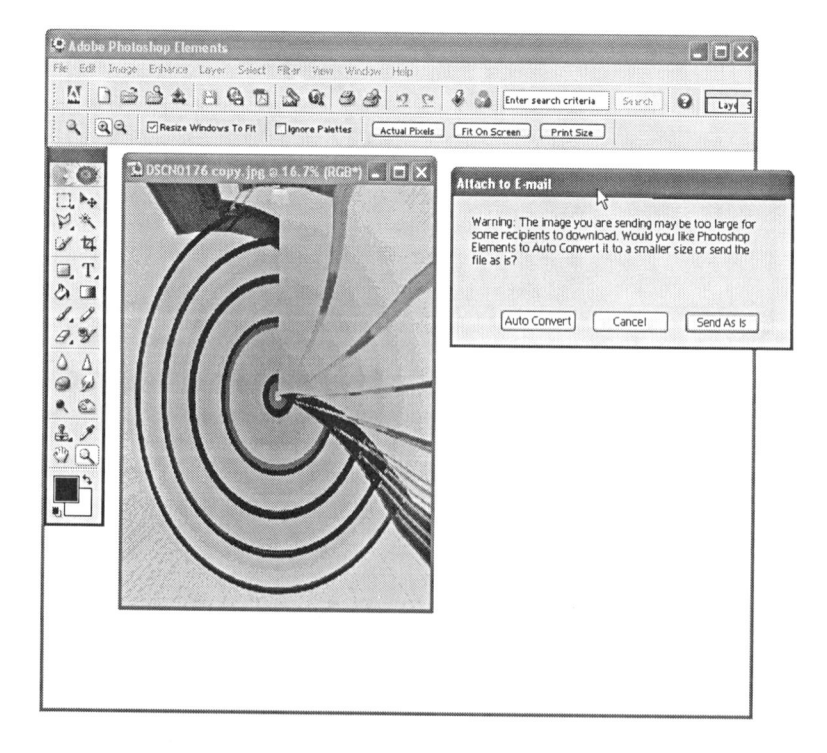

Depois de você ter clicado o botão Auto Convert (Converter Automaticamente), o Elements fará uma cópia da imagem, redimensionará a cópia e irá anexá-la a um e-mail pronto para o envio.

Como compartilhar fotos on-line

Uma alternativa para enviar fotos para os amigos e outras pessoas através do e-mail é enviá-las em um dos muitos serviços de fotos baseados na Web e gratuitos. A maioria desses serviços é estruturada de uma maneira parecida no sentido de que fornecem um armazenamento baseado na Web e uma apresentação para suas imagens digitalizadas que podem ser exibidas por outras pessoas. A Figura 6-5 mostra um dos álbuns que mantenho no serviço NikonNet.

Quando esses serviços de foto baseados na Web começaram, vários sites pioneiros se frustraram depois de menos de um ano. Atualmente, a maioria dos sites populares pertence a organizações maiores ou empresas fotográficas. Por exemplo, a Ofoto é da Kodak. Várias empresas maiores, inclusive o lado de investimento da Adobe, têm a Shutterfly, mostrada em seguida.

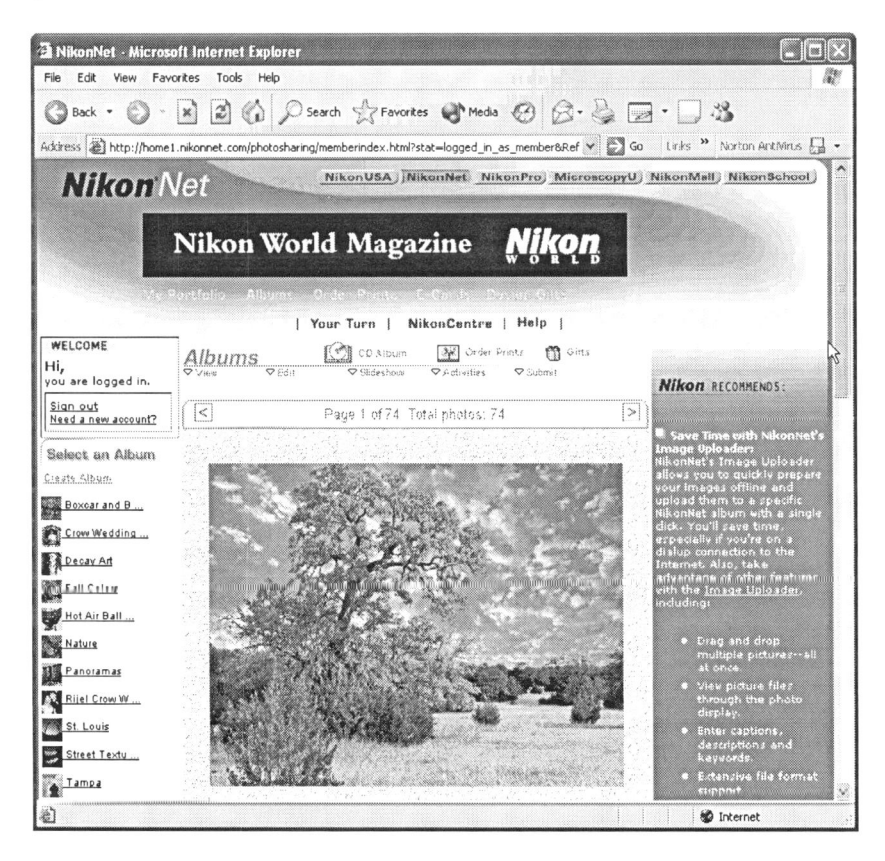

Figura 6-5 Os sites de fotos baseados na Web fornecem uma maneira gratuita e fácil de compartilhar fotos.

Exemplos de alguns dos serviços mais populares baseados na Web:
- Shutterfly (www.shutterfly.com)
- Webshots (www.webshots.com)
- Ofoto (www.ofoto.com)
- NikonNet (www.nikon.net)

A maioria desses serviços é gratuita e requer apenas que você registre o serviço. Geralmente eles oferecem um host de serviços. Assim que você tiver transferido a imagem a partir de seu scanner, poderá corrigir o olho vermelho, as cores se estiverem um pouco apagadas, cortar a imagem para assegurar que seu assunto pretendido seja o centro da atenção e ainda anexar bordas criativas e divertidas para torná-la mais especial. Então, com o clique de seu mouse, poderá pedir impressões e fazer com que sejam enviadas para você e seus amigos, ou compartilhar seus álbuns on-line com qualquer pessoa escolhida.

Esses serviços baseados na Web geralmente oferecem um método automatizado para transferir as imagens de seu computador para seu site. Tais serviços ganham dinheiro fornecendo impressões das fotos para os observadores. Por exemplo, se você enviar uma foto de formatura de sua filha em um álbum on-line, os avós poderão exibi-la on-line e solicitar impressões fotográficas, ou fazer com que a imagem seja impressa em um cartão de visitas, xícara de café, camiseta ou mesmo em um biscoito. Alguns serviços que a Ofoto oferece são mostrados a seguir.

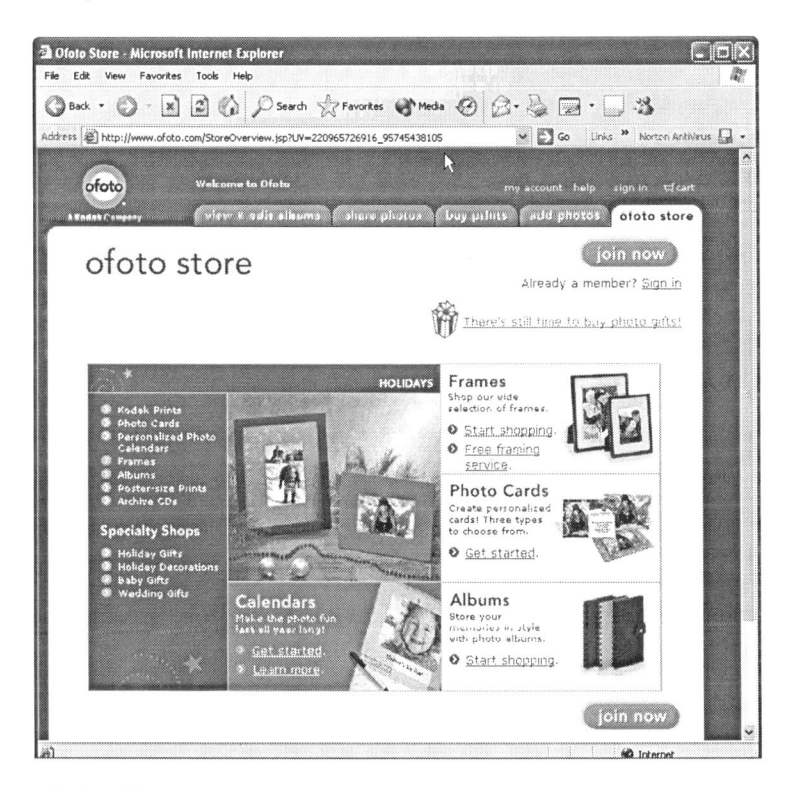

Como digitalizar para os serviços de fotos baseados na Web

Isto levanta uma questão importante em relação à digitalização das imagens para esses serviços de fotos on-line. Você tem de decidir antes se espera que as imagens enviadas sejam impressas ou apenas exibidas. Se as imagens forem apenas para a exibição usando um álbum de fotos on line, então desejará que tenham uma resolução baixa (100 dpi ou menos, dependendo do tamanho da foto original). Se quiser que essas fotos sejam impressas, então precisará digitalizar as imagens com um tamanho que permitirá que

produzam uma impressão com qualidade. Eis como digitalizar uma foto que será usada para imprimir a partir de um serviço de fotos baseado na Web:
1. Prepare o scanner e a imagem para a digitalização.
2. Configure a definição do destino ou de saída para foto colorida/milhões de cores. Não use nenhuma definição da Web ou da Internet.
3. Se o software de seu scanner solicitar o dispositivo de saída, selecione uma impressora colorida. Isso digitalizará a imagem com uma resolução entre 150 e 200 dpi.
4. Grave a imagem como um arquivo TIFF ou JPEG. Recomendo gravá-la como um JPEG com uma definição de alta qualidade.

Digitalizar a foto em uma resolução mais alta produzirá um arquivo muito maior. Esse tamanho de arquivo grande não impedirá que a foto seja exibida on-line, porque todos esses serviços têm um software que exibe uma versão menor de seu arquivo da foto em seus álbuns on-line.

Faça a escolha certa — para você

Vimos as muitas maneiras pelas quais você pode digitalizar, gravar e enviar imagens que são destinadas para a World Wide Web. Algumas vezes perguntam-me qual técnica ou serviço baseado na Web eu uso. A resposta é que uso todos eles. Quando preciso enviar várias imagens para alguém, normalmente apenas as anexo. Quando desejo enviar apenas uma imagem, como a de meu filho Jonathan, (sim, agora expus a identidade secreta do pirata do casamento), em geral incorporo a foto. Quando desejo fotografar um casamento, muito freqüentemente faço um álbum e envio um e-mail para as partes interessadas fornecendo-lhes o link para o site da Web. Agora que analisamos esse tópico colorido, no próximo capítulo aprenderemos a lidar com o tópico menos colorido – o reconhecimento do caractere ótico (OCR).

Capítulo 7

Digitalize documentos usando o software OCR

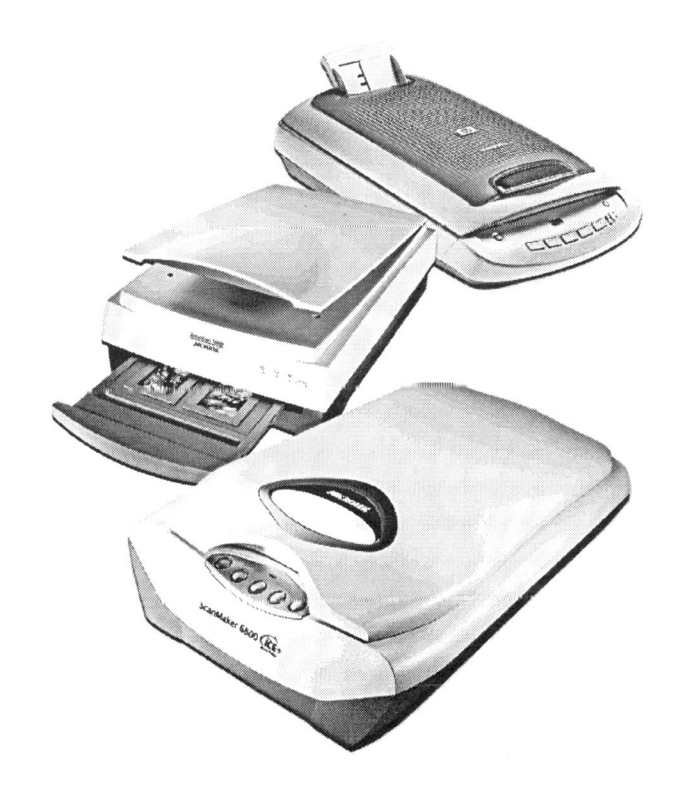

Como...

- Selecionar o melhor scanner para o OCR
- Selecionar o melhor software de OCR
- Resolver os problemas de OCR

A primeira vez que vi o software de OCR para os PCs de mesa demonstrado foi com um antigo sistema operacional chamado DOS. Eis como funcionava: depois de digitalizar um documento, o usuário informava ao computador o nome da face de tipos usada (Times Roman, Helvetica etc.) e o tamanho do tipo (em pontos). Então o computador trabalharia no documento por vários minutos antes de produzir um arquivo de texto do documento. Tudo funcionava uniformemente na demonstração, supondo que o papel estava colocado no scanner perfeitamente reto e que não havia nenhum sublinhado, caractere especial, mancha ou anotações feitas à mão no documento sendo digitalizado. Eu estava escrevendo para uma revista de informática na época e quando me lembro dos resultados do teste que fizemos, no momento em que terminamos de verificar a página para obter os erros e corrigi-los, teria sido mais rápido digitar o documento (supondo que podíamos digitar 40 palavras por minutos (WPM)). A precisão desses primeiros programas OCR era tão ruim que é surpreendente ver até que ponto entraram em uso nos últimos 15 anos.

> **Você sabia?** **Por que seu texto digitalizado não pode ser editado**
>
> Um engano popular sobre o uso dos scanners com o texto impresso geralmente ocorre assim. Um usuário digitaliza um documento e tenta carregá-lo diretamente em um processador de texto, apenas para descobrir que não funcionará. Se isso já aconteceu com você, eis por que não funcionou. Quando uma folha de papel impresso é digitalizada, o resultado é uma "imagem" da página impressa, não o texto real. Embora a imagem do texto possa ser lida por um observador, o processador de texto não a vê como nada, exceto um arquivo de mapa de bits, exatamente como se fosse uma imagem gráfica. Muitos scanners vendidos atualmente têm um botão na frente com um ícone indicando que ele executa o OCR quando o botão é pressionado. Na verdade, pressionar o botão iniciará um programa OCR que foi instalado em seu computador (junto com muitos outros softwares) quando o software do scanner foi instalado originalmente. É esse software que informa ao scanner para digitalizar o documento e executar a conversão da imagem digitalizada em texto.

Como o OCR é conseguido

Os programas OCR organizam os padrões de pixels que vêm do scanner em caracteres usando várias técnicas para determinar quais são os caracteres. Embora pareça fácil, é uma tarefa muito complexa. Como um ser humano que exibe esse documento, você vê os caracteres nessa página como símbolos. Memorizamos a forma dos caracteres e os reconhecemos quando os exibimos. Um programa OCR não vê os caracteres como nós; ao contrário, ele tem de analisar milhares de pixels que estão em preto ou branco e determinar quais pixels se pertencem. O programa OCR mais antigo (1959) podia ler apenas uma fonte

Capítulo 7 – Digitalize documentos usando o software OCR | 103

em um tamanho e era usado para processar aplicações de empréstimo de hipotecas pré-impressas na indústria bancária. Os programas OCR posteriores foram criados podendo ler dez ou mais fontes usando a *coincidência de gabaritos*, na qual uma imagem era comparada com uma biblioteca de imagens de mapa de bits. A precisão era boa contanto que as fontes na biblioteca coincidissem com as lidas. Os programas de hoje podem ler praticamente tudo que pudermos digitalizar.

Quando o OCR faz ou não sentido

O trabalho do OCR pode ser geralmente agrupado em três categorias:
- Comercial
- Uso pesado do escritório
- Uso ocasional do escritório

Uma olhada no OCR comercial

O trabalho feito pelas grandes lojas de OCR é impressionante. Eles usam scanners projetados especificamente para o trabalho de OCR. A maioria desses scanners pode digitalizar até 100 páginas por minuto e custa até $40.000. O serviço mais comum executado por essas lojas é a conversão de documentos de papel (como todas as papeletas de cartões de compra que você assina) em documentos eletrônicos para o armazenamento. Outra tarefa comum é a conversão de documentos impressos (como antigos livros) no formato eletrônico.

Uso pesado/ocasional do escritório

Defino uso "pesado" do escritório como um ambiente onde o trabalho relacionado com o OCR é feito todo dia e é uma parte integral do fluxo de trabalho diário. Um exemplo de ambiente de escritório com uso pesado é um escritório legal que tem que digitalizar e converter centenas de relatórios digitados durante a fase de descoberta de uma investigação. O uso do OCR os permite pesquisar os documentos para obter palavras ou frases específicas em menos de um minuto, ao invés de semanas. O escritório com uso ocasional é aquele em que, quando alguém deseje executar o OCR, tenha de perguntar a outra pessoa como é feito ou retirar a poeira do manual do usuário do software de OCR antes de poder digitalizar um documento.

Qual é o melhor scanner para o OCR?

Praticamente qualquer scanner vendido hoje pode ser usado para executar o OCR, embora nem todos os scanners o executem bem. O tipo de scanner requerido depende da necessidade de seu ambiente de trabalho para o OCR ser pesado ou ocasional. Se você espera estar fazendo muito trabalho de OCR, terá de assegurar-se de que seu scanner tenha um alimentador de documentos automático (ADF) como o apresentado na Figura 7-1.

> **Nota** Se você teve uma experiência ruim com os antigos ADFs de scanner fabricados no início dos anos 90, eles foram muito melhorados.

Figura 7-1 O alimentador de documentos automático é essencial para as grandes quantidades de OCR.

Uma boa regra para selecionar um scanner OCR dedicado (ou com uso pesado) é que se ele vier com um ADF, funcionará bem. É uma boa regra, mas há outras coisas a considerar ao escolher entre os vários scanners que vêm equipados com um ADF:

- O scanner é suportado por seu software de OCR?
- Qual é a altura da resolução do scanner?
- Qual é o tamanho da área de digitalização?
- Qual a rapidez de seu scanner?

Seu scanner é suportado?

Esta pergunta será mais importante se você estiver considerando a compra de um novo scanner para usar com um determinado programa de software. Embora todos os scanners possam parecer semelhantes, alguns oferecem recursos que o software de OCR pode controlar para produzir resultados mais precisos para o trabalho de OCR. Por isso, você deve ir ao site da Web de seu software de OCR (em quase todos os casos será o www.scansoft.com) e ver se seu scanner está na lista, como a mostrada em seguida, de scanners que cada produto suporta.

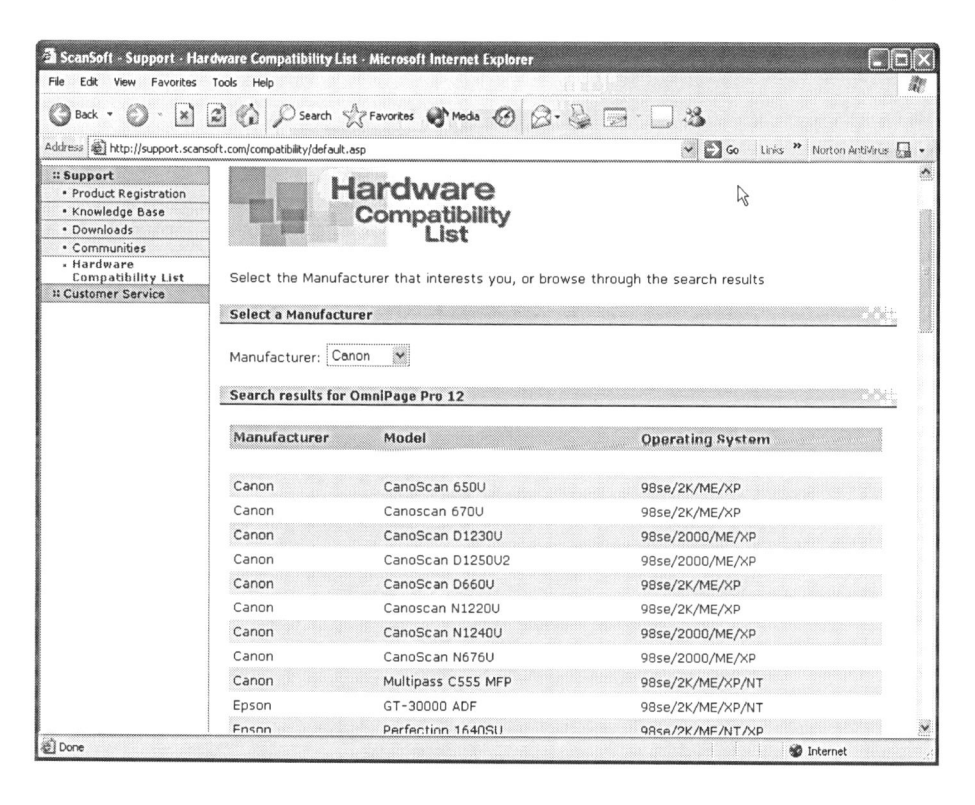

Se estiver considerando o uso de um scanner existente com o software de OCR, deve saber que há muitos scanners antigos disponíveis com ADFs que podem não ser uma boa escolha ao trabalhar com o software de OCR atual – mesmo que sejam suportados. Se seu scanner ADF existente for suportado, você poderá ainda querer substituí-lo, porque as unidades ADF melhoraram muito nos últimos cinco anos. As unidades mais novas têm menos congestionamentos e desalinhamentos que as mais antigas.

Qual a altura da resolução de seu scanner?

Embora os scanners de hoje estejam anunciando resoluções incrivelmente altas, os documentos a serem convertidos em texto serão digitalizados com 300 dpi ou 400 dpi. A maioria dos programas de OCR aceitará um ou outro. Quanto mais alta for a resolução de sua digitalização, mais tempo levará para digitalizar a página. Por outro lado, quando você estiver digitalizando fontes muito pequenas, a digitalização com resolução mais alta permitirá que o software de OCR faça um serviço melhor reconhecendo os caracteres no texto. Por exemplo, em 300 dpi, sua digitalização será feita mais rapidamente, mas em 400 dpi, poderá obter resultados melhores, especialmente nos tipos pequenos.

Verifique o tamanho da área de digitalização

Uma consideração maior ao comprar um scanner é a imagem com tamanho máximo que uma unidade particular pode digitalizar. Entre os scanners de mesa, as unidades particulares são divididas entre as que podem digitalizar apenas uma página com tamanho de carta (8,5x11") e as que podem lidar com uma digitalização com tamanho legal completo (8,5x14"). Os scanners do tamanho da carta são algumas vezes referidos como "tamanho A4" em referência ao sistema de tamanho da página europeu. Ao escolher um scanner, considere se é necessário ter uma base de digitalização com tamanho legal completo (porque esses scanners tendem a ser mais caros). Poucos usuários precisam dessa capacidade, mas para os corretores de imóveis, advogados e outras pessoas que trabalham com esses documentos maiores, uma área de digitalização maior é essencial.

> **Você sabia?**
>
> **Quando a resolução alta não é tão alta**
>
> Ao ver a resolução estabelecida pelo fabricante do scanner, você deve saber que um número crescente de scanners está usando lentes para aumentar a resolução disponível em uma parte da base de digitalização, concentrando a luz refletida da imagem. Isso aceita a digitalização de slides e negativos que requerem uma digitalização em uma resolução alta. Embora o scanner possa digitalizar em uma resolução mais alta, poderá ser enganoso se a área da resolução alta cobrir apenas uma pequena parte da área de digitalização geral. Fique atento com os scanners que anunciam resoluções duplas e saiba que a resolução mais alta provavelmente estará disponível apenas para as imagens pequenas e, portanto, não disponível para a digitalização de OCR.

Qual a rapidez de seu scanner?

A última coisa a verificar quando você estiver comprando um scanner é a velocidade da unidade. A importância da velocidade do scanner depende de quantas vezes você pretende usá-lo. Aqueles que digitalizam uma ou duas vezes por dia certamente serão menos chateados com um scanner lento do que aqueles que estão executando constantemente o OCR.

Infelizmente, determinar a velocidade de digitalização não é fácil, pois não há nenhum padrão simples para avaliar o tempo que leva para completar uma operação de digitalização. Os fabricantes especificam constantemente a velocidade bruta dos motores de seu scanner (esse número é geralmente expresso em milissegundos por linha ou ms/ln), mas essa velocidade raramente corresponde ao desempenho real. Outras considerações, inclusive a velocidade do software do driver do scanner, a capacidade geral e a capacidade da memória de seu computador conectado ao scanner e o tipo de conexão (USB 1.1, USB 2.0 ou IEEE 1394) entre ele e o computador, afetam o desempenho geral.

A única maneira real de avaliar a velocidade de um scanner seria experimentar algumas digitalizações de amostra, que na superloja de informática média é impossível porque eles nunca estão conectados. A melhor alternativa é encontrar o site da Web de uma revista e pesquisar algumas críticas sobre o scanner ou os scanners que você está considerando. Essas críticas geralmente fornecem comparações bem úteis. Porém, ao usar essas comparações, leve em conta que se a crítica se concentrar em um aspecto diferente da digitalização, como a digitalização de foto, os resultados poderão não ter impacto no modo como você estará usando o scanner.

O que o software de OCR pode fazer?

Embora as aplicações de OCR originais estivessem limitadas a converter o texto impresso no texto que poderia ser editado em um computador, as aplicações disponíveis atualmente podem fazer muito, muito mais. Eis uma lista parcial do que pode ser feito usando seu scanner e uma dessas aplicações baseadas no OCR:

- Converta uma planilha impressa em um registro de dados que possa ser lido pelo Excel ou qualquer outro programa de planilha.
- Digitalize um documento completo contendo colunas e tabelas e converta-o em um documento de processamento de texto com as tabelas no documento funcionando como tabelas e deixe as colunas intactas.
- Extraia os gráficos de um documento. Os documentos que contêm imagens (fotos, assinaturas, notação escrita à mão) podem gravar essas imagens como imagens gráficas separadas.
- Digitalize um formulário e converta-o em uma versão eletrônica do mesmo formulário.
- Gerencie os documentos de papel digitalizando um documento (receita, artigo de jornal, garantia etc.), faça com que a parte OCR do programa converta a parte de texto e então armazene uma cópia da imagem. Esse mesmo programa poderá mais tarde localizar o documento para você com base em uma pesquisa de palavras e imprimir uma cópia.

Qual software de OCR é melhor?

Antes de tudo, o software de OCR, que veio com seu scanner, é quase sempre uma versão limitada de uma versão mais robusta ou muito provavelmente é uma versão mais antiga do software. Se você for fazer o trabalho de OCR apenas ocasionalmente, então deverá tentar usar o software que veio com seu scanner. Porém, saiba que a capacidade do software de OCR gratuito pode ser tão limitada que poderá não funcionar bem o bastante até para o uso ocasional.

Há várias aplicações diferentes do software de OCR no mercado de hoje e eis a minha parte favorita – a maioria é oferecida pela mesma empresa. Veja a seção separada "Por que há tantos nomes, mas apenas uma empresa?". Ao decidir qual aplicação de OCR comprar, você terá primeiro que considerar as necessidades de seu escritório. Nem todas as aplicações de OCR podem ler um documento com diversas colunas e recriar as colunas no documento final. Se você estiver digitalizando muitas informações financeiras no formulário de planilhas e tabelas, certifique-se de que o programa de OCR escolhido possa converter as informações impressas em planilhas e tabelas reais.

Prepare para converter um documento usando o OCR

Embora o procedimento exato para a digitalização e a conversão de um documento dependa do software de OCR que você esteja usando, algumas etapas preparatórias são comuns a todos os programas. Os programas de OCR têm as mesmas exigências de qualquer trabalho de cópia comum. No Capítulo 3, falamos sobre a importância de posicionar devidamente o original no vidro do scanner. Para o OCR funcionar, a necessidade de uma imagem estar o mais reta possível é ainda mais crítica por causa do modo como o programa lê a imagem digitalizada. Se o documento no scanner estiver torto, o programa de OCR terá mais dificuldade para determinar e converter o texto ou outras imagens. Isso resulta em mais erros no texto final e mais tempo gasto na parte de revisão do processo de OCR. Se você estiver colocando cada folha no scanner manualmente, precisará assegurar-se de que a folha se alinha com a borda do scanner (supondo que tem um tamanho de carta ou legal). Isso pode realmente se tornar um problema com fotocópias em que o original não foi colocado corretamente no vidro de cópia. Se envolver apenas algumas folhas de papel, eis uma solução que sempre funcionou para mim:

> **Você sabia?**
>
> **Porque há tantos nomes, mas apenas uma empresa?**
> Quando o software de OCR começou a aparecer nos sistemas Windows, duas empresas maiores anunciaram muito o quanto melhor era o seu produto em relação ao concorrente. Portanto, foi uma surpresa quando as duas empresas se uniram. Depois de muitas uniões sucessivas e aquisições, hoje essa empresa é chamada de ScanSoft. Embora haja outras empresas de software de OCR, as aplicações da ScanSoft dominam o mercado. Quando você for para a página da Web dessa empresa (www.scansoft.com), verá que são oferecidas várias aplicações de OCR, cada uma com seu nome original. A OmniPage Pro é seu produto com capacidade industrial, a TextBridge é seu pacote de OCR médio e a Pagis é um pacote combinado de vários produtos diferentes do tipo OCR de digitalização.

1. Coloque a face do documento para baixo em uma superfície de luz, de vidro ou em uma janela. Faça o que for para ter bastante luz passando pelo papel a fim de que possa ver o que está impresso no lado que será digitalizado.
2. Pegue o esquadro e com um lápis desenhe levemente uma linha na parte de trás do papel paralela à linha do texto no lado impresso.
3. Coloque a face do documento para baixo no vidro do scanner e use o mesmo esquadro para posicionar o papel no vidro para que a linha que acabou de desenhar fique perpendicular à borda do vidro do scanner.

Se estiver usando um ADF, eis algumas coisas que poderá fazer para a garantia de que fornecerá o documento de maneira reta.

Capítulo 7 – Digitalize documentos usando o software OCR | 109

O devido cuidado e fornecimento de ADFs

O ADF, na maioria dos scanners com os quais trabalhei, fará o bom serviço de mover e posicionar o documento no scanner se você prestar atenção nas seguintes regras:

- Não exceda o número máximo de páginas permitidas na bandeja de entrada ADF. Não carregue mais do que o número calculado máximo de páginas e remova as páginas da caixa de saída caso estejam se amontoando.
- Certifique-se de que os documentos carregados na bandeja de entrada satisfaçam as especificações para o ADF. A maioria dos ADFs irá congestionar se o papel sendo digitalizado for espesso demais e passarão diversas folhas de uma só vez se forem finos demais. Se seu meio se adequar a uma dessas categorias, você terá que colocar seus documentos no vidro do scanner manualmente.
- Se as páginas parecerem estar se inclinando quando fornecidas no ADF, verifique as imagens digitalizadas resultantes no software para assegurar-se de que não estejam inclinadas. Se os resultados mostrarem uma imagem inclinada, o item pode ter sido colocado incorretamente na bandeja de entrada. Endireite-o e ajuste as guias do papel para centralizar a pilha.
- Um problema comum são os papéis que têm objetos estranhos. Remova qualquer coisa como grampos e notas presas do item.
- Certifique-se de que o documento seja quadrado ou retangular e esteja em boa condição (não frágil ou gasto). Não deve ter rasgos, perfurações, buracos, cola molhada, fluido de correção ou tinta. Nem tente fornecer formulários com diversas partes com páginas de carbono em um ADF. As transparências e as páginas de papel fino leves também não devem ser usadas porque não serão fornecidas corretamente.
- Certifique-se de que o papel tenha o tamanho correto. A maioria dos ADFs pode lidar com itens tão pequenos quanto 3,5x5", mas verifique a documentação de seu scanner por garantia. Se o item sendo digitalizado for menor que as dimensões listadas, você terá que colocá-lo manualmente no vidro para digitalizar.
- Verifique se o tamanho do papel selecionado no software está correto. O tamanho do papel default é definido para Letter. Se usar um meio diferente do tamanho Letter, ajuste a definição do tamanho do papel na caixa de diálogo ADF Scan (Digitalização ADF) de seu software de digitalização.

Coisas que confundem o software de OCR

Os humanos são criaturas incríveis; podemos ler um documento como o mostrado na Figura 7-2 sem muito problema. Para um programa de OCR é um pesadelo. A seguir estão as coisas mais comuns que derrubam muitos programas de OCR:

- **Texto manchado ou colorido** O texto que está manchado na Figura 7-2 não é difícil para um ser humano ler, mas a mancha leve dos caracteres torna muito difícil para o computador determinar quais caracteres estão na página.

- **Texto sublinhado** O texto sublinhado na Figura 7-2 é um sublinhado feito à mão malfeito, mas mesmo que o sublinhado faça parte do texto à máquina, poderá ainda confundir os programas de OCR, especialmente se o texto for muito pequeno (6-8 pontos).

Anotação

Texto manchado

ASCII (American Standard Code for Information Interchange)
Standard by which many computers assign code numbers to letters, numbers and symbols. Used for text exchange between computer platforms.

banding
A visible stair-stepping of shades in a gradient.

Texto sublinhado
(feito à mão ou à máquina)

batch scanning
Sequential scanning of multiple originals using previously-defined, unique settings for each.

Bezier curves
In object-oriented programs, a curve whose shape is defined by anchor points set along its arc.

bilevel
A type of image containing only black and white pixels.

Texto destacado

Figura 7-2 Coisas que confundem o software de OCR.

- **Anotações** Quando vemos o "OK" escrito no exemplo, sabemos o que é. O programa de OCR achará que é um gráfico ou criará alguma interpretação criativa do que acha que o texto seja.
- **Texto destacado** Dependendo da cor, pode fazer um programa de OCR se desesperar.
- **Fontes de exibição extravagantes** Algumas fontes realmente exóticas podem confundir os melhores programas.
- **Transparência** Se a impressão no outro lado do papel puder ser vista, o programa de OCR poderá ficar louco e achar que o texto do outro lado deva ser convertido.
- **Cópias ou fax malfeitos** Alguma vez você teve um documento que era uma cópia de uma cópia de outra cópia? Se o texto estiver distorcido e for difícil para você ler, então poderá estar certo de que o programa de OCR terá problemas também.
- **Original com diversas colunas** Quando um documento com diversas colunas é convertido por uma aplicação OCR que não suporta esse recurso, a primeira linha na coluna A e a primeira linha na coluna B se tornarão uma sentença (que algumas vezes cria um material de leitura realmente engraçado.) Não tenha medo, a maioria das aplicações OCR de hoje suporta a conversão de diversas colunas; em alguns casos, você só precisa ativá-la.

Capítulo 7 – Digitalize documentos usando o software OCR | 111

Como executar o OCR no papel colorido

Um desafio de OCR real é o texto impresso no papel colorido, especialmente papel com cor escura. Há uma solução manual (não ADF):

1. Execute uma digitalização de visualização.
2. Defina o modo Color (Cores) para Line Art (Arte com Linhas) em uma resolução de 300 dpi.
3. Ajuste manualmente a definição Threshold (Início) até que a cor de fundo desapareça da janela de visualização.
4. Digitalize e grave a imagem.
5. Abra-a com o software de OCR e processe-a.
6. Tome nota mentalmente para não aceitar nenhum documento impresso em papel colorido novamente.

Como... **Evitar a transparência**

Se a impressão na parte de trás do documento que você está digitalizando estiver visível, você poderá evitá-la facilmente. Coloque uma folha de papel preto na parte de trás da página que estiver digitalizando. A cor escura reduzirá o reflexo da luz através da página no lado inferior branco da tampa da cópia e reduzirá ou impedirá a transparência.

Digitalize para o OCR

Todos os programas de OCR atuais de fato controlam o processo de digitalização, portanto, na maioria dos casos, não é mais necessário digitalizar o documento, gravá-lo e então abri-lo com o programa de OCR (a menos que estivesse em papel colorido). O procedimento varia entre os programas de OCR diferentes, mas em geral as etapas são as seguintes:

1. O programa digitaliza o(s) documento(s).
2. Depois de cada página ser digitalizada, o software executa o OCR nele.
3. Sempre que o software encontrar uma palavra que achar incorreta, exibirá o caractere digitalizado real ou a palavra em questão e pedirá que você a corrija ou a aceite. Ele se lembrará da correção para que na próxima vez em que a mesma palavra, símbolo ou caractere for encontrado, aplicar a mesma correção instruída anteriormente.
4. Assim que todas as páginas tiverem sido digitalizadas e convertidas, o programa perguntará sobre qual formato da aplicação gravará o trabalho final. A maioria dos programas de OCR também oferecerá a opção de gravar o arquivo processado OCR original, que poderá ser aberto mais tarde e processado de novo ou produzido em um formato para uma aplicação diferente.

Agora que cobrimos os princípios do OCR, no próximo capítulo, aprenderemos a usar as aplicações OCR e outros recursos do scanner no escritório de trabalho.

Capítulo 8

Use seu scanner para várias tarefas do trabalho

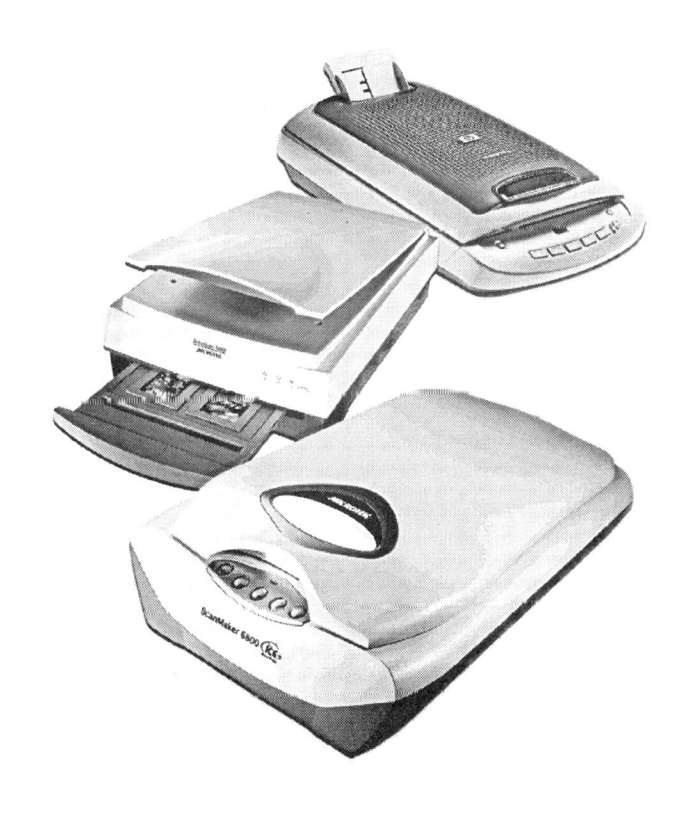

Como...

- Digitalizar cartões de visita
- Escolher o melhor scanner para a comunicação eletrônica
- Usar seu scanner para enviar fax
- Usar o scanner para gerenciar a papelada do escritório

A maioria das pessoas pensa sobre a capacidade dos scanners de uma forma muito limitada quando se refere ao trabalho de escritório em geral. Pergunte para que um scanner é usado em um escritório e a resposta comum será: para digitalizar imagens. No capítulo anterior, aprendemos que os scanners podem ser usados para muitas funções típicas de um escritório pequeno/escritório pessoal (SOHO). Neste capítulo, iremos explorar as capacidades adicionais dos scanners no local de trabalho. Começaremos com a leitura e a conversão dos cartões de visita para catálogos de endereços eletrônicos.

Digitalize os cartões de visita

Você sabia que os cartões de visita existem há mais de 300 anos? Na época da rainha Vitória eles eram referidos como "cartões de chamada". Mais tarde, ficaram conhecidos como "cartões comerciais". Por volta da virada do século, Albert Einstein e Henry Ford estavam entre os primeiros a usar o que agora chamamos de cartões de visita. Sem um scanner, você terá que fornecer manualmente as informações de um cartão de visita para o software especificamente projetado para gerenciar tais informações. Em geral, esse software é chamado de *gerenciador de informações pessoais (PIM)* ou de *gerenciador de contato*. Uma aplicação com a capacidade PIM com a qual você pode estar familiarizado é o programa Outlook no Microsoft Windows. Outras aplicações populares incluem as seguintes:

- Act
- Goldmine
- Lotus Notes

Assim que as informações estiverem na aplicação, será simples usá-las ou transferi-las para seu *assistente de dados pessoais (PDA)*. Como o software de digitalização de cartões de visita depende da capacidade de processamento de um computador de mesa ou laptop para executar o OCR no cartão, você não poderá anexar ainda o scanner de cartão diretamente a um PDA ou PIM. Eles simplesmente não têm a capacidade de fazer o serviço.

> **Dica**
> Se você pretende usar o scanner de cartões de visita, poderá obter um dos novos scanners com capacidade USB que não requerem um adaptador AC.

A primeira vez em que vi um scanner de cartão na feira de computadores Comdex há muitos anos, ele funcionava bem apenas contanto que os cartões de visita tivessem um tipo escuro e nítido em um fundo branco e nenhum gráfico. Mas quando você fornecia um cartão com um fundo colorido, gráficos elaborados ou uma face de tipos artística, ele parava. O resultado era que mais tempo era gasto corrigindo os erros do scanner do que você teria gasto

Capítulo 8 – Use seu scanner para várias tarefas do trabalho | **115**

digitando as informações. Esses scanners percorreram um longo caminho desde então. Atualmente, um scanner de cartão pode digitalizar corretamente e identificar todos os dados com pouca ou nenhuma intervenção do operador. As versões mais recentes desses scanners podem ainda preservar o cartão original, como a mostrada a seguir, para uma exibição posterior; o software também inclui a capacidade de gravar os cartões em categorias separadas (por exemplo, comercial e pessoal). Quanto aos scanners de cartões de visita e o software, a série CardScan de scanners e o software da Corex (www.cardscan.com) representam a maioria desse mercado exclusivo.

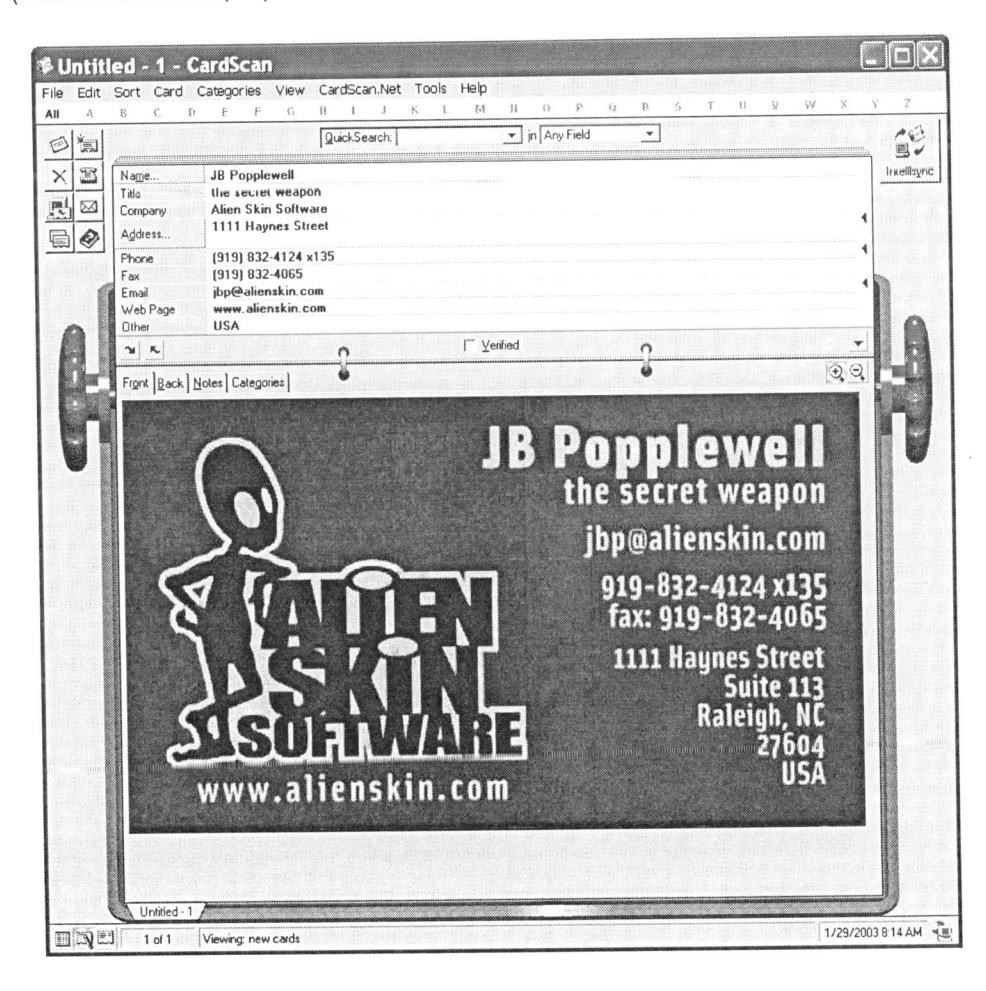

Duas maneiras de digitalizar cartões de visita

Você pode digitalizar os dados dos cartões de visita para sua aplicação de duas maneiras. Tem que usar um scanner de cartão dedicado ou usar um software de digitalização de cartões (geralmente vendido pela mesma empresa que vende os scanners do cartão) com seu scanner de mesa para digitalizar os cartões de visita para seu computador. Os scanners de cartão dedicados são o melhor método para digitalizar os cartões de visita para sua aplicação, caso você esteja digitalizando muitos. Se acumular muitos cartões no curso de seu negócio, então um scanner de cartão comercial dedicado, como o CardScan 600c, mostrado na Figura 8-1, será um bom investimento.

Embora esses scanners caibam na palma de sua mão, geralmente podem custar várias vezes mais que um scanner de mesa do consumidor. Uma vantagem maior ao usar um scanner de cartão de visita dedicado em relação a usar o software de digitalização de cartões com seu scanner de mesa envolve a velocidade do processamento. Como os cartões comerciais são pequenos demais para serem usados com os alimentadores de documento automáticos do scanner (ADFs), cada cartão comercial tem que ser posicionado manualmente, digitalizado e removido de um scanner de mesa, que poderá de fato levar mais tempo do que um digitador experiente precisa para fornecer os dados através do teclado. Isso será especialmente verdadeiro se o cartão comercial típico obtido for um trabalho de arte gráfico. Como artista gráfico e fotógrafo, recebo muitos cartões de visita que variam desde formidáveis até difíceis de ler e com os quais até o melhor programa de digitalização de cartões precisará de alguma ajuda.

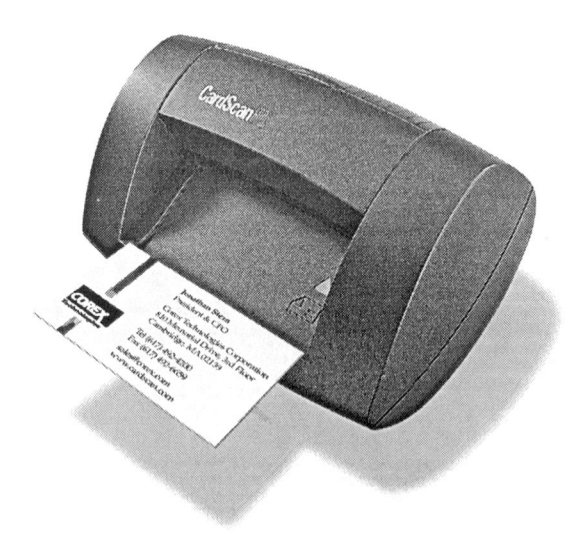

Figura 8-1 Um scanner de cartão de visita proporciona uma maneira de fornecer rapidamente dados comerciais para seu computador.

Você sabia? Como um scanner lê um cartão de visita

...)es de visita não têm nenhum padrão, pode ser muito difícil para um computador lê-los. Uma boa aplicação de digitalização de cartões de visita imita o modo como lemos alguns cartões. Ao exibir os cartões, reconhecemos nomes próprios como "Tom" ou "Julia" como nomes individuais, ao passo que uma frase que termine com "Inc.", "Corp." ou "LLC" sugere o nome de uma empresa. Do mesmo modo, um sinal "@" designa um endereço de e-mail. Os programas de digitalização de cartão de visita seguem uma lógica parecida, usando os dicionários internos de milhares de palavras e símbolos em muitas línguas para classificar quais partes do cartão ficam em qual categoria. Embora os princípios sejam simples, cada cartão de visita pode apresentar desafios exclusivos. Alguns têm fontes e gráficos extravagantes que cobrem uma grande parte do cartão e outros têm nomes que, embora comuns para sua própria cultura, apresentam um desafio real para um programa que tenta determinar se o texto é um nome ou um endereço. Exemplos disso são o famoso diretor de filmes indiano Adoor Gopalakrishnan ou o notável cardiologista polonês Dr. Leszek Ceremuzynski.

Se o nome estrangeiro não impedir o verificador de ortografia, alguns conjuntos de caracteres da língua estrangeira ainda poderão confundir algumas aplicações OCR, embora os mais cheios de recursos tenham de pouca a nenhuma dificuldade com os conjuntos da língua que diferem apenas do inglês com alguns caracteres incomuns e acentuação.

Como digitalizar outros documentos pequenos

Além de serem capazes de digitalizar os cartões de visita, os scanners de cartão dedicados podem ser usados para digitalizar carteiras de motorista, cartões de seguro saúde e outras formas de cartões de identificação. Os fabricantes dos scanners de cartão de visita vendem ferramentas de desenvolvimento do software que permitem aos programadores desenvolverem o software para uma grande variedade de aplicações especializadas. Os únicos limites reais para as possibilidades têm relação com o tamanho físico do original sendo digitalizado – a maioria dos scanners de cartão de visita lida com um tamanho um pouco maior que um cartão de visita padrão até o tamanho de 4x6 polegadas.

Como digitalizar um cartão de visita para capturar logotipos ou outra arte

Algumas vezes você precisará digitalizar um cartão de visita para capturar um logotipo ou alguma outra arte nele. Se o cartão estiver em boa forma, eis como digitalizá-lo:

1. Posicione o cartão no vidro do scanner para que ele fique devidamente alinhado como analisado no Capítulo 3.
2. Faça uma digitalização de visualização do cartão. Selecione a área da arte no cartão e amplie-a como mostrado a seguir:

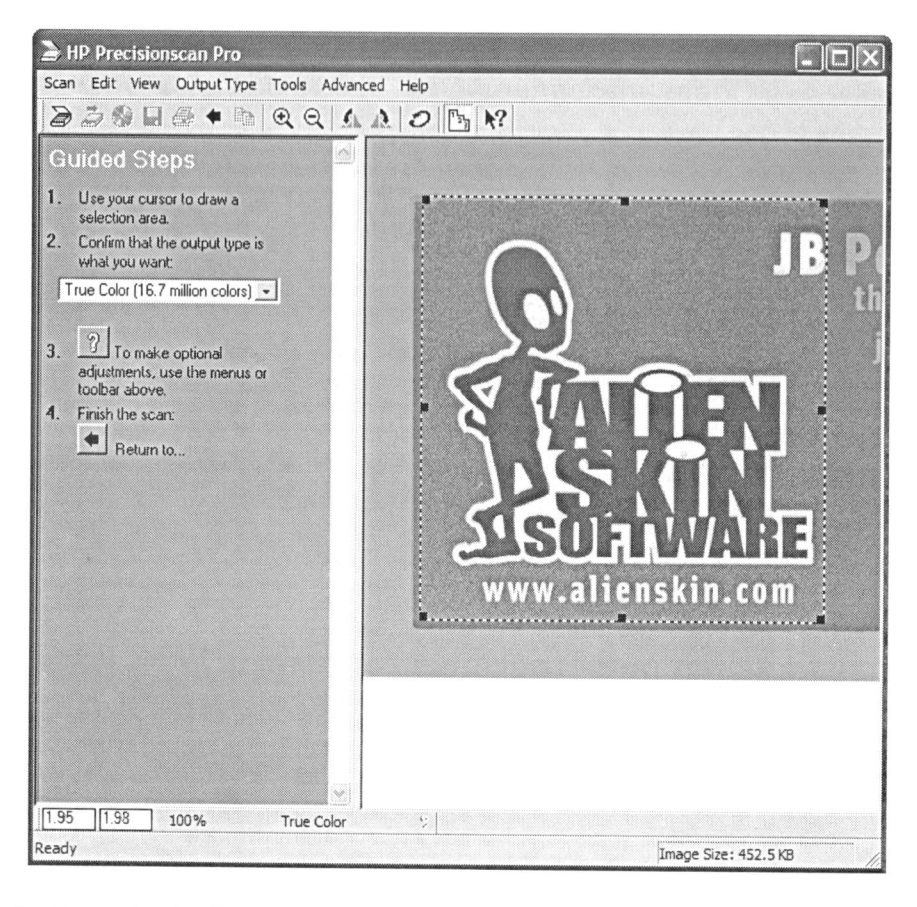

3. Dependendo do tamanho final da arte digitalizada que é requerido, mude o dimensionamento da imagem para o requerido. Recomendo aumentar o tamanho em pelo menos 200%.
4. Se o cartão de visita sendo digitalizado for preto e branco, digitalize-o como tons de cinza; se o cartão tiver cor, digitalize-o como uma foto colorida. Se você estiver digitalizando uma foto de um cartão, terá que estar muito desesperado por uma foto e deverá garantir que o de-screening seja selecionado. Saiba que algumas aplicações de digitalização exibirão uma mensagem de erro se você tentar aplicar o de-screening em uma imagem muito pequena e aumentá-la em uma porcentagem de várias centenas.
5. Digitalize a imagem e faça qualquer limpeza necessária com uma aplicação de edição de fotos, como o Paint Shop Pro ou o Photoshop Elements.

Capítulo 8 – Use seu scanner para várias tarefas do trabalho | 119

> **Nota** A arte nos cartões de visita não é para uma maior reprodução e tem limitado a qualidade quando reproduzida. Portanto, não importa o quanto bom pode ser seu scanner ou quanto esforço você coloca nele, estará limitado ao tamanho que pode tornar as imagens capturadas de um cartão de visita.

Digitalize para a comunicação eletrônica

Há pouco tempo, todo negócio bem-sucedido tinha uma máquina de fax dedicada para enviar e receber os faxes de documentos. (Você sabia que "fax" significa "transferência de fac-símile"?) Com a popularidade crescente do e-mail para a comunicação comercial, as máquinas de fax não são mais uma parte integral do equipamento de comunicação do escritório como já foram. Por isso, muitos escritórios SOHO escolheram não gastar dinheiro em uma máquina de fax dedicada que raramente se vê em uso e escolheram comprar um scanner/impressora/máquina de fax multifuncional ou usar seu scanner como uma máquina de fax.

Como escolher o melhor scanner para a comunicação eletrônica

Quando chegar o momento de selecionar o melhor equipamento para enviar fax, você poderá escolher duas categorias de equipamento. A maioria das empresas de scanner oferece um dispositivo com diversas finalidades que pode funcionar como um scanner, copiadora, impressora e máquina de fax como apresentado em seguida.

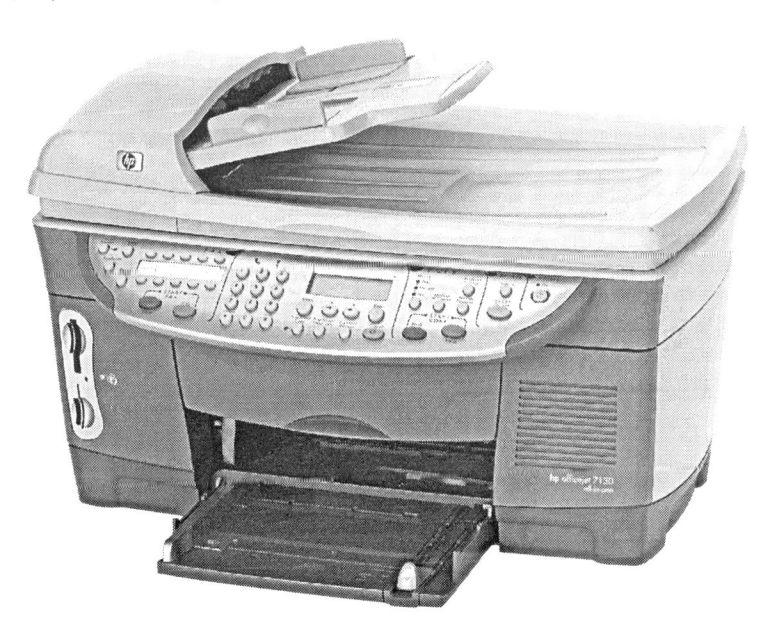

A outra categoria de equipamento para enviar um fax é usar seu scanner de mesa com o software de fax que pode ter sido enviado com ele, com qualquer aplicação de fax que esteja disponível on-line ou com os varejistas.

A solução tudo em um

O equipamento da solução tudo em um será uma boa escolha se você não requerer um scanner de alta resolução ou uma impressora de alto volume. No passado, eu não gostava muito desse tipo de equipamento porque nenhum recurso era muito bom no que fazia. Por exemplo, o scanner era apenas um scanner e, nas primeiras unidades, o scanner era de fato o mesmo scanner usado para copiar e enviar fax, isso diz tudo sobre a qualidade. A outra desvantagem era (e ainda é) que se a unidade falhar e tiver que ser consertada, você perderá a disponibilidade de todo o equipamento que a unidade contém.

Hoje, as unidades com diversas finalidades podem ser conectadas ao computador e agirão como uma impressora e um scanner. A parte do scanner da unidade poderá ser usada para produzir boas digitalizações se a unidade tiver um scanner de mesa e não um scanner com alimentação de folhas. Não confunda uma unidade com ADF com um scanner com alimentação de folhas. Se seu escritório tiver um orçamento limitado e precisar da capacidade de enviar e receber fax, uma das unidades com diversas finalidades deverá satisfazer suas necessidades.

Configurar essas unidades não requer um computador; elas requerem apenas a força AC e o acesso a uma linha telefônica para funcionar. Enviar um fax a partir de uma dessas unidades é muito parecido com enviar um a partir de uma máquina de fax.

Envie um fax a partir de seu scanner

Configurar e enviar um fax a partir de seu scanner de mesa é um pouco mais complicado. Há duas maneiras diferentes de enviar um fax usando seu scanner de mesa. Você pode usar o software do fax que veio com seu scanner ou pode usar um serviço de fax.

A vantagem de usar o software do fax que veio com seu scanner é o custo. Com exceção de qualquer custo da chamada telefônica, não custa nada enviar um fax. A desvantagem é a falta de um número de telefone de fax dedicado (se você estiver usando uma linha comum para enviar os faxes) para receber os faxes. Mas se estiver enviando os faxes apenas ocasionalmente, é uma excelente maneira de envio. Para enviar fax assim, terá que ter o seguinte:

- Computador com um fax modem instalado
- Software do fax instalado no computador
- Acesso a uma linha de telefone (não tem que ser dedicada)

Capítulo 8 – Use seu scanner para várias tarefas do trabalho

Se seu scanner fornecer um recurso de fax (e alguns fornecem), o software do fax terá que ser instalado em seu computador quando o resto do software do scanner for instalado. Em geral, o ícone do software do fax aparece como uma impressora. Embora cada scanner e seu software tenham sua própria maneira de gerar um fax, o procedimento é como a seguir:

1. Coloque a cópia a ser enviada no vidro do scanner e recoloque a tampa.
2. Pressione o botão Fax (se disponível) na frente do scanner. Se não houver um botão de fax dedicado, escolha o botão Scan (Digitalizar).
3. Quando a digitalização de visualização tiver terminado, selecione a área que deseja enviar por fax, como mostrado em seguida.

4. Escolha o modo da cor. Pode ser mapa de bits com tons de cinza ou preto e branco Se o documento estiver impresso em papel colorido, você deverá usar o mapa de bits preto e branco. Seja qual for sua escolha, não escolha nenhuma definição de cor.
5. Selecione o botão Print (Imprimir), escolhendo a impressora do fax como o destino. Essa ação abrirá outra caixa de diálogo que permite fornecer o número de telefone da máquina de fax que recebe.

> **Você sabia?**
>
> **Envie uma foto por fax**
>
> Enviar uma foto através de uma máquina de fax é a maneira mais rápida que conheço de fazer com que uma boa foto pareça horrível. Tradicionalmente, enviar uma foto através do fax envolve fazer uma fotocópia do original e então enviar a cópia através de uma máquina de fax. Isso geralmente resulta em uma imagem confusa e difícil de decifrar na outra extremidade. Uma maneira muito melhor é instalar um fax modem barato em seu computador pessoal, então usar seu scanner como o dispositivo de entrada. Melhore sua imagem com um editor de fotos, como o Photoshop Elements ou o Paint Shop Pro, antes de enviá-la e, então, aplique um pontilhamento de difusão (com 100 ou 150 dpi) encontrado na maioria dos editores de foto (em "filtros") antes de enviar a imagem. O fax resultante será muito mais legível para o receptor.

Fax por botões

Embora a maneira mais fácil de enviar um documento seja anexando-o a um e-mail, algumas vezes você precisará enviar um documento para uma máquina de fax real. Quando enviar por fax um documento usando os botões em seu scanner de mesa, alguns scanners digitalizarão o documento usando as definições defaults otimizadas para o fax. Se você tiver um programa de fax que veio com o scanner, então a imagem digitalizada aparecerá automaticamente em uma nova mensagem do fax, que você poderá endereçar e enviar. Não faça nenhuma alteração na imagem digitalizada. Quando enviar por fax usando os botões do scanner, o scanner digitalizará o item usando as definições defaults otimizadas para o fax. Se seu programa de fax não for suportado, selecione "Fax" de qualquer modo. O computador digitalizará o item usando as definições otimizadas e pedirá que você grave a imagem digitalizada como um arquivo. Abra seu programa de fax e anexe o arquivo a uma mensagem como faz normalmente.

Fax com um serviço de fax

Se precisar enviar e receber fax regularmente, ainda será possível usar seu scanner de mesa para enviá-los usando um serviço de fax. Encontrará diversas vantagens em usar um serviço de fax em relação ao método descrito na seção anterior. Primeiro, você não precisará de uma linha de telefone dedicada. Isso pode ser muito útil nas situações em que o acesso à Internet é através de um modem a cabo e as conexões telefônicas passam por uma troca de ramal privado (PBX). Por uma taxa mensal, os serviços de fax maiores oferecem um número local dedicado ou um número sem taxa para receber seus faxes. Também oferecem a capacidade

Capítulo 8 – Use seu scanner para várias tarefas do trabalho | **123**

de receber fax diretamente em seu computador através do e-mail em vez das impressões grosseiras que temos de associar às cópias do fax. Enviar por fax através de um serviço nacional também tem a vantagem de enviar um único fax para centenas de destinatários no país ou em todo o mundo.

Envie um fax usando um serviço de fax

Enviar um fax através de um serviço de fax é parecido com usar um fax modem (com algumas exceções), que é mostrado em seguida, usando o eFax Messenger Plus:

1. Coloque a cópia a ser enviada no vidro do scanner e recoloque a tampa.
2. Selecione Start (Iniciar) | Programs (Programas), escolhe sua aplicação de serviço do fax e clique em Scan Document (Digitalizar Documento).
3. Escolha a opção desejada na aba Scan. Quando a janela Scanner Selection (Seleção do Scanner) aparecer, selecione o scanner que deseja usar e clique em OK.
4. Quando a digitalização de visualização tiver terminado, selecione a área que deseja enviar por fax. Na maioria dos serviços de fax, não é necessário se preocupar com o modo da cor (tons de cinza, colorido, preto e branco etc.) porque o serviço de fax processa o documento antes de enviá-lo para uma máquina de fax.
5. Deverá haver um botão dedicado na barra de menus do serviço de fax. Clicar o botão Scan abrirá outra caixa de diálogo que permitirá fornecer o número de telefone do fax e outras informações sobre o documento que você deseja enviar. O próximo exemplo mostra o serviço de fax que uso - o eFax.com.

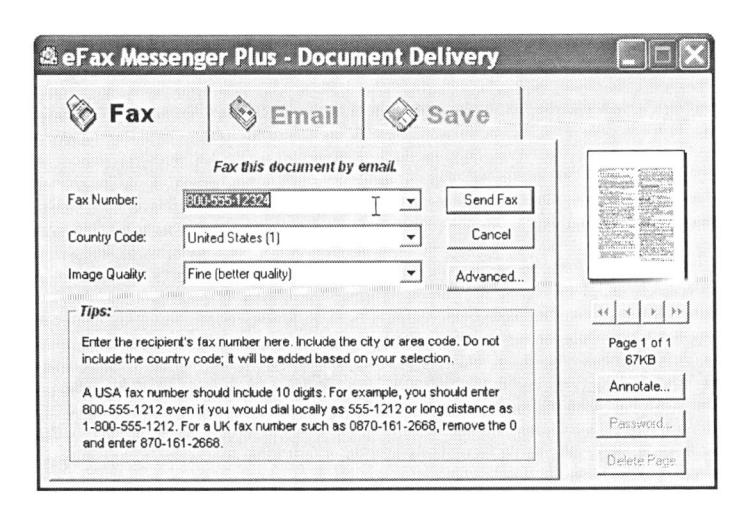

Uma última vantagem de usar faxes eletrônicos sobre os tradicionais é que é possível enviar por fax um documento para alguém sem mesmo imprimi-lo. Esteja você usando o software de fax com um fax modem ou um serviço de fax, poderá imprimir um documento diretamente a partir de uma aplicação como o Microsoft Word ou o Excel em uma impressora de fax virtual e fazer com que seja enviado por fax diretamente para a máquina de fax do receptor. Eis como é feito:

1. Crie o documento que deseja enviar por fax – não se esqueça de uma folha de capa, uma vez que será finalmente enviado para uma máquina de fax real.
2. Imprima o documento na impressora designada como a impressora do fax. Não é uma impressora real, mas uma virtual que serve como o portal para o software do fax.
3. Quando a próxima caixa de diálogo for aberta, você será solicitado a fornecer um número de telefone da(s) máquina(s) de fax receptora(s) e outros detalhes, como qual modo de fax (normal, excelente, detalhe).

Dica Ao imprimir documentos como documentos enviados por fax, lembre-se de que a qualidade da máquina de fax receptora é geralmente mínima, portanto você deve evitar fotografias e áreas de planilhas que têm sombreamento colorido, que poderiam aparecer como quadrados pretos na máquina de fax receptora.

Envie uma imagem como um anexo do e-mail

Se você instalou o software que veio com seu scanner, anexar uma imagem a um e-mail será muito simples. Eis como é feito:

1. Clique o botão de e-mail na frente do scanner. Poderá ver uma caixa de mensagem, como a mostrada em seguida, quando clicar o botão. É uma mensagem do sistema operacional perguntando qual ação tomar sempre que o botão é pressionado. No exemplo, selecionei o software associado ao scanner que estou usando. Se você não estiver certo sobre qual usar, não marque a caixa de seleção Always Use This Program For This Action (Sempre Usar Este Programa Para Esta Ação).

Como... **Anexe uma assinatura a um documento eletrônico**

Usar um fax para enviar notas e cartas diretamente para o receptor (de dentro das aplicações de processamento de texto) economiza tempo e papel, mas geralmente significa que sua correspondência chegará sem sua assinatura. Você poderá resolver esse problema digitalizando sua assinatura, gravando-a como um arquivo TIFF ou JPEG e, a seguir, soltando-a em seus documentos eletrônicos diretamente onde ela pertence. É uma ótima maneira de adicionar um toque pessoal às suas comunicações do computador.

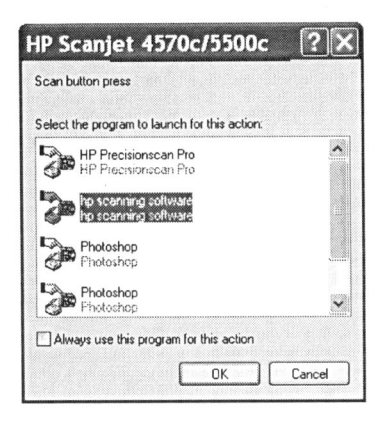

Capítulo 8 – Use seu scanner para várias tarefas do trabalho | **125**

2. Quando a imagem aparecer na janela de visualização do software de digitalização da HP, corrija a orientação (de retrato para paisagem) se necessário.
3. Como queremos anexar a foto a um e-mail, escolhi o ícone de e-mail no lado direito da caixa de diálogo, que abre outra caixa como mostrado a seguir, e escolhi a opção Small (for Viewing) (Pequeno [para Exibir]).

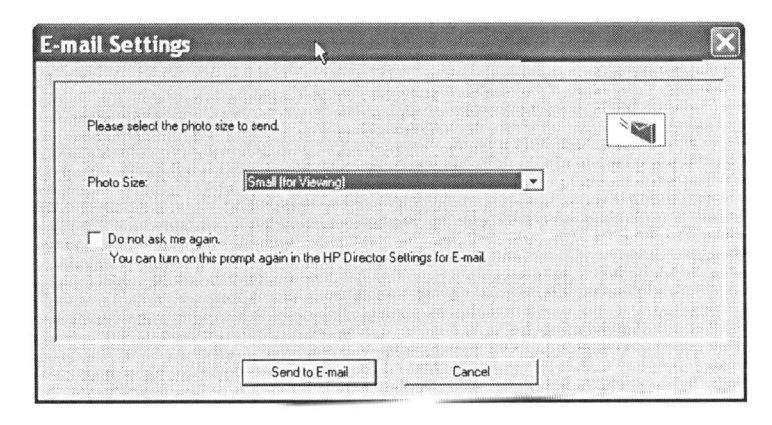

4. Clicar em Send to E-mail (Enviar para E-mail) abrirá um novo e-mail em sua aplicação de e-mail default e, depois de redimensionar a foto, irá anexar o arquivo ao e-mail. Tudo que é requerido é endereçá-lo.

A primeira vez que você anexar automaticamente uma imagem digitalizada a um e-mail, poderá descobrir que o programa de scanner acha que seu programa de e-mail default é o Outlook em vez do Outlook Express usado mais comumente. Isso resultará no seu catálogo de endereço ou sua lista de contato vazios. Não entre em pânico; simplesmente mude as definições defaults do correio em seu programa de digitalização para que ele inicialize o Outlook Express em vez do Outlook ao anexar uma imagem a um e-mail.

> **Dica:** Se estiver digitalizando um material impresso (como uma foto em uma revista), selecione a opção de-screen para evitar os padrões ondulados na imagem digitalizada.

Outro problema que você pode descobrir é que a maioria dos programas de scanner anexa as imagens ao e-mail no lugar de incorporá-las em um e-mail com formato HTML. Se você estiver enviando esse e-mail para vários receptores, a anexação será uma escolha melhor, uma vez que alguns navegadores podem não aceitar os documentos HTML. A boa notícia é que se estiver enviando o e-mail para outro usuário Windows, o arquivo JPEG será exibido automaticamente quando for aberto.

Converta as páginas impressas em texto (OCR)

Este tópico foi tratado no capítulo anterior, mas alguns itens sobre o OCR no local de trabalho do escritório merecem uma repetição. A questão mais importante é usar algum planejamento prévio antes de iniciar um projeto de OCR. Eis alguns problemas a considerar ao converter os documentos em texto usando o OCR:

- *Qual é o tamanho do projeto?* Se você estiver convertendo uma página ou menos, poderá levar menos tempo para digitar o documento do que para digitalizá-lo, aplicar o OCR e aprovar os resultados.

- *O documento contém palavras estrangeiras ou termos específicos da disciplina?* Uma das maneiras dos programas de OCR fazerem sua mágica é convertendo os caracteres digitalizados e, então, fazer uma verificação ortográfica. Se o documento contiver muitos termos técnicos, médicos ou legais, reduzirá a velocidade da parte de revisão do trabalho de OCR nas primeiras vezes em que você o fizer. Bons programas de OCR oferecem a capacidade de construir um dicionário de palavras e termos. Use esse recurso se for continuar a usar o OCR para converter documentos impressos parecidos.

- *Qual o grau de limpeza do documento original?* Se o original que você está convertendo contiver muita anotação feita à mão, manchas ou destaque, isso reduzirá consideravelmente a velocidade da parte de revisão da digitalização de OCR. Se o documento estiver marcado demais, considere digitá-lo manualmente.

- *O original é um livro ou um panfleto encadernado?* Goste ou não, a única maneira eficiente de usar o OCR com esse tipo de documento é desmembrá-lo e digitalizar uma página de cada vez. Se você tentar digitalizar um livro sem separá-lo, as páginas se dobrarão na lombada, o texto será distorcido e o programa de OCR não será capaz de reconhecer as partes próximas à lombada.

- *O original está disponível no formato PDF?* Alguns programas de OCR oferecem a capacidade de ler um arquivo PDF e convertê-lo em outro formato de documento editável como o Microsoft Word. Isso pode ser uma economia de tempo real. Há pouco tempo, a única maneira de converter um arquivo PDF em um formato diferente era imprimir o PDF, digitalizá-lo e, a seguir, usar o OCR para transformá-lo em um documento editável.

Capítulo 8 – Use seu scanner para várias tarefas do trabalho | **127**

Converta os formulários impressos em eletrônicos

Os formulários de papel são um sofrimento. Por anos, as empresas vêm tentando criar um programa que permita digitalizar o formulário original e transformá-lo em um eletrônico. Durante o trabalho neste livro, usei um programa chamado OmniForm da ScanSoft que fornece uma maneira rápida de converter os formulários de papel em um digital que possa ser preenchido na tela. Os dados resultantes podem ser gerenciados sem uma experiência de programação – que é bom uma vez que acabei de descobrir que o C++ é uma linguagem de programação e não um suplemento de vitamina.

Mesmo em um escritório pequeno, substituir seus formulários impressos existentes do tipo preencha os quadrados por eletrônicos reduzirá os erros, aumentará a produtividade e é simplesmente uma boa idéia em geral. Esse programa também me permitiu criar rapidamente alguns formulários para usar em meu escritório. Os estudos da indústria mostram que, em média, os formulários eletrônicos podem economizar mais de $100 na transação por formulário (o custo da entrada manual dos dados dos formulários escritos à mão) em comparação com os formulários de papel. Embora as organizações maiores possam ter pessoal e orçamento para criar formulários eletrônicos, as organizações menores geralmente ficam com os antigos formulários de papel. Fui capaz de converter um de meus formulários em questão de minutos e usei um de seus formulários predefinidos para criar um interessante para controlar minha milhagem ao viajar para tirar fotografias.

Os dados do formulário reunidos por um formulário eletrônico podem ser reunidos em um banco de dados criado automaticamente para cada formulário, fornecendo uma análise fácil dos dados. Os dados podem ser exportados para os bancos de dados compatíveis com o ODBC como o MS Access e o Oracle. A Open Database Connectivity (ODBC) é uma interface de programação da aplicação (API) muito aceita para o acesso do banco de dados.

Use seu scanner como uma copiadora

Com a disponibilidade de copiadoras coloridas baratas, a necessidade de usar seu scanner e impressora como uma copiadora não é tão comum quanto era há alguns anos. E mais, você poderá precisar fazer cópias coloridas sempre e, se não tiver uma copiadora dedicada do escritório, poderá usar seu scanner para fazê-las. A vantagem de usar um scanner como uma copiadora é a sua capacidade de fazer cópias coloridas com alta qualidade. Você poderá também fazer ajustes padrões da cópia, como reduzir ou aumentar, clarear ou escurecer. Poderá também escolher uma impressora diferente da default. A desvantagem é que o número de cópias, que podem ser feitas, é limitado pela velocidade de saída da impressora que está usando e o custo por cópia é mais alto do que com uma fotocopiadora padrão.

Para usar seu scanner como uma copiadora, faça o seguinte:

1. Pressione o botão Copy (Copiar) no scanner, que inicializará um programa de cópia que foi instalado com o software de seu scanner.

2. Quando a caixa de diálogo de cópia for aberta (como a mostrada em seguida), mude as definições como apropriado. Selecione a impressora desejada (se não estiver usando a impressora default). Selecione o tipo do original e ajuste o número de cópias.

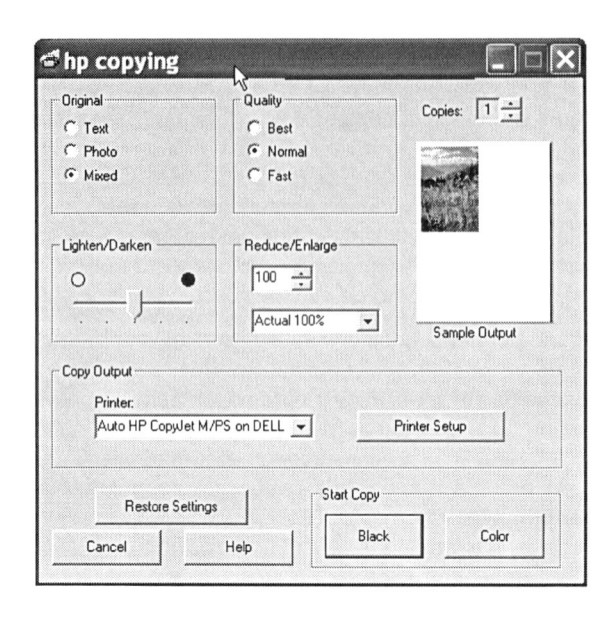

3. Escolha o tipo de saída (colorida ou preto e branco) na caixa Start Copy (Iniciar Cópia).

Embora os procedimentos exatos variem com os diferentes tipos de scanners e software, quase todos os utilitários de cópia operam da mesma maneira. O utilitário de cópia para um scanner Canon é apresentado em seguida.

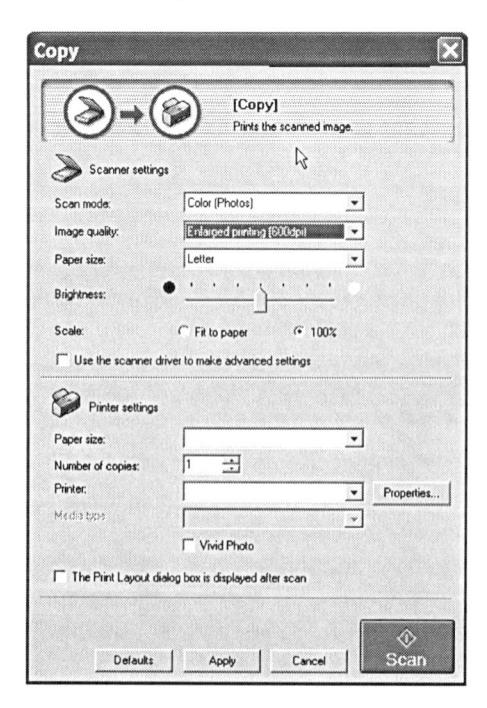

Capítulo 8 – Use seu scanner para várias tarefas do trabalho | 129

Scanners – O armazenamento de arquivos final

Voltando aos anos 70, todos começaram a falar sobre o escritório sem papel do futuro. Se você trabalha em um escritório, sabe que não há nada sem papel em relação a isso. Muito mais papel parece estar voando atualmente do que me lembro há 30 anos. Você poderá usar seu scanner e um programa chamado PaperPort (mostrado em seguida) para gerenciar essa abundância de papel. O PaperPort permite digitalizar, armazenar, organizar, recuperar e usar documentos de papel em seu computador junto com todos os seus documentos existentes do PC. Gerenciar documentos é fácil com esse programa. Pequenas imagens são criadas para cada tipo de documento comum e, então, os documentos são "empilhados" em montes corretos, facilitando muito a localização seus arquivos.

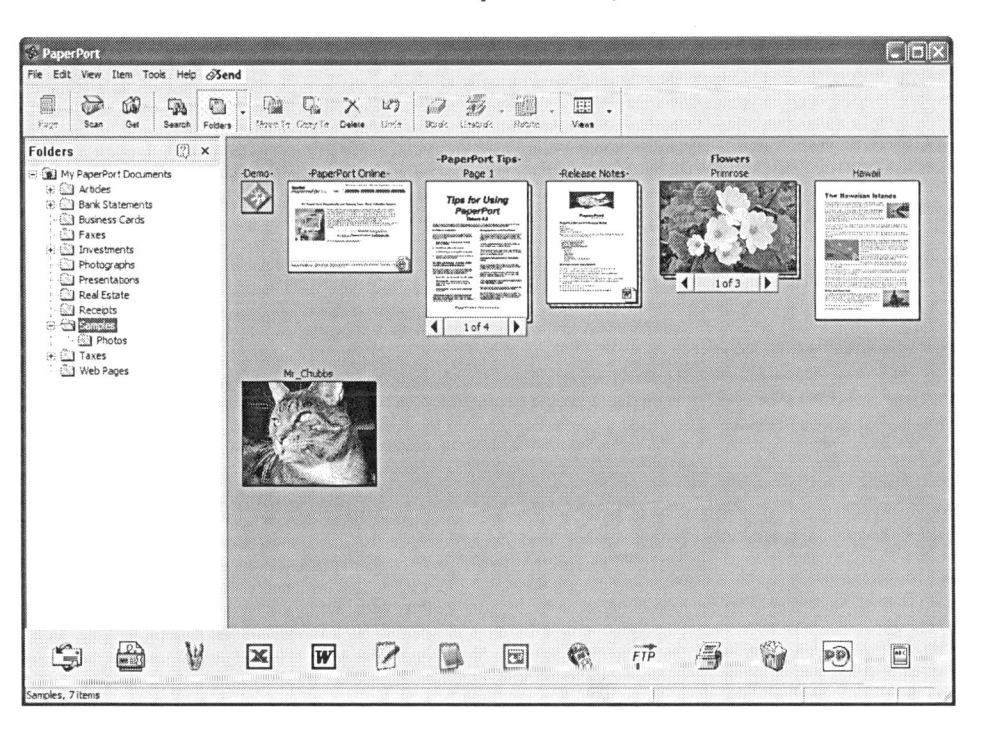

Para o SOHO, o PaperPort oferece a capacidade de enviar instantaneamente um item (gráfico, documento etc.) para o site da web da PaperPortOnline, onde ele é armazenado com segurança usando o SSL (Secure Socket Lock) que é a mesma proteção de software que guarda os números de seu cartão de crédito quando você compra on-line. Você poderá enviar um arquivo para sua própria "caixa-forte", protegida por senha, para uma exibição posterior ou exibição feita por outra pessoa escolhida. E mais, como os documentos são armazenados em segurança, fica mais seguro do que enviar através do e-mail. Um ano de serviço on-line é incluído com o software, junto com 25MB de espaço de armazenamento on-line.

Trabalhar em um documento digitalizado usando o recurso de OCR predefinido do PaperPort requer apenas um clique. Simplesmente pegue parte do documento ou o texto inteiro e arraste-o para um programa de processamento de texto (Word etc.). O motor OCR converterá automaticamente o texto digitalizado em um texto que você poderá editar nesse programa. Poderá selecionar "search" (pesquisar) para pesquisar seus arquivos usando o texto "exact text" (texto exato) ou "approximate" (aproximado) ou pelo nome, autor ou palavras-chave.

Este programa também funciona em fotos digitais. Assim que as fotos digitais forem digitalizadas ou abertas no programa, as ferramentas de aprimoramento das fotos permitirão ajustar o contraste, brilho, cor e tonalidade de sua foto.

Compartilhe seu scanner

Quando os scanners eram muito caros, era importante compartilhar essas peças valiosas de equipamento de escritório. Vários scanners eram designados para serem anexados a uma rede e compartilhados por vários usuários. Como o custo dos scanners caiu, a necessidade de um scanner de rede centralizado acabou, exceto nas organizações (como uma agência de propaganda) que têm várias estações que precisam compartilhar um scanner de alta resolução. Mesmo com os scanners tão baratos, ainda é um bom gerenciamento dos bens do escritório ter vários usuários compartilhando um scanner. Permitir que vários usuários compartilhem o mesmo scanner pode ser feito simplesmente usando um comutador USB. Diferente de um dispositivo de entrada e saída USB, que permite a um único computador se conectar a diversos dispositivos USB, um comutador USB permite que diversos dispositivos USB sejam trocados entre os computadores. Por exemplo, um comutador USB com quatro portas permite que até quatro computadores compartilhem todos os dispositivos USB conectados à porta.

Espero que sua compreensão sobre o quanto pode ser versátil um scanner no local de trabalho tenha aumentado. No próximo capítulo, aprenderemos a usar o scanner para fazer alguns projetos criativos.

Capítulo 9

Coloque seu scanner para trabalhar em casa também

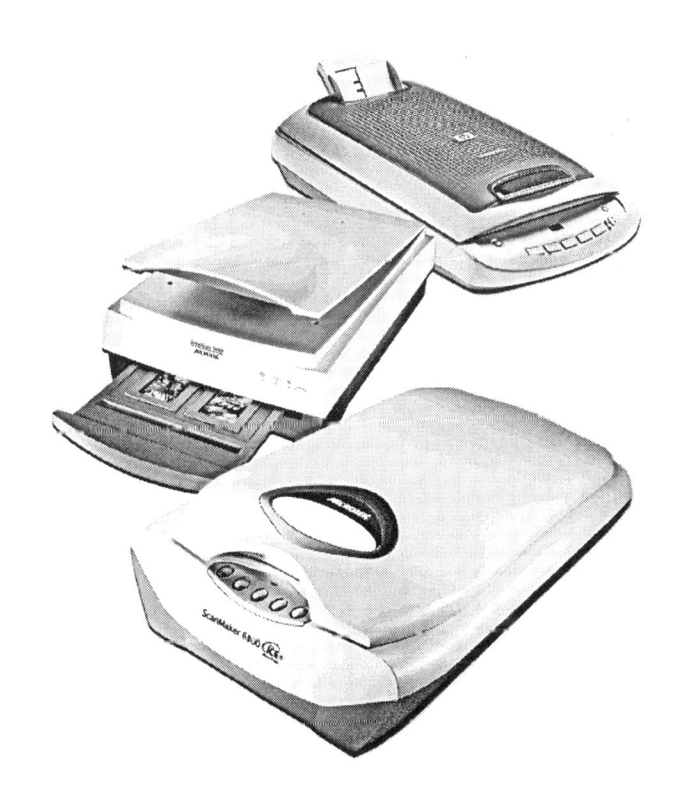

Como...

- Digitalizar páginas muito grandes de seu álbum de recortes
- Costurar diversas digitalizações em uma única imagem
- Criar um calendário de fotos com suas fotos digitalizadas
- Pesquisar e descobrir projetos de foto na Internet

O número de projetos nos quais você pode usar seu scanner em casa está limitado apenas por sua imaginação. Ficará contente em saber que a maioria dos projetos e idéias analisados neste capítulo não requer nenhuma habilidade especial de digitalização. Portanto, comecemos.

Álbum de recortes – Como digitalizar e compartilhar recordações

Criar álbuns de recortes tornou-se uma atividade muito comum entre as artes industriais estabelecidas há alguns anos. Uma de minhas colaboradoras, Denise, criou um álbum de recortes que colocou em ordem cronológica todo principal evento da vida de sua filha. É um trabalho de amor e representa muitas, muitas horas de trabalho. Embora eu tenha ouvido falar sobre o álbum de recortes, na primeira vez em que o vi, seu tamanho me surpreendeu. A página do álbum de recortes padrão tem 12x12" e o volume que ela me mostrou tinha mais de três polegadas de espessura.

Essa foi minha primeira experiência com álbum de recortes e vi imediatamente vários problemas em potencial na sua criação. Denise colocou muito de sua vida neste documento e não tem nenhuma cópia de backup. Os álbuns de recortes, como as fotos e outros documentos, são vítimas do tempo e dos fenômenos atmosféricos. O outro limite é a dificuldade de compartilhar o documento maravilhoso com outras pessoas. Compartilhar seu álbum de recortes com os membros da família em outra cidade é possível apenas levando-lhes o álbum. (Mesmo que os custos do envio não fossem proibitivos, o pensamento de enviá-lo no correio está cheio de pesadelos.)

Como colocar um álbum de recortes em seu computador

A solução para os dois problemas mencionados acima seria digitalizar todas as páginas do álbum. Não só os criadores do álbum de recortes preservariam todo seu trabalho, como também compartilhariam seu álbum on-line com os amigos. Mas como você digitaliza um documento de 12x12" quando a maioria dos scanners do consumidor tem uma área de digitalização máxima de 9x11"?

Você sabia? Ótimos lugares para comprar scanners

Se você precisar comprar um scanner supergrande (ou qualquer scanner, neste sentido), considere que a maioria das empresas de scanner vende versões renovadas de seus scanners com um custo reduzido. Outro bom lugar para comprar scanners realmente baratos é o eBay. A desvantagem de comprar scanners renovados é que eles são geralmente produtos descontínuos e a garantia é muito mais curta que um produto mais novo. Não será um grande problema quando você considerar que, se um scanner não falhou nas primeiras 20 horas de operação, provavelmente, nunca falhará. Meu conselho para as pessoas que compram scanners renovados é usá-los o máximo possível durante seu período curto de garantia. Comprando no eBay você geralmente economizará ainda mais dinheiro, mas vem com o risco de comprar de um revendedor desconhecido e obter um scanner sem garantia.

Há duas maneiras de digitalizar as páginas grandes do álbum de recortes. A solução mais fácil é comprar um scanner de mesa supergrande, que varre uma área de imagem um pouco maior que 12x17". São chamados de *scanners supergrandes*. Eles costumavam ser chamados de "scanners de tablóides", uma vez que podiam digitalizar uma folha de papel de tablóide inteira (11x17") em uma única digitalização. Infelizmente, esses scanners não são baratos. O scanner menos caro é o Umax 2100 XL e é vendido por mais de $1.000. A Epson tem dois scanners supergrandes (Figura 9-1) com cada um custando vários milhares de dólares. Portanto, a menos que você esteja fazendo uma digitalização de álbuns de recortes como um negócio pessoal, a solução mais barata será necessária.

Qual tamanho precisa ter seu scanner?

Você pode digitalizar uma página com 12x12" cm seu scanner pessoal se ele for grande o bastante. Os scanners do consumidor têm uma área de digitalização típica de 8,5x11,7". Como iremos capturar a página do álbum de recortes em duas digitalizações separadas, a largura da área digitalizada não será nenhuma preocupação. Estamos interessados apenas no comprimento máximo que o scanner pode digitalizar. Os scanners comerciais, que precisam digitalizar documentos com tamanho legal, têm uma área de digitalização maior, com a típica sendo de 9x14,5". Para descobrir, se seu scanner é grande o bastante para fazer o serviço, pesquise seu manual do usuário (ou fique on-line no site da web do fabricante de seu scanner) e veja a área de digitalização anunciada. Um exemplo da especificação on-line para um scanner comercial HP vendido por mais ou menos $400 é mostrado aqui.

Figura 9-1 *O Epson Expression 1640 XL é capaz de digitalizar uma página inteira do álbum de recortes em uma única passagem.*

Dimensões da digitalização

automatic document feeder	Optional, 50 sheets
maximum scan size	8.5 x 14 in
interface	USB (cable included; Windows 98, 2000, Me, and Mac OS only), SCSI (cable and card required)

Embora os scanners comerciais custem mais do que os scanners do consumidor realmente baratos, ainda custarão muito menos que um scanner supergrande. No lado positivo, os scanners com a área de digitalização maior geralmente são scanners muito melhores em termos de qualidade da imagem que pode ser digitalizada.

Note que, embora seu scanner possa suportar apenas áreas de digitalização com 11e 11,5 ou 11,7 polegadas de comprimento, você ainda poderá ser capaz de usá-lo para digitalizar seu álbum de recortes. Veja seu álbum e faça a si mesmo estas perguntas:

- Seu álbum de recortes vai até a borda de cada página?
- Se você perder metade de uma polegada na parte superior e inferior de cada página, isso afetaria o álbum de recortes o bastante para provocar a compra de um novo?

Se você respondeu "não" para as duas perguntas, seu scanner existente funcionará. Para provar isso, fiz o próximo exemplo com um scanner que digitaliza apenas até 11,5 polegadas de comprimento.

Como digitalizar a página de seu álbum de recortes

Assim que você tiver um scanner, precisará apenas de mais uma coisa: um editor de imagem. Esse tópico será tratado com mais detalhes no Capítulo 13. Eis como digitalizar a página:

1. Remova a página do álbum de recortes e coloque-a com a face para baixo no scanner com a lateral da página justa na margem da borda do vidro do scanner, como mostrado a seguir.

Alinhe as bordas

2. Se seu scanner não for tão grande quanto sua página, decida qual borda (superior ou inferior) será alinhada com a borda superior ou inferior do vidro do scanner e use a mesma borda para ambas as digitalizações da página.
3. Inicie o software do scanner a partir do editor de imagens usando File (Arquivo) | Import (Importar), o comando Acquire (Adquirir) ou pressionando o botão de digitalização na frente do scanner.
4. Quando a página do scanner aparecer na janela de visualização, certifique-se de que a saída esteja definida para RGB ou cor com 24 bits. (A HP também chama esse modo de "milhões de cores".) Se a página tiver qualquer item impresso como recortes de jornal ou fotos de revistas, certifique-se de que tenha definido o scanner para de-screen.
5. Não faça nenhuma seleção e seu scanner digitalizará a área inteira do vidro do scanner. Saiba que digitalizar esse tamanho de área produzirá um arquivo grande. Digitalize o documento. Quando iniciar a digitalização, seu software de digitalização poderá exibir uma caixa de aviso informando-o que você não fez uma seleção quando iniciou a digitalização. Clique em OK e digitalize o primeiro lado. Poderá haver uma caixa de seleção que, se marcada, evitará que a caixa de aviso reapareça na próxima vez em que digitalizar. Você economizará tempo desativando o aviso.

6. Assim que tiver digitalizado a página, grave o arquivo usando um formato de arquivo sem perda como o TIFF. Não use o JPEG para gravar o original. Use um nome que identifique a página e o lado, por exemplo, PAGE01_LEFT.TIF.
7. Mova a página para que o outro lado fique contra a borda do scanner, como ilustrado em seguida. Execute uma visualização para garantir que a página esteja reta no vidro do scanner e repita o processo, com exceção de mudar o título para PAGE01_RIGHT.TIF.

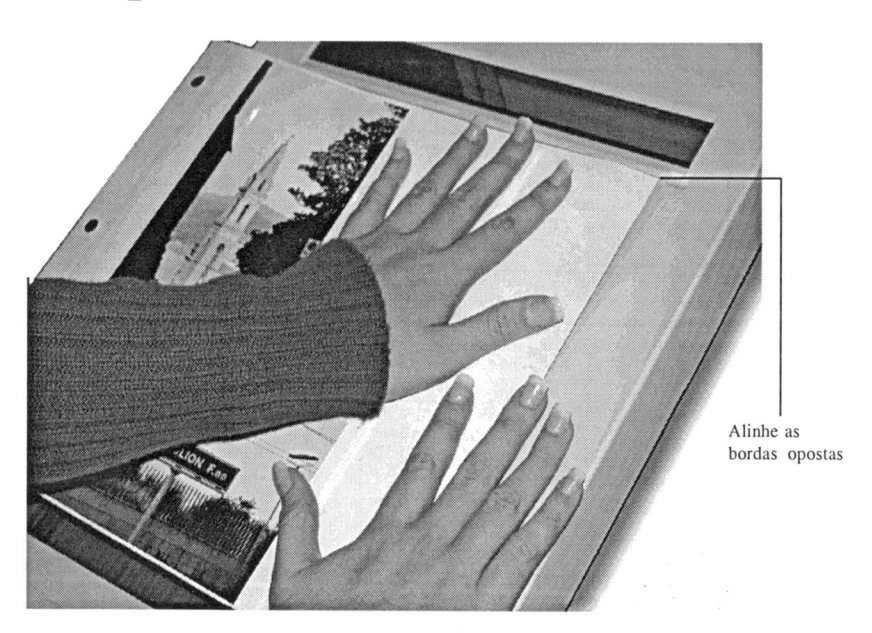

Alinhe as bordas opostas

Como costurar suas digitalizações

Agora que você digitalizou e gravou os dois lados da página, precisará aprender a unir as duas digitalizações. Independentemente de qual editor de imagens estiver usando, o procedimento para transformar as duas em uma única imagem será basicamente o mesmo. Eis como é feito:

1. Abra uma das páginas gravadas. A imagem apresentada em seguida é o lado esquerdo da página Halloween.

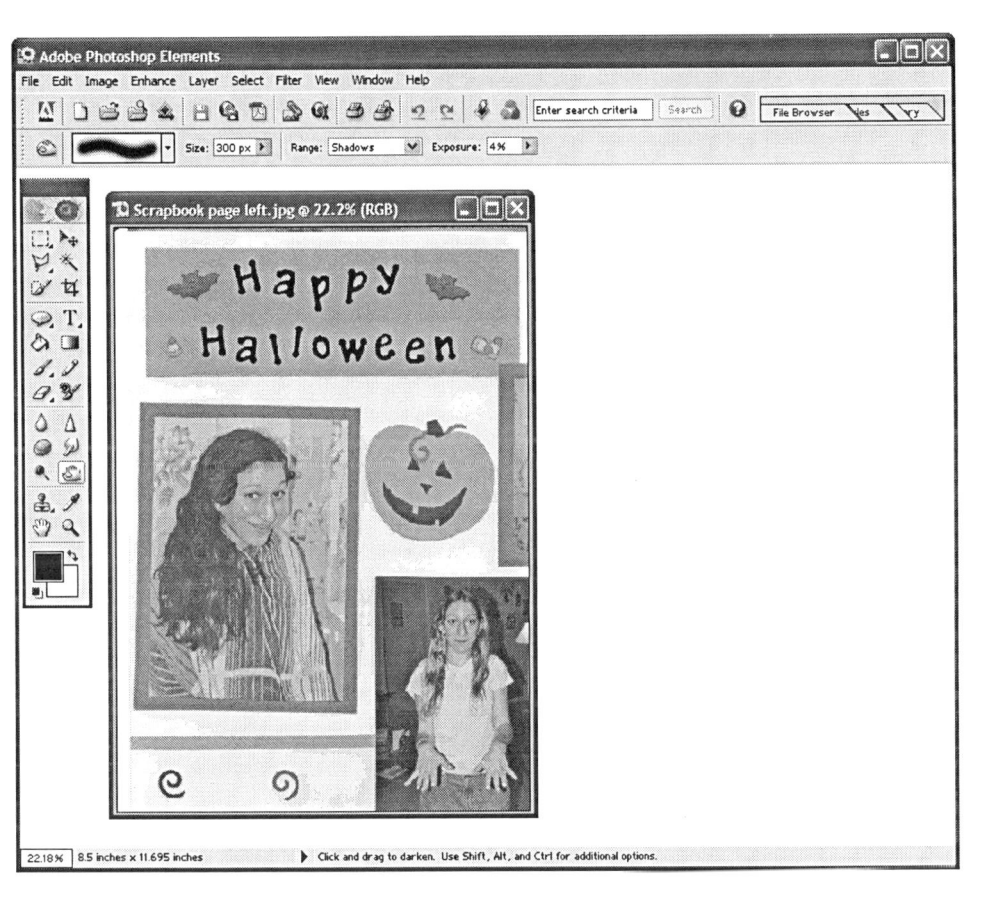

Capítulo 9 – Coloque seu scanner para trabalhar em casa também | **137**

2. Mude o tamanho do fundo da imagem usando o comando Canvas Size (Tamanho da Tela) no Photoshop Elements, como mostrado a seguir. (Use o comando Canvas Size no Paint Shop Pro.) Veja a seção Você sabia, "A diferença entre os comandos Resize e Canvas Size", para aprender mais sobre como funciona.

Como o tamanho final das duas páginas terá 12 polegadas, torne o novo tamanho da tela um pouco maior para ter espaço para trabalhar. A nova imagem é apresentada na Figura 9-2.

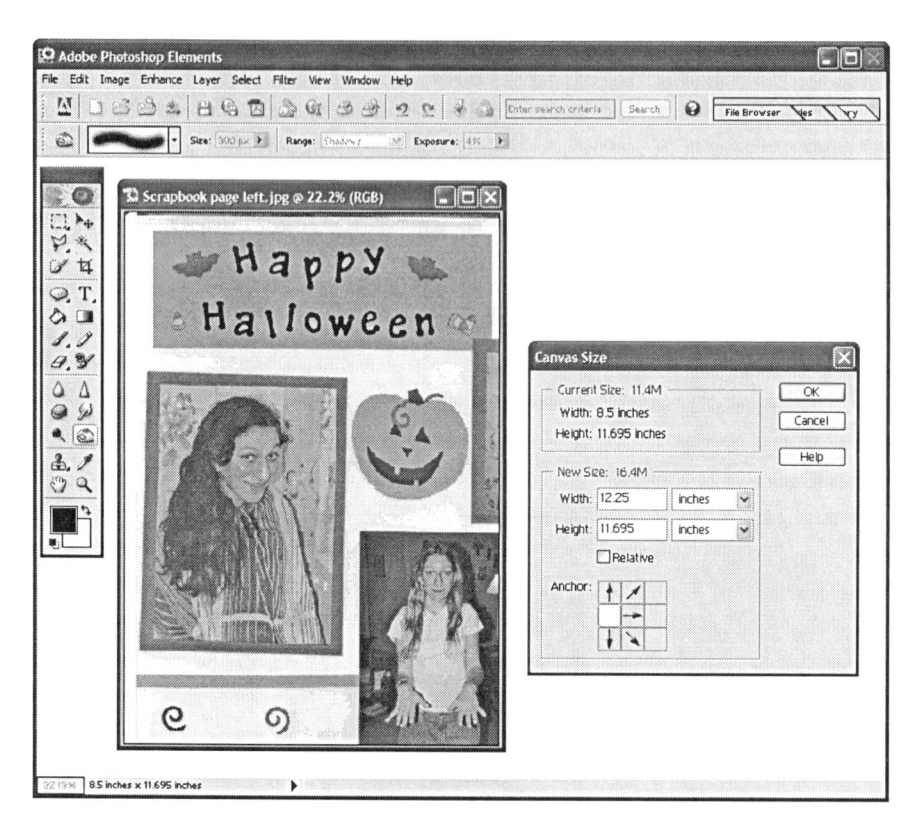

3. Abra a segunda imagem digitalizada. Selecione a ferramenta Move (V) (Mover) em Elements, clique dentro da imagem que acabou de abrir e arraste a imagem sobre a primeira imagem digitalizada. Uma cópia da segunda imagem agora é uma camada na primeira imagem, como mostrado em seguida.

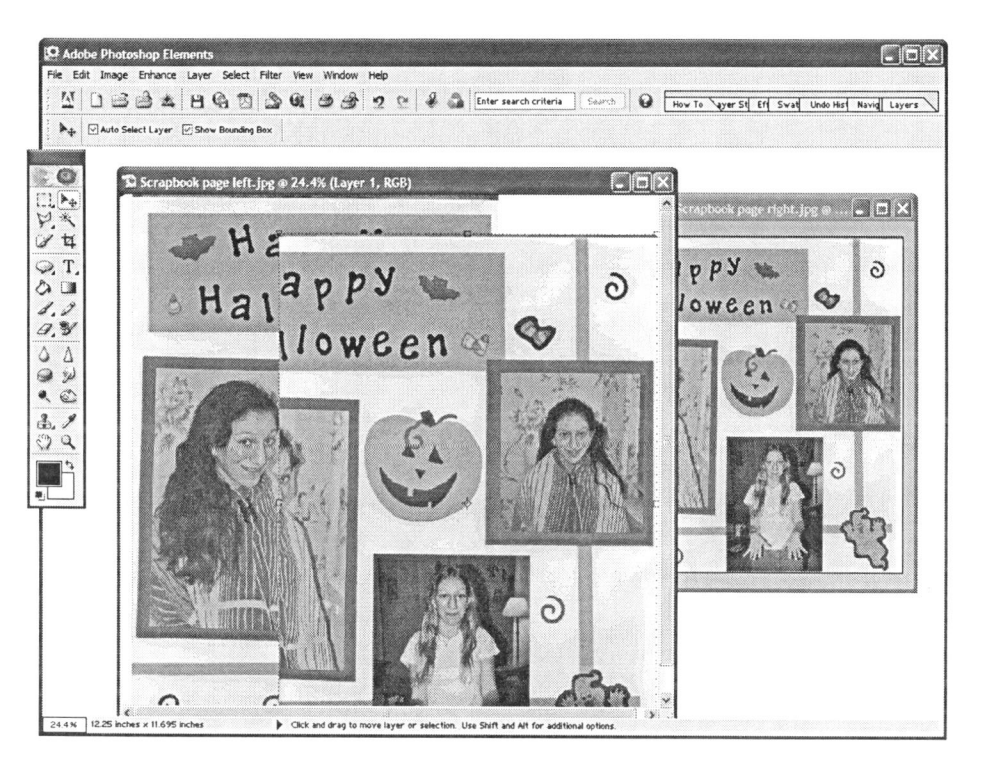

Capítulo 9 – Coloque seu scanner para trabalhar em casa também | **139**

Figura 9-2 A página esquerda original agora é grande o bastante para manter as duas metades digitalizadas da página do álbum de recortes.

4. Feche a segunda imagem e volte para a primeira imagem para alinhar as duas camadas. Para tornar o alinhamento mais fácil, altere o modo de mistura para Difference (Diferença). A camada agora se parece com um negativo, como mostrado em seguida. Usando a ferramenta Move, alinhe as bordas sobrepostas do fundo e a camada. Defina o zoom para 100% (Actual Pixels) (100% [Pixels Reais]) e quando o alinhamento ficar próximo, use as teclas com seta para fazer o alinhamento final. Eis uma dica – elas nunca se alinharão perfeitamente, simplesmente as coloque o mais próximo possível.

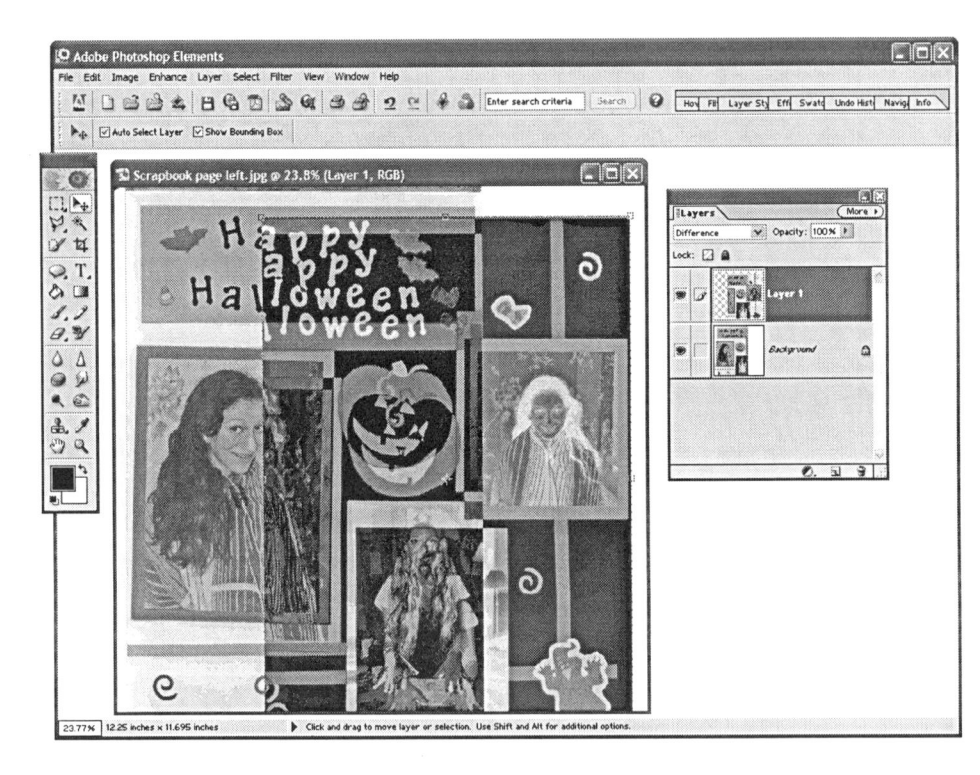

5. Assim que tiver alinhado as bordas o mais próximo possível, mude o modo de mistura da camada para Normal. Neste momento, descobrirá que duas digitalizações terão uma borda (como mostrado em seguida) que é uma sombra criada pela luz do scanner.

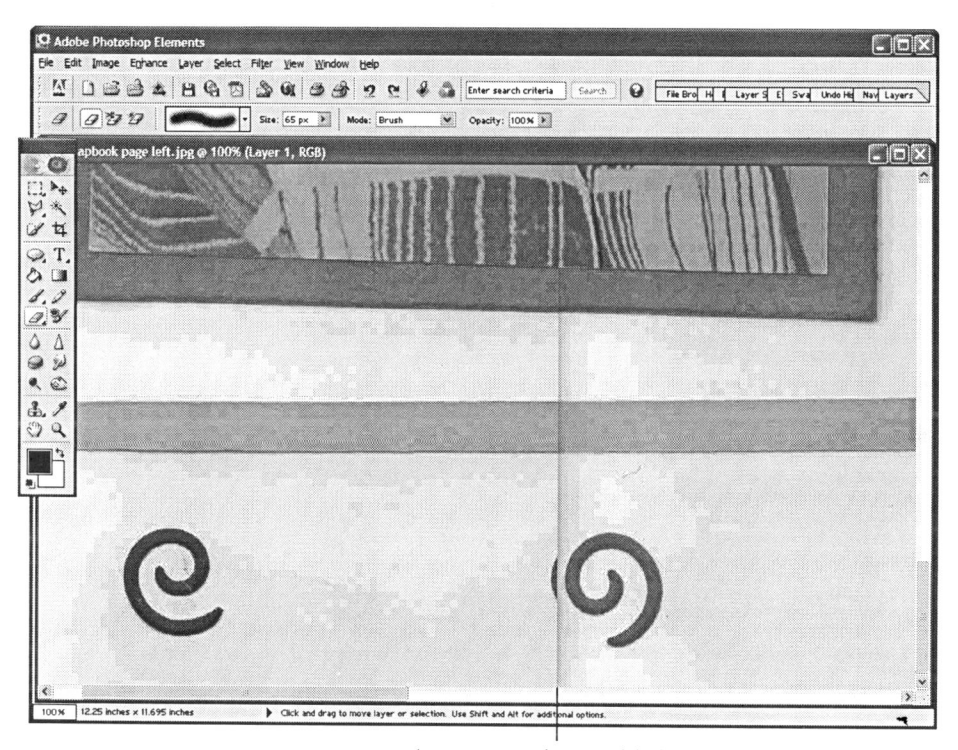

Capítulo 9 – Coloque seu scanner para trabalhar em casa também | **141**

A marca entre as imagens digitalizadas

Você sabia? A diferença entre os comandos Resize e Canvas Size

Você pode tornar uma imagem maior usando uma aplicação do editor de fotos de duas maneiras. Pode aumentar a imagem real ou adicionar uma borda em torno da borda da imagem existente. Usar um documento de redimensionamento tornará a imagem na qual está trabalhando maior ou menor adicionando-lhe pixels. Como alternativa, um comando de tela permite adicionar ou remover espaço de trabalho em torno de uma imagem existente. O fundo da tela recém-adicionado aparecerá em torno da borda da imagem existente. Com o comando de tela, você poderá escolher adicionar o novo material da borda igualmente em torno das bordas ou aplicá-lo fora do centro como feito no exercício anterior.

Independentemente de qual editor de imagem você estiver usando, funcionarão igualmente; na maioria dos casos, o nome do comando tem a palavra "canvas" (tela). A cor da nova borda é determinada pela cor de fundo selecionada atualmente. Alterando a cor de fundo, você poderá adicionar uma borda atraente a uma foto. O último uso do comando de tela é para o recorte. Se você tornar a nova tela menor que o original, ele cortará a imagem existente – que é uma maneira rápida de cortar uma imagem com tamanho estranho com um tamanho específico.

142 | Dominando o scanner

6. Com a camada superior ainda selecionada, use a ferramenta Eraser (Borracha) na borda até que a marca desapareça. Assim que desaparecer, mescle a camada com o fundo (nivelado).
7. Recorte a imagem resultante (Figura 9-3) e use Save As (Salvar Como) para gravá-la com um nome de arquivo diferente.

Figura 9-3 Esta página do álbum de recortes com 12x12" foi digitalizada em um scanner com uma área de digitalização com 8,5x11".

Compartilhe seu álbum de recortes

Assim que tiver suas imagens em uma forma eletrônica, elas serão preservadas, mas agora poderão também ser compartilhadas na Internet. Uma maneira de fazer isso é usar um programa projetado para exibir as fotos como o FlipAlbum da e-book System (www.flipalbum.com). A Figura 9-4 mostra a imagem digitalizada na parte anterior d capítulo aparecendo como uma página em um álbum de recortes virtual cujas páginas s movem (provavelmente é por isso que chamaram o produto de FlipAlbum). Esse álbum poderá ser exibido on-line ou gravado em um CD e enviado para amigos e parentes.

Capítulo 9 – Coloque seu scanner para trabalhar em casa também | **143**

Assim que a página do álbum de recortes for digitalizada, você poderá reduzir seu tamanho e enviá-la como parte de um e-mail. No exemplo mostrado em seguida, a mesma imagem foi reduzida para uma resolução de 72 pontos por polegada (dpi), uma vez que foi digitalizada originalmente com 200 dpi, gravada como um arquivo JPEG e incluída em um e-mail.

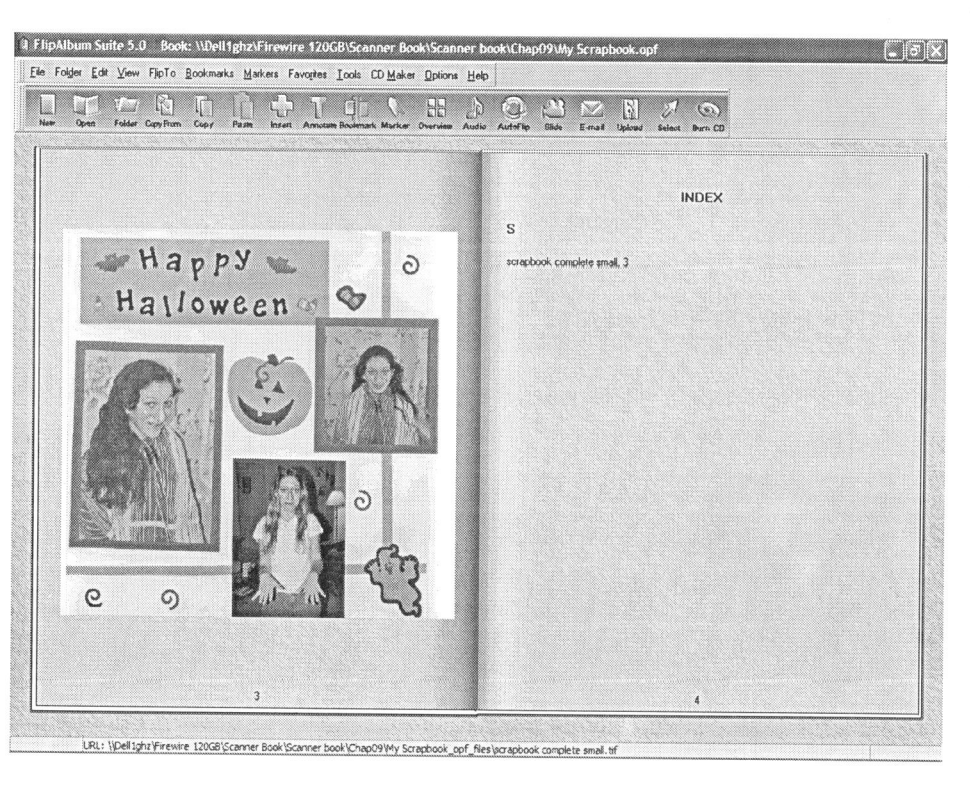

Figura 9-4 Um álbum de recortes virtual pode ser criado para ser exibido on-line com o FlipAlbum.

Há duas maneiras de uma imagem digitalizada ser incluída em um e-mail: você pode anexá-la, neste caso, o formato do arquivo da imagem pode ter qualquer formato gráfico ou pode gravá-la como um JPEG e incluí-la no e-mail, como apresentado anteriormente. Os anexos serão o método preferido se você achar que a pessoa que recebe a imagem não usar o Windows. Se você anexar um arquivo JPEG a um e-mail, ele aparecerá como um ícone em seu correio de saída. Mas, se a pessoa que o recebe, estiver usando o Internet Explorer, a imagem real (não o ícone) aparecerá no e-mail quando ela o abrir.

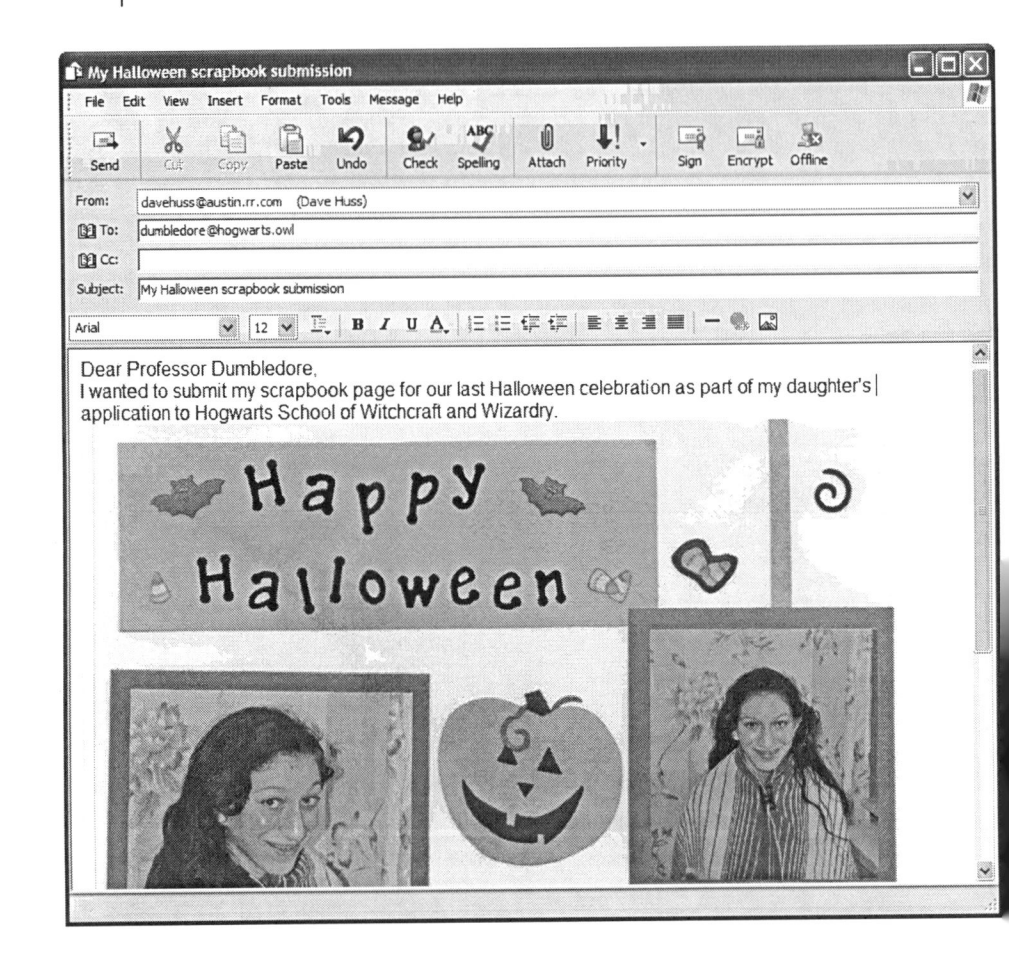

Você sabia?

Álbuns de recorte e direitos autorais

A digitalização de uma foto de retrato tirada profissionalmente para colocar na página de seu álbum de recortes é uma infração de direitos autorais? Sim. Conheço pessoas que usam seus retratos para todos os tipos de produtos como imagens no mouse pad, calendários, xícaras de café, cartões comerciais, cartões de visita, pratos, papéis e cartões de Natal familiares. São criminosas? Tecnicamente, qualquer pessoa que digitalize um retrato profissional infringiu os direitos autorais do fotógrafo. Mas você conhece alguém que foi preso pela polícia de direitos autorais por fazer cópias de uma foto escolar para colocar no cartão de sua família? Naturalmente, não. Porém, se você decidiu ganhar um pouco de dinheiro estabelecendo uma loja na escola de seu filho, produzindo cópias e ampliações de fotos escolares, poderá ter que se encontrar com o advogado do fotógrafo.

Capítulo 9 – Coloque seu scanner para trabalhar em casa também | **145**

Como capturar a lembrança

Os scanners, como as câmeras, são ferramentas usadas para capturar imagens. Use seu scanner para criar decorações divertidas de suas páginas, gravar pequenos itens ou ambos. Os tesouros de seu filho, empilhados na tela do scanner, oferecem uma maneira de capturar objetos que não poderiam ser colocados, do contrário, no álbum de recortes sem tirar um retrato. Você poderá digitalizar lembranças como o trabalho de arte de seu filho, uma mão ou até um pé. Mas, embora digitalizar mãos e pés seja uma ótima maneira de mostrar o tamanho que tinham suas mãos e pés, tenha cuidado para não danificar o scanner ou seus filhos fazendo com que fiquem sobre o vidro do equipamento.

Poderá também digitalizar lembranças como prêmios e certificados de sucesso. Por exemplo, se tiver um certificado, grande demais para caber em seu álbum de recortes, simplesmente use os controles de seu scanner para digitalizá-lo como uma imagem menor. Imprima a imagem reduzida e coloque-a no álbum.

Como criar presentes e outros objetos

Uma riqueza de projetos de arte gratuitos de empresas maiores está disponível na Internet atualmente. Encararemos o fato: as empresas desejam que você volte sempre e compre seus produtos, portanto oferecem algumas coisas realmente surpreendentes que farão com que se sinta bem com elas ou farão que use muitos de seus produtos consumíveis (papel e tinta) porque está tendo muitas idéias criativas com suas fotos digitalizadas.

A Internet é um destino em movimento. Com isso quero dizer que, qualquer site da Web listado neste livro está sujeito à alteração. Por isso, mencionei apenas alguns sites da Web das empresas maiores, líderes do mercado, e que, provavelmente, não estarão mudando seus endereços da Web por agora.

Crie um calendário de fotos

A maioria dos softwares atuais inclui algum tipo de programa de criação de calendário. Uso as versões on-line desde que ficaram gratuitas e acho que são bem criativas. Meu favorito é o site da Web da Hewlett-Packard (www.hp.com). Precisa de um pouco de navegação, mas eles têm vários sites com ótimas idéias criativas como o Digital Imaging Center, mostrado em seguida, que tem vários projetos para fazer com suas fotos digitalizadas (ou mesmo as fotos de sua câmera digital).

146 | Dominando o scanner

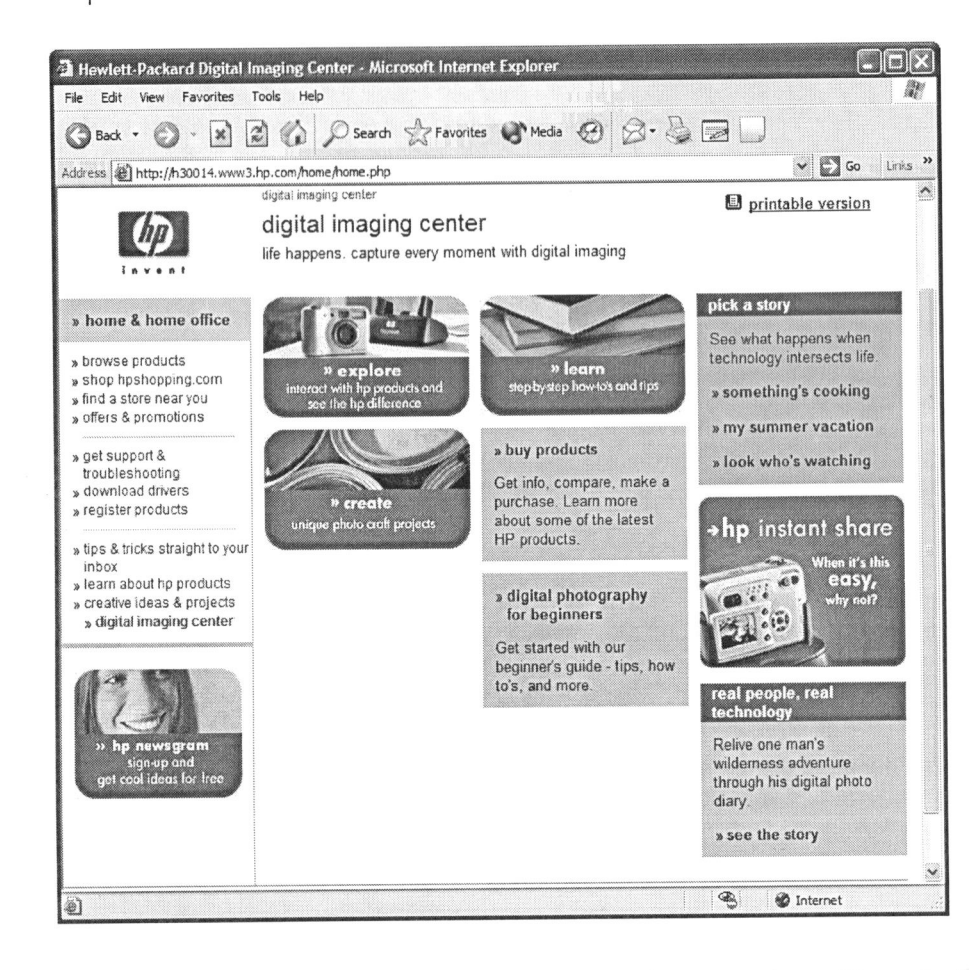

No diretório Cards & Stationery (apresentado, a seguir), você encontrará uma ótima seleçã de calendários, cartões e convites. A Figura 9-5 mostra dois calendários que fiz usanc algumas fotos digitalizadas.

Esta foto foi esmaecida pela exposição à luz do sol.

Usando o filtro de extensão ROC (Restoration of Color)
da Applied Science Fiction, você pode trazer vida de novo para esta foto.

Os slides coloridos e os negativos atraem sujeira e fragmentos, que podem levar horas para serem removidos em um programa de edição de fotos.

Esta mesma imagem foi digitalizada usando um scanner de filme com a tecnologia Digital ICE que remove automaticamente o dano e restaura a imagem.

Este panorama foi criado a partir de cinco fotografias separadas usando um editor de imagens. A parte surpreendente é como Atenas estava clara no dia em que tirei as fotos.

O tempo cobra seu preço nas fotos e nos slides coloridos conforme a cor enfraquece com os anos.

A tecnologia ICE3 da Applied Science Fiction limpa os arranhões, restaura a cor e remove a granulação quando o filme é digitalizado.

Seu scanner pode ser usado para tirar fotografias de objetos em 3D tão grandes quanto este bule de chá.

As imagens nesta composição não têm o mesmo tamanho como mostrado aqui. Usando seu scanner, você poderá digitalizar objetos em 3D, redimensioná-los e reuni-los.

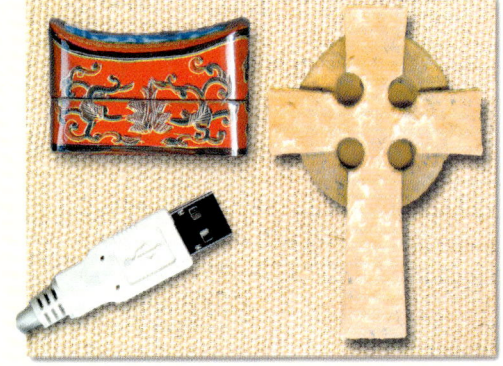

Fotografar através da janela de um avião geralmente produz fotos com pouco contraste.

Porém, usando um scanner ou editor de fotos, você aprenderá a transformar uma imagem suave na imagem viva mostrada aqui.

Quando um flash falha, uma boa foto de uma noiva e sua bela dama de honra (minha filha, Grace) pode ser perdida.

Usando seu scanner e/ou um programa do editor de imagens, é possível restaurar a foto.

Esta foto minha e de meu pai demonstra dois fatos importantes: a idade faz com que as cores nas fotos enfraqueçam e houve um tempo em que meu cabelo não era branco.

Com um scanner e um bom editor de imagens, a foto original pode ser restaurada.

A compressão JPEG reduz muito o tamanho de arquivo da imagem com pouca ou até nenhuma distorção. O tamanho de arquivo da imagem foi muito reduzido com pouco ou nenhum dano visual.

Se uma compressão JPEG em excesso for aplicada, a distorção aparecerá, como mostrado nas bordas do prédio e nas faixas do céu.

Digitalizar obras de arte como a mostrada aqui irá preservá-la e protegê-la para as futuras gerações (e para seu embaraço geral).

Seu scanner pode ser usado para fotografar componentes
de computador com excelentes resultados.

Esquerda: Uma foto maravilhosa do sacerdote...
Centro: Uma ótima foto da noiva com um fundo tumultuado.
Direita: Usando seu scanner e seu editor de fotos,
você poderá criar uma composição da noiva e do padre.

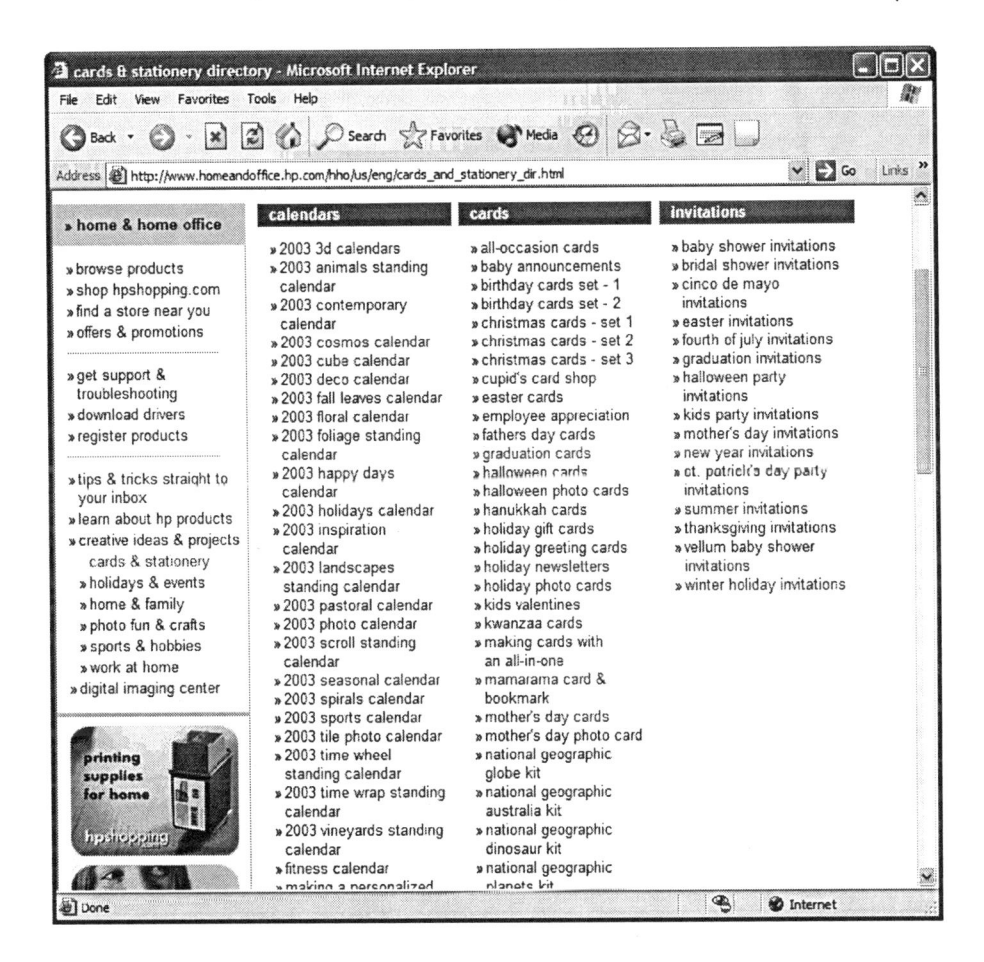

Capítulo 9 – Coloque seu scanner para trabalhar em casa também

cards & stationery directory - Microsoft Internet Explorer

Address: http://www.homeandoffice.hp.com/hho/us/eng/cards_and_stationery_dir.html

» home & home office
- » browse products
- » shop hpshopping.com
- » find a store near you
- » offers & promotions
- » get support & troubleshooting
- » download drivers
- » register products
- » tips & tricks straight to your inbox
- » learn about hp products
- » creative ideas & projects
- » cards & stationery
- » holidays & events
- » home & family
- » photo fun & crafts
- » sports & hobbies
- » work at home
- » digital imaging center

printing supplies for home
hpshopping

calendars
- » 2003 3d calendars
- » 2003 animals standing calendar
- » 2003 contemporary calendar
- » 2003 cosmos calendar
- » 2003 cube calendar
- » 2003 deco calendar
- » 2003 fall leaves calendar
- » 2003 floral calendar
- » 2003 foliage standing calendar
- » 2003 happy days calendar
- » 2003 holidays calendar
- » 2003 inspiration calendar
- » 2003 landscapes standing calendar
- » 2003 pastoral calendar
- » 2003 photo calendar
- » 2003 scroll standing calendar
- » 2003 seasonal calendar
- » 2003 spirals calendar
- » 2003 sports calendar
- » 2003 tile photo calendar
- » 2003 time wheel standing calendar
- » 2003 time wrap standing calendar
- » 2003 vineyards standing calendar
- » fitness calendar
- » making a personalized

cards
- » all-occasion cards
- » baby announcements
- » birthday cards set - 1
- » birthday cards set - 2
- » christmas cards - set 1
- » christmas cards - set 2
- » christmas cards - set 3
- » cupid's card shop
- » easter cards
- » employee appreciation
- » fathers day cards
- » graduation cards
- » halloween cards
- » halloween photo cards
- » hanukkah cards
- » holiday gift cards
- » holiday greeting cards
- » holiday newsletters
- » holiday photo cards
- » kids valentines
- » kwanzaa cards
- » making cards with an all-in-one
- » mamarama card & bookmark
- » mother's day cards
- » mother's day photo card
- » national geographic globe kit
- » national geographic australia kit
- » national geographic dinosaur kit
- » national geographic planets kit

invitations
- » baby shower invitations
- » bridal shower invitations
- » cinco de mayo invitations
- » easter invitations
- » fourth of july invitations
- » graduation invitations
- » halloween party invitations
- » kids party invitations
- » mother's day invitations
- » new year invitations
- » st. patrick's day party invitations
- » summer invitations
- » thanksgiving invitations
- » vellum baby shower invitations
- » winter holiday invitations

A Microsoft tem alguns gabaritos ótimos com os quais você poderá criar alguns calendários ainda mais práticos em sua área de recursos Office. Diferente do site da HP, você tem que ter o Microsoft Word ou Works para usar os gabaritos nesse site, mas, como o MS Word é o processador de texto dominante, isso inclui a grande maioria das pessoas. A maneira mais fácil de chegar a ele é abrir o Word, ir para o Help (Ajuda) no menu e escolher Office na Web. Ou poderá ir para http://office.microsoft.com/assistance/. Selecionar Template Gallery (Galeria de Gabaritos) abrirá uma grande coleção de gabaritos para várias finalidades e ocasiões, como apresentado em seguida.

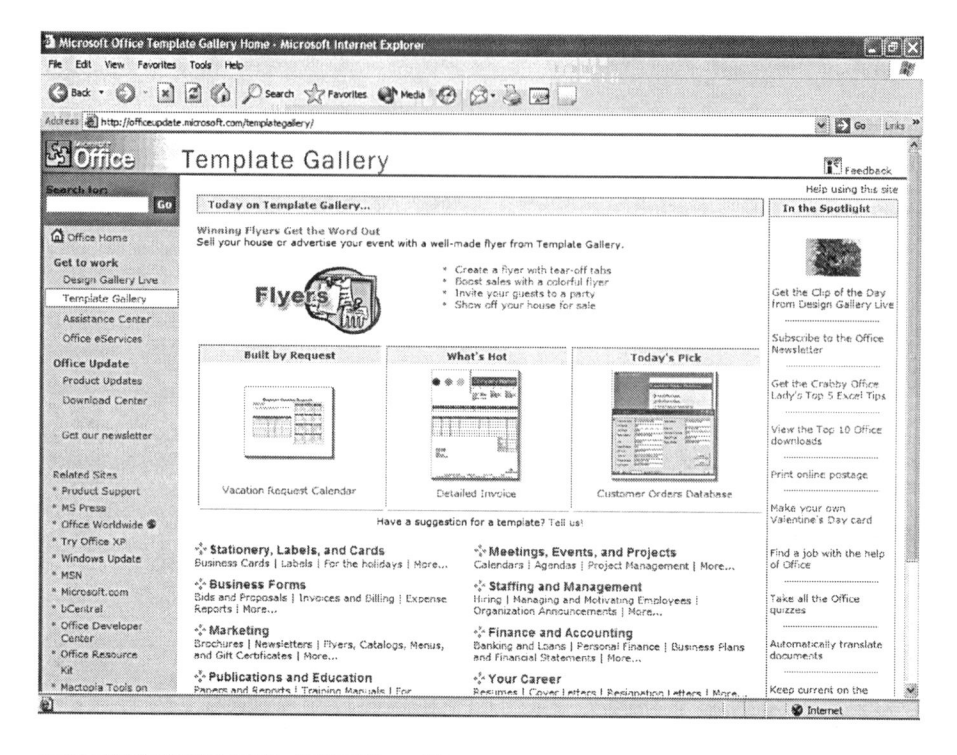

Figura 9-5 Eis dois calendários que fiz on-line no site da web da HP.

Capítulo 9 – Coloque seu scanner para trabalhar em casa também | **149**

No site da HP, você transfere suas fotos e elas são colocadas nos calendários projetados previamente. Com o site da Microsoft, você carrega os gabaritos, insere suas próprias fotos e adiciona todas as suas próprias informações pessoais. Isso dá mais controle e você poderá criar alguns calendários realmente ótimos como o mostrado na Figura 9-6, que inclui uma foto da melhor equipe de documentação técnica da Motorola.

Poderá também criar camisetas impressas a ferro, cartões de cumprimento, bolsas de presente com fotos, comunicações de bebês, casamento - a lista é infinita. São apenas dois das centenas de sites que oferecem seus serviços gratuitos on-line ou gabaritos que você poderá usar com seu software para criar projetos realmente legais.

Demais para analisar

Neste capítulo, apenas tocamos na superfície do que você pode fazer com seu scanner e todas as decorações que tem à sua volta. Por melhor que possa lidar com essas idéias, recomendo usar um ótimo mecanismo de busca chamado Google (www.google.com). Pesquise usando as palavras "photo" (foto) e "projects" (projetos) e obterá mais listagens do que poderia exibir em toda a vida. Para ter uma exibição menor, porém visual, das sugestões que o Google encontra, clique na aba Images (Imagens) e veja o que acontece.

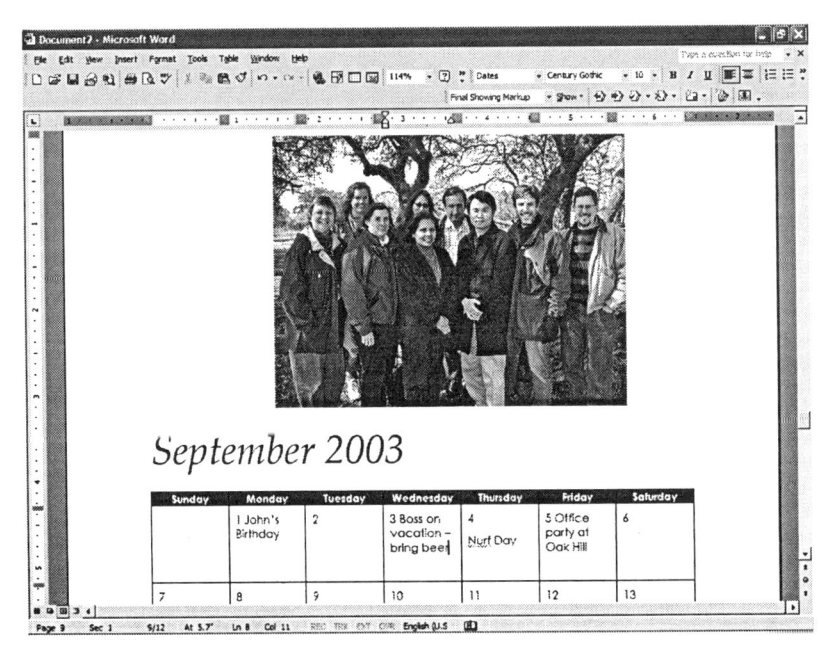

Figura 9-6 Usar os gabaritos da Microsoft permitirá utilizar suas fotos digitalizadas para criar calendários personalizados.

No próximo capítulo, aprenderemos a obter a melhor digitalização possível e como superar os problemas de digitalização que ocorrem inevitavelmente.

Parte III

Material de scanner avançado

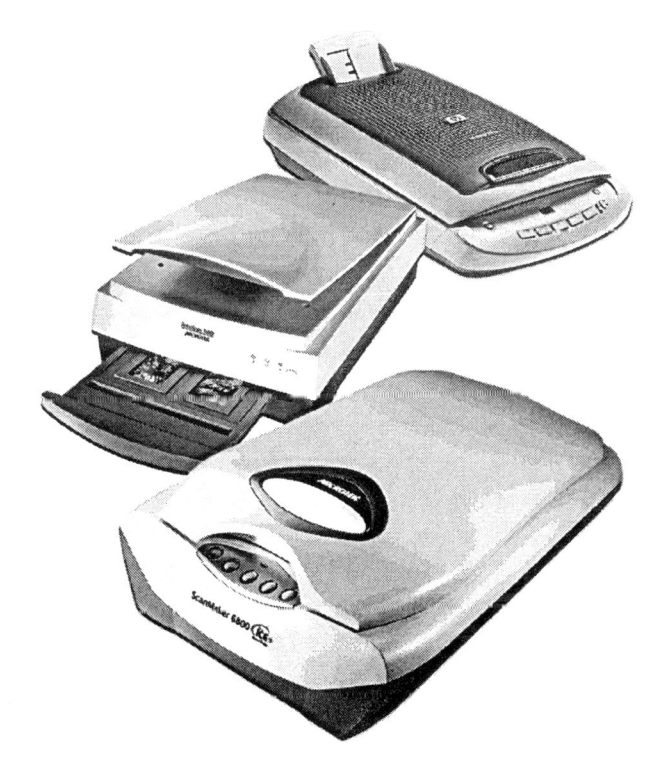

Capítulo 10

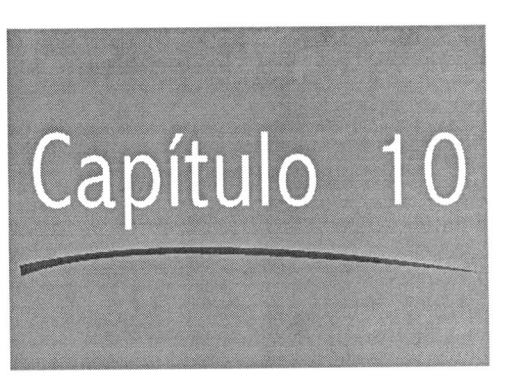

Obtenha a melhor digitalização que puder

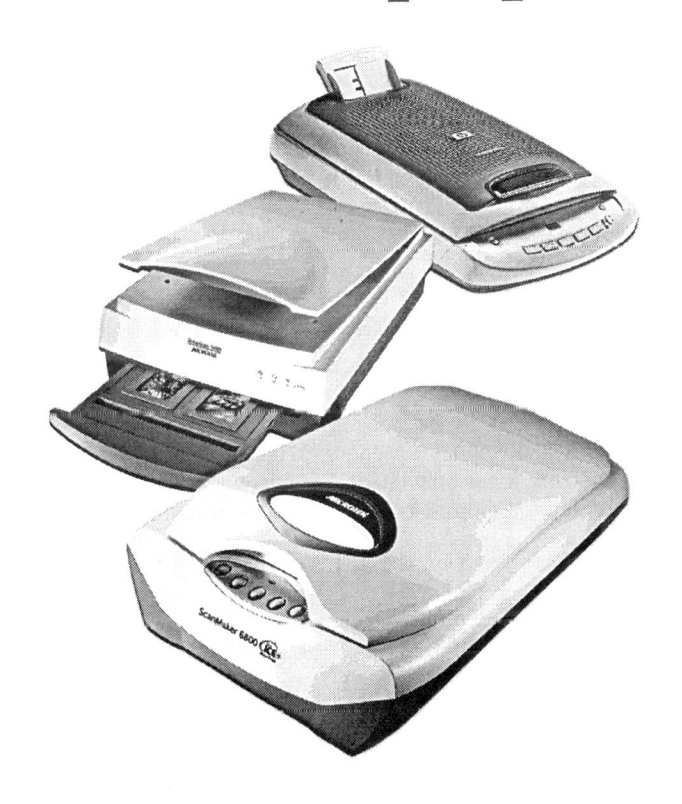

Como...

- Usar os recursos avançados de seu scanner
- Ajustar os recursos automáticos do scanner
- Impedir a transparência ao digitalizar um papel fino
- Digitalizar um material impresso

Muitos recursos disponíveis nos scanners de hoje podem tornar suas fotos digitalizadas melhores ainda do que você pensaria ser possível. Embora cada fabricante de scanner tenha sua própria abordagem para esses recursos e seus nomes, sua operação é igual independentemente de quem os fabrica. Neste capítulo, você aprenderá quais são essas ferramentas, e o mais importante, quando e como usá-las. Também aprenderá a superar alguns problemas comuns que todos encontramos ao digitalizar os originais.

Descubra as ferramentas de seu scanner

Independentemente de qual scanner você possua, o software de digitalização, que veio com o scanner, é bem integrado e reconhece todos os recursos e capacidades do scanner. É por isso que tenho recomendado, neste livro, que você sempre use o software de digitalização fornecido pelo fabricante de seu scanner em vez da caixa de diálogo Windows WIA (Windows Image Acquisition) sem os recursos fornecidos pelo Windows Me, XP e 2000.

Faça com que suas ferramentas automáticas funcionem melhor

Seu scanner tem muitas ferramentas automáticas predefinidas que analisam a imagem que você está digitalizando e que fazem ajustes para conseguir a melhor digitalização possível. E mais, é sua responsabilidade garantir que a imagem que deseje digitalizar esteja devidamente selecionada para as ferramentas automáticas fazerem o melhor.

Quando fizer uma digitalização de visualização e sua seleção inicial, como a mostrada na Figura 10-1, o scanner avaliará todos os pixels dentro da seleção para determinar as melhores definições. A área dentro da seleção, apresentada na Figura 10-1, inclui os pixels que não devem ser avaliados pelos scanners para as finalidades de estabelecer as definições da exposição. As áreas que não devem ser incluídas são o fundo branco da tampa do scanner e a borda branca externa da foto.

O resultado da área selecionada, inclusive os pixels que não estarão na imagem final, é uma digitalização com contraste baixo, como mostra a Figura 10-2 (esquerda). Se a seleção incluir apenas os temas da digitalização, o ajuste automático da exposição produzirá uma digitalização melhor, como se vê na Figura 10-2 (direita).

Capítulo 10 – Obtenha a melhor digitalização que puder | **155**

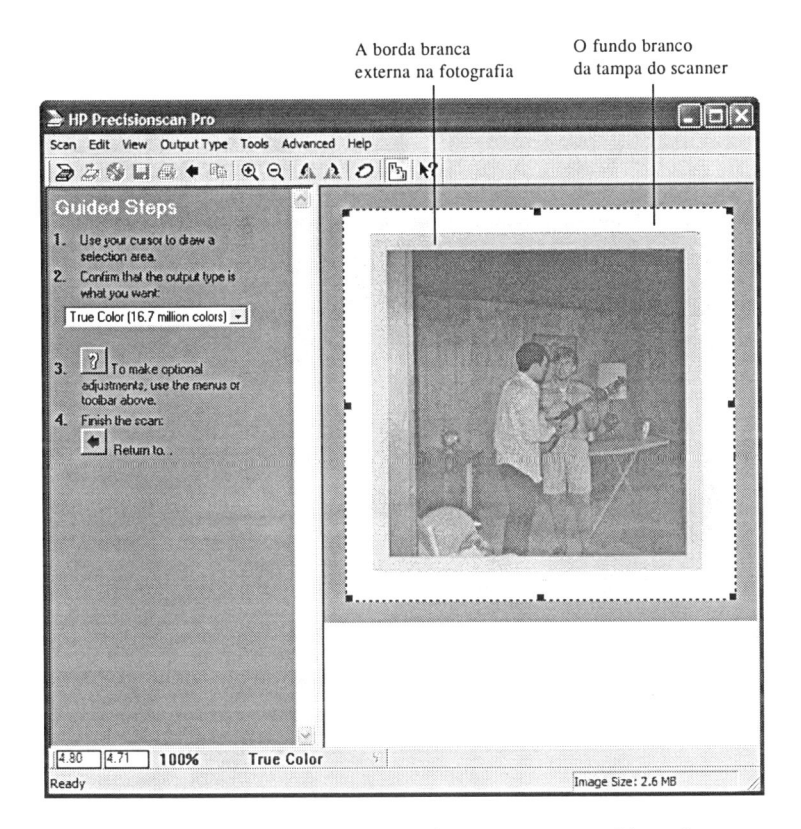

Figura 10-1 A área selecionada afeta as ferramentas automáticas do scanner.

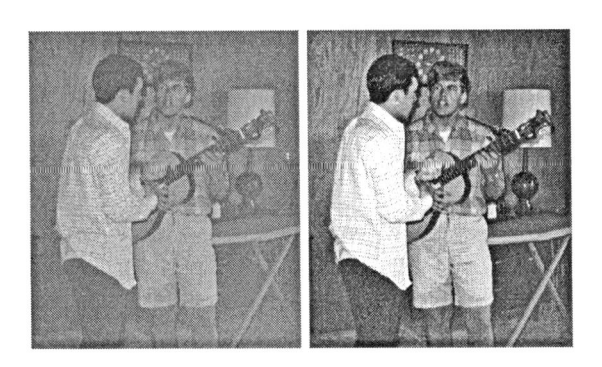

Figura 10-2 A seleção à esquerda inclui outras áreas não da imagem; a seleção à direita está limitada à área da imagem.

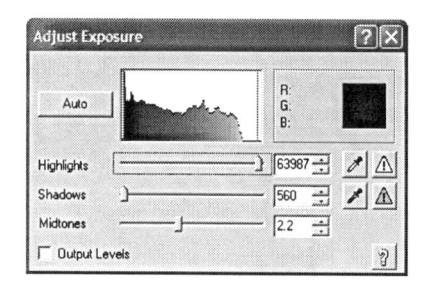

Figura 10-3 A definição Midtones em sua definição inicial 2.2.

As ferramentas automáticas não podem fazer tudo

Muitas fotografias a serem digitalizadas estão além da ajuda das ferramentas automáticas. Obter a melhor digitalização com tais fotos requer um olho observador e ferramentas de ajuste manuais.

A maioria das ferramentas de ajuste manuais para seu scanner está oculta. É porque, na maioria dos casos, os ajustes automáticos fazem um bom serviço. Quando não, será hora de ajudar o scanner.

Ajuste a exposição manualmente

Quando a seleção estiver correta, mas a imagem ainda for escura demais (pouco exposta) ou clara demais (muito exposta), será possível controlar o ajuste da exposição manualmente. Para clarear ou escurecer uma imagem, temos de mudar as definições dos meios-tons.

O ajuste da definição dos meios-tons, mostrado na Figura 10-3, permite clarear ou escurecer os valores médios (meios-tons) de uma imagem enquanto deixa os destaques e as sombras inalteradas. Também chamado de *gama*, o campo do meio-tom varia de 1.0 a 4.0, com 2.2 sendo considerado o ponto médio para os PCs.

Mover o ponteiro para 1.0 (esquerda) escurecerá a imagem (como mostrado em seguida), ao passo que mover o ponteiro para 4.0 (direita) clareará a imagem, como visto na Figura 10-4.

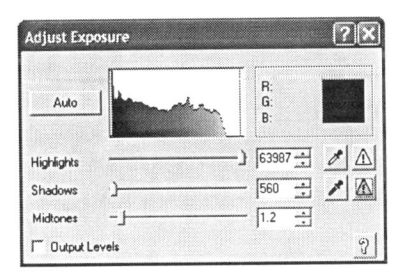

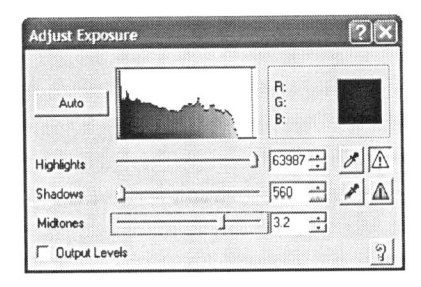

Figura 10-4 Como usar a definição do gama para clarear uma digitalização.

Você sabia?

A capacidade dos meios-tons (gama)

Sempre que uma imagem precisar ser escurecida ou clareada durante uma digitalização ou depois da imagem ser digitalizada, você deve usar o ajuste do gama para fazer isso. Se uma imagem for clareada usando um controle de brilho, todos os pixels da imagem serão clareados. Como resultado, todos os pixels que já forem muito brilhantes vão assumir um branco puro e qualquer detalhe que tenha estado nessa área será desbotado (chamado de *queima*). Do mesmo modo, escurecer a imagem com o controle do brilho irá escurecer todos os pixels e isso na região sombreada da foto se tornará um preto sólido – novamente, perdendo qualquer detalhe que poderia estar nas sombras. Quando o gama (meios-tons) de uma imagem for ajustado, os pixels nas regiões mais claras e escuras da foto não serão afetados e apenas os pixels entre esses extremos serão afetados. Isso permitirá tornar uma imagem mais clara ou mais escura sem queimar os destaques ou tornar a parte sombreada de uma foto um tinteiro.

Mude a definição dos meios-tons

Eis como mudar a configuração Midtones (Meios-tons) usando o software Precisionscan da Hewlett-Packard; a operação da configuração é praticamente idêntica no software da Epson, Microtek e Canon:

1. Escolha Advanced (Avançado) | Adjust Exposure (Ajustar Exposição), que abrirá a caixa de diálogo mostrada em seguida.

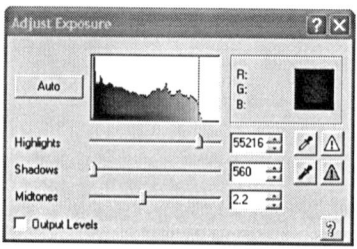

2. Mova o cursor Midtones para a direita ou esquerda para clarear ou escurecer a imagem.

Capítulo 10 – Obtenha a melhor digitalização que puder | 159

A Figura 10-5 mostra a digitalização original que foi feita usando as definições automáticas. Por causa do céu brilhante, o ajuste de exposição automático do scanner tentou equilibrar o céu nublado brilhante com sombras escuras. O resultado foi uma foto excessivamente escura. Ajustando manualmente os meios-tons, foi possível recuperar os detalhes na foto, como ilustra a Figura 10-6.

Outros ajustes manuais

A maioria dos scanners permite que você faça outros ajustes manuais. Alguns ajustes, que poderá executar, envolvem a cor (matiz), saturação e nitidez. Mas só porque os ajustes existem, não significa necessariamente que você deva ajustá-los. Vejamos alguns mais comuns.

Controles da cor e da saturação

A cor em uma imagem é composta por dois componentes: matiz e saturação. O *matiz* refere-se à cor geral da imagem e a *saturação* refere-se à intensidade das cores. Quando você muda o matiz, está alterando todas as cores em uma imagem, não só uma única cor. A saturação controla o brilho com o qual uma cor aparece. Quando a saturação for definida para zero, a foto colorida surgirá em tons de cinza (também chamado de "foto em preto e branco") e, quando for definida para um valor realmente alto, as cores se tornarão supersaturadas, o que poderá fazer com que pareçam irreais.

Como... | **Agilizar sua digitalização**

Quando você está digitalizando muitas fotos, uma coisa que reduzirá a velocidade é aguardar o aquecimento da lâmpada do scanner. Se o scanner tiver sido usado por um período de tempo, a lâmpada vai desligar. E mais, a lâmpada passa por um período de aquecimento sempre que você inicia o software. Seu software de digitalização geralmente tem uma opção para desativar o retardo da lâmpada do scanner (não recomendado uma vez que o retardo assegura que ele produza uma digitalização colorida precisa) ou deixar a lâmpada acesa por um período maior de tempo que o normal. Se você estiver iniciando o software de digitalização de dentro de um editor de fotos, usando o comando Import (Importar) ou Acquire (Adquirir), poderá mudar as preferências do editor de imagens para que ele deixe a caixa de diálogo da digitalização aberta, depois da digitalização estar completa. Por default, a caixa de diálogo da digitalização é fechada depois de cada digitalização. Não fechando o software de digitalização, você não terá que reabrir constantemente o scanner e o temporizador na lâmpada do scanner não será redefinido e reiniciará o retardo na próxima vez que você digitalizar.

Figura 10-5 A exposição automática do scanner algumas vezes é enganada pelas fotos.

É fácil mudar o matiz e a saturação de uma foto digitalizada. Com a exceção de usar esses controles para criar um efeito especial, recomendo não mudá-los a partir de suas definições defaults; é difícil (diga-se "impossível") julgar com precisão o matiz ou a saturação da imagem digitalizada, porque uma digitalização de visualização é uma imagem com baixa resolução. Outra razão para não mudar esses valores, durante a digitalização, é que faz mais sentido fazer essas alterações usando um editor de imagens como o Photoshop.

Figura 10-6 Ajustar os meios-tons manualmente melhora a foto.

Nitidez – Uma faca de dois gumes

Uma foto que você deseja digitalizar parece um pouco fora de foco? Você acha que aplicar a nitidez ajudará? Surpreendentemente, pode. Aumentar a nitidez melhora o detalhe na imagem. A maioria dos softwares de digitalização seleciona automaticamente o melhor nível de nitidez. Você poderá considerar aumentar a nitidez se a foto original parecer indistinta. Por outro lado, poderá querer diminuir a quantidade de nitidez se o item original tiver falhas ou marcas. É porque a nitidez aumentada pode fazer com que as falhas se destaquem ou, em alguns casos, pode ainda criar padrões indesejados.

Resolva os desafios da digitalização encontrados

Alguns itens, como as fotografias, apresentam alguns problemas quando digitalizados. Quando você iniciar a digitalização do material impresso, como digitalizar a página de capa de seu jornal local depois de ter ganho o primeiro lugar no torneio para cuspir sementes de melancia, obter uma boa digitalização irá requerer um pouco de ajuste extra.

Quando você digitalizar qualquer material que é fino e está impresso em ambos os lados, terá uma boa chance de digitalizar o que está impresso nas costas ao mesmo tempo em que captura o que está na frente. Essa *transparência* pode ser um problema real, mas na maioria dos casos é resolvida facilmente. A imagem que digitalizei para o exemplo é o clipart que foi impresso em um jornal. Como pode ver na Figura 10-7, quando o clipart foi digitalizado, o material no outro lado foi capturado instantaneamente.

Figura 10-7 A imagem mostrada aqui é digitalizada de um jornal.

O material no outro lado é capturado porque o papel é muito fino e o lado debaixo da tampa do scanner é muito branco. A luz do cabeçote de digitalização penetra no papel de jornal e é lido pelo cabeçote de gravação do scanner. Uma maneira de reduzir a quantidade de transparência é colocar uma folha de papel preto atrás da imagem que você está digitalizando. Depois de digitalizar novamente – a Figura 10.8 mostra os resultados. É um aprimoramento, mas o fundo ainda pode ser visto.

Remova a transparência usando o ajuste do limiar manual

O ajuste manual do limiar preto e branco pode ser aplicado apenas nas imagens sendo digitalizadas como imagens em preto e branco. Diferentemente das imagens com tons de cinza, que contêm 245 tons de cinza, as imagens em preto e branco, também chamadas de *trabalho de arte*, têm apenas duas cores – preto e branco.

O limiar é um valor na imagem que define a borda entre o preto e o branco. Todos os valores na imagem digitalizada que são mais claros que o limiar são convertidos em branco e todos os valores mais escuros que o limiar são convertidos em preto. Escolher um valor do limiar mais próximo a zero fará com que mais pixels fiquem brancos, ao passo que um valor do limiar mais alto faz com que mais valores apareçam como preto.

Se a colocação de um papel preto sob a imagem que deseja digitalizar não funcionar, abra o ajuste do limiar e mova o ponto do limiar até que a transparência do fundo não fique mais visível. Na maioria dos casos, você poderá usar a digitalização de visualização para sugerir a definição otimizada, como apresentado na Figura 10-9.

Figura 10-8 *Colocar uma folha de papel preto atrás do original reduz – mas não elimina – a transparência.*

lunch or drinks or brunch

Figura 10-9 Ajustar a definição do limiar do scanner produz os melhores resultados.

Remova a transparência com seu editor de fotos

A mesma técnica do limiar descrita na seção anterior pode também ser conseguida usando um editor de imagens, que mostra melhor os resultados dos ajustes que a digitalização de visualização no software do scanner. Eis como é feito:

1. Digitalize a imagem como tons de cinza. A imagem resultante aparecerá mais suave (contraste mais baixo) e o fundo não parecerá branco.
2. Converta a imagem de tons de cinza em preto e branco.
3. Com a imagem aberta no editor de imagens, selecione o ajuste Levels (Níveis) (encontrado em todos os editores de imagem) e uma caixa de diálogo semelhante à apresentada em seguida aparecerá. Ajuste o limiar até que atinja o ponto que seja um acordo entre o fundo branco e o detalhes no primeiro plano não sendo perdido.

4. Quando estiver contente com os resultados, mude a imagem de volta para tons de cinza e grave o arquivo.

Digitalize o material impresso

Quando as fotos são preparadas para serem impressas em uma máquina de impressão ou impressora a laser, uma tela de retícula é aplicada primeiro. Sem ficar técnico demais, o padrão da tela que permite a uma foto ser impressa em uma impressora ofsete também é o mesmo padrão que desenvolve padrões indesejados como as *ondulações*. A maioria dos softwares de digitalização de hoje oferece um comando de-screen que reduz esses padrões ondulados nos itens impressos que você está digitalizando. Outro exemplo desses padrões indesejados são os círculos que geralmente aparecem nas imagens impressas em jornais – especialmente as histórias em quadrinhos.

Nota Por causa do modo como seu scanner reduz esses padrões, a digitalização (inclusive a digitalização de visualização) sempre leva mais tempo quando o comando de-screen é selecionado.

Agora que aprendeu alguns conceitos sobre como tornar melhor as digitalizações e digitalizar os materiais impressos, é hora de aprender a digitalizar slides coloridos e negativos.

Capítulo 11

Digitalize seus negativos e slides

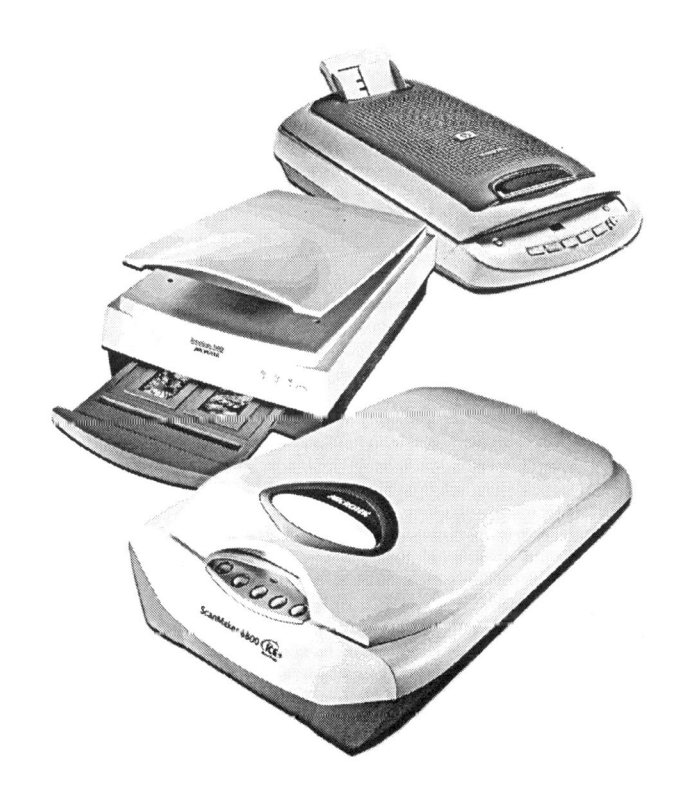

Como...

- Compreender as vantagens de digitalizar negativos e slides
- Comparar os scanners de filme e os adaptadores de filme
- Selecionar o scanner de filme que satisfaz suas necessidades
- Preparar negativos e slides para a digitalização

Com cada vez mais pessoas possuindo e usando câmeras digitais, cada vez menos negativos e slides coloridos estão sendo produzidos. E mais, há várias razões para se ter a capacidade de digitalizar negativos e slides coloridos. Se você for um fotógrafo sério que ainda tem que trocar do filme para digital, um scanner de filme permitirá continuar a tirar fotos usando filme e convertê-lo em imagens digitais para a manipulação com um editor de fotos. A maioria de nós, que deseja a capacidade de digitalizar um filme, possui caixas de sapato (ou um equivalente) cheia de negativos ou slides que estão se deteriorando mesmo que lentamente enquanto você lê isto. Assim que os negativos forem digitalizados, serão preservados e protegidos contra uma maior deteriorização. Neste capítulo, aprenderemos as vantagens dos scanners de filme dedicados e dos adaptadores de transparência para os scanners de mesa.

As vantagens de digitalizar negativos e slides

Digitalizar um filme produz resultados superiores a digitalizar uma impressão desse mesmo tema. Há diversas vantagens em digitalizar filme e slides:

- O filme (slide ou negativo) é a imagem original, ao passo que uma impressão é uma cópia (uma cópia de segunda geração).
- O filme tem uma faixa mais dinâmica (contraste) do que pode ser conseguido digitalizando as impressões de fotografias.
- Quando a fotografia é impressa, alguma faixa tonal é perdida e algumas informações da cor são modificadas. Essas informações não podem ser recuperadas, significando que nós não podemos ter de volta esses dados a partir das impressões.

Não quer dizer que você não deva digitalizar as impressões de fotografia colorida – só que digitalizar o filme produzirá uma saída notavelmente melhor do que é possível a partir das digitalizações das impressões. Será especialmente verdadeiro se você pretende aumentar a imagem em qualquer grau.

Capítulo 11 – *Digitalize seus negativos e slides* | **167**

> **Você sabia?**
>
> ### Os slides coloridos são superiores aos negativos coloridos
>
> A *faixa da densidade* é simplesmente a diferença entre os valores tonais mínimos e máximos que o filme pode registrar. Também chamada de *faixa dinâmica*, é medida em um número dMax que tem um valor teórico máximo de 4.0. O filme colorido negativo tem uma faixa de densidade muito menor que os slides. (Os slides podem estar próximos a 3.6, os negativos em mais ou menos 3.0, ao passo que as impressões coloridas têm um dMax com cerca de 2.0.) Isso significa que os positivos coloridos (slides) podem capturar uma faixa maior de cores ou tons que o filme negativo colorido. Antes de você sair e começar a fazer um filme colorido, lembre-se do número dMax (2.0) que inclui para as impressões coloridas. Se a foto finalmente terminar como uma impressão, não fará diferença se você usar negativos coloridos ou positivos uma vez que ambos têm uma faixa dinâmica muito maior que as impressões coloridas.

Escolha os scanners

Quando chegar o momento de digitalizar os slides e os negativos, você terá três opções. Poderá usar um scanner de filme dedicado, um adaptador de transparência em seu scanner de mesa ou uma copiadora de slide anexada à sua câmera digital (slides apenas). Antes das câmeras digitais aparecerem, a última opção não estava disponível e, ao escolher qual dos dois métodos usar para digitalizar o filme, não havia nenhuma contestação, o scanner de filme dedicado (Figura 11-1) era a única escolha razoável.

Os scanners de mesa tiveram melhorias enormes nos últimos anos e com os adaptadores de transparência (Figura 11.2) é possível obter resultados com seu scanner de mesa que quase competem com os scanners de filme dedicados.

A escolha de um scanner para digitalizar um filme e negativos será muito simples se você seguir algumas regras:

- Se você for um fotógrafo de filme e digitalizar negativos ou slides, algo que estará fazendo continuamente, deverá considerar um scanner de filme com a tecnologia Digital ICE. Na época da escrita deste livro, você poderia selecionar um scanner novo Coolscan IV com o Digital ICE3 on-line por menos de $500.
- Se for um fotógrafo de filme padrão que (como eu) agora está fotografando com câmeras digitais e tem toneladas de slides e negativos para digitalizar, ainda recomendo obter um scanner de filme dedicado. Depois de carregar todos os seus slides e negativos em seu computador, poderá revender o scanner no eBay.
- Se a digitalização de seu filme for ocasional, considere obter um bom scanner de mesa com qualidade de foto com um adaptador de transparência. Um bom scanner de mesa para fotos satisfará suas exigências de digitalização do filme.

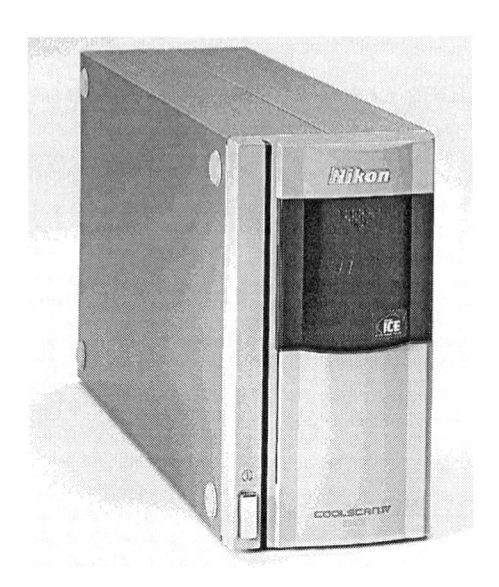

Figura 11-1 Este Nikon Coolscan IV é um scanner de filme dedicado que pode produzir as melhores digitalizações possíveis a partir de seu filme.

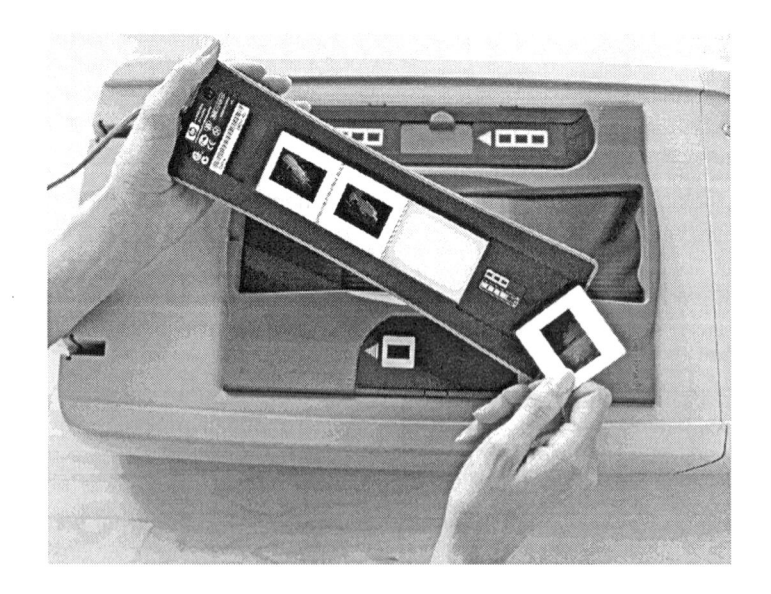

Figura 11-2 Os adaptadores de transparência nos scanners de mesa mais recentes podem produzir excelentes digitalizações.

Vantagens dos scanners de filme dedicados

Os scanners de mesa de foto com adaptadores de transparência podem produzir algumas excelentes digitalizações, mas os scanners de filme oferecem poucos recursos exclusivos que facilitam muito a digitalização do slide ou do negativo. A vantagem básica do scanner dedicado é a facilidade do uso. O scanner, como o mostrado na Figura 11-3, é designado para manter filme ou slides.

Os scanners de slide costumavam custar vários milhares de dólares (os scanners de ponta ainda custam), mas, nos últimos anos, o preço dos scanners de filme dedicados tem ficado em torno de uns $150.

Digital ICE – Quase bom demais para ser verdade

Se eles decidissem acrescentar uma categoria de scanner ao Prêmio Nobel, o Digital ICE™ ganharia facilmente. Essa invenção maravilhosa da Applied Science Fiction (sim – é o nome da empresa) de fato remove (ao invés de encobrir) os defeitos nos slides e negativos digitalizados. A imagem apresentada na Figura 11-4 é um negativo horrível e real que foi digitalizado e teve o Digital ICE aplicado.

Figura 11-3 Um scanner de filme dedicado simplifica a digitalização dos negativos e slides.

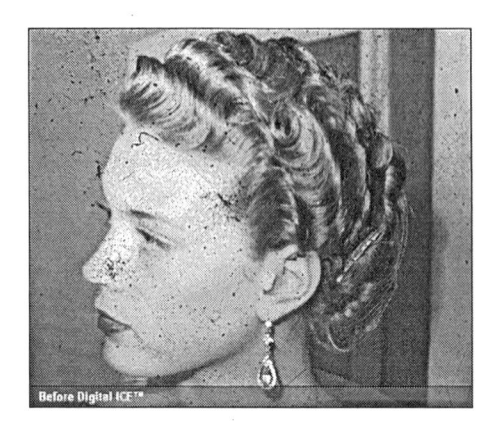

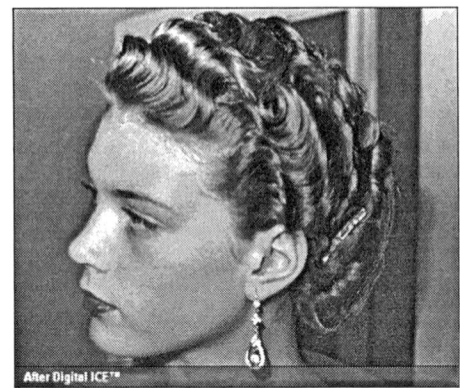

Figura 11-4 O negativo original (esquerda) e a imagem melhorada (direita) depois do Digital ICE ter sido aplicado.

A tecnologia Digital ICE funciona de dentro de um scanner para remover automaticamente os defeitos da superfície como poeira e arranhões das imagens digitalizadas sem alterar a imagem de base. Os arranhões e a poeira do filme que afetam de modo prejudicial a qualidade da imagem podem ocorrer durante a fotografia da imagem ou durante o processo de impressão. Porém, a tecnologia Digital ICE permite que o scanner do filme corrija automaticamente esses defeitos sem degradar a qualidade da imagem ou reduzir a velocidade da digitalização. Quando vi pela primeira vez o Digital ICE em ação, estava esperando que fosse um software que eu poderia instalar e usar com meu scanner. Meu Deus, descobri que o fabricante do scanner tinha de projetar um scanner especificamente para usá-lo. Inicialmente estava disponível apenas em um scanner de slide Nikon CoolScan mas, agora, está disponível em vários scanners de slide e, pela primeira vez, está disponível em um scanner de mesa Microtek.

A versão mais recente de sua mágica tecnológica é chamada de Digital ICE^3 (pronunciado como "ICE ao cubo"), que acrescenta mais dois recursos chamados Digital ROC™ e Digital GEM™. O Digital ROC restaura automaticamente as cores originais para os slides e negativos enfraquecidos. Ele lê a assinatura da cor nos negativos coloridos e slides e restaura as cores para os devidos níveis. Se você tiver slides ou negativos antigos nos quais a cor desapareceu, esse programa fará um excelente serviço restaurando a cor – mesmo em alguns dos meus slides antigos que quase ficaram com uma cor magenta pura.

O Digital GEM reduz a granulação da imagem causada pela emulsão do filme. O Digital GEM melhora automaticamente a claridade de uma imagem de filme digitalizada enquanto preserva suas cores, gradações e nitidez. O Digital GEM analisa o padrão de granulação exclusivo de um filme pixel por pixel; extrai todos os dados relacionados com a qualidade da imagem, cor e nitidez; e remove a granulação do registro digitalizado da imagem, que resulta em imagens muito melhoradas.

Capítulo 11 – Digitalize seus negativos e slides | **171**

> **Você sabia?**
>
> **O filme tem duas faces**
>
> A primeira etapa ao aprender a digitalizar ou limpar os negativos e slides é aprender a dizer qual é o lado da emulsão do filme a partir do lado de base. Conhecer um lado a partir do outro é necessário para a devida digitalização e para a limpeza.
>
> Segure o filme contra a luz e gire-o ligeiramente. Quando a luz atingir seu lado de base, ela voltará com brilho porque a base é o lado brilhante do filme. A emulsão é o lado escuro e geralmente tem menos brilho ou luz quando a luz é refletida a partir dele. Embora a base de qualquer filme seja mais brilhante que sua emulsão, algumas vezes é difícil dizer qual é um lado a partir do outro. Outra maneira de dizer qual é a emulsão a partir da base é segurar um pequeno pedaço de filme e ver sua ondulação. O lado da emulsão do filme estará no lado de dentro da ondulação. Os negativos e os slides são sempre lidados por suas bordas para evitar que fiquem engordurados e sujos com seus dedos. Nunca pegue um filme ou lide-o com seus dedos em sua superfície. Essa regra aplica-se ainda quando você está usando luvas. Um último ponto – sim, o título deste tópico foi uma brincadeira sobre o título do filme *O espelho tem duas faces*.

Primeira etapa: como limpar os negativos e os slides

Antes de você digitalizar os negativos ou slides, eles têm que ser limpos. Nos capítulos anteriores, enfatizei a importância de limpar as imagens antes de varrê-las porque a remoção posterior da poeira ou fragmentos no computador é demorada. Uma citação famosa de John Wesley diz que: "O asseio está na verdade próximo da religiosidade". Quanto aos slides e aos negativos, é justo dizer que o asseio está próximo do impossível. Embora a limpeza seja importante ao digitalizar impressões fotográficas, sua importância para a digitalização do slide e negativo não pode ser exagerada. É porque o tamanho pequeno do original combinado com o enorme grau de aumento produzido pelo scanner, resulta em até a menor mancha de poeira ficando com o tamanho de pequenas pedras.

Limpar os slides e negativos pode ser capcioso, digo isso porque parecem ser ímãs naturais de poeira e impressões digitais – muito parecido com uma gravata de seda cara que atrai manchas de sopa. Eis algumas técnicas básicas para limpar e preparar slides e negativos para a digitalização.

Ar enlatado ou compressor de ar

Não assopre a poeira dos negativos e slides com sua boca. Se estiver digitalizando apenas slides e negativos ocasionalmente, o ar comprimido enlatado será uma boa solução.

> **Dica:** Sempre sopre o ar através de um slide montado, não nele. O ar comprimido enlatado tem força suficiente para retirar um slide de seu encaixe.

Há diversos problemas inerentes com o ar enlatado; custa muito, pode salpicar uma carga propulsora no negativo ou slide e não é tão poderoso quando a lata fica meio vazia (ou meio cheia se você for otimista). Se você digitalizar muitos negativos e slides, recomendo ir para sua loja de passatempo, ou profissional, e comprar um compressor de ar que é usado para a remoção com ar, parecido com os apresentados em seguida.

Bem poucos tipos diferentes de compressores estão disponíveis. Recomendo que evite aqueles que se parecem com bombas de ar para aquários. Também desencorajo a tentação de comparar um kit de remoção com ar completo, uma vez que você não precisará de um aerógrafo, apenas do compressor e uma mangueira com 1,8-3m de comprimento. Espere gastar entre $75 e $150 (até menos no eBay) pelo compressor. Isso se traduz em mais ou menos o preço de 30-40 latas de ar comprimido. O ar que sai pela extremidade da mangueira será mais poderoso do que o que sai da lata e não irá salpicar uma carga propulsora na superfície do slide.

Como limpar um slide realmente sujo

Mesmo o melhor compressor de ar não poderá limpar a sujeira ou as digitais dos slides coloridos. Sinto dizer que, embora haja solventes de filme projetados para limpar negativos e slides com uma sujeira e digitais leves, nenhum será capaz de fazer completamente serviço em um slide realmente sujo. Se a preservação do slide for realmente importante exigirá algum tempo e esforço, mas eis o que você terá de fazer:

1. Remova o slide do encaixe de papelão.
2. Deixe-o de molho em um prato contendo uma solução de Kodak E-6 Final Rinse que tenha sido aquecida até cerca de 90-100º F. Você poderá comprar uma pequena garrafa, que faz um galão de solução, por, mais ou menos, $4, em qualquer loja de câmeras.
3. Deixe o slide de molho na solução. Sua emulsão irá se intensificar (ficará com um cor cinza pálido). Com a ponta de seus dedos umedecida completamente com mesma solução, gentilmente – muito gentilmente – esfregue qualquer grão ou sujeira do lado da emulsão. A sujeira no lado de base (brilhante) geralmente desaparece simplesmente com o primeiro molho. Se houver qualquer digital, enxaguar deve removê-lo.

Capítulo 11 – Digitalize seus negativos e slides | **173**

4. Faça um fio como um varal para pendurar os slides úmidos individuais. Abra um clipe de papel um pouco para que possa inseri-lo em um dos buracos dentados do filme e possa pendurar os slides no fio. Deixe o filme secar.

> **Dica** Ao secar seus slides, certifique-se de que a área de secagem esteja relativamente sem poeira.

5. Recomendo remontar os slides em encaixes plásticos com qualidade. Geralmente não recomendo usar encaixes de slide que tenham inserções de vidro porque geralmente causam mais problemas do que resolvem. Embora protejam o filme contra as impressões digitais, são muito caros ($1.50 cada um em comparação com 10-12¢ para o plástico sem vidro). A inserção de vidro geralmente coleta e detém umidade dentro do encaixe com o passar do tempo. Também são pesadas quando enviadas e podem arranhar o filme se quebradas. Coloque luvas de algodão ao lidar com os slides frescos e limpos. Coloque o slide recém-lavado dentro de um dos encaixes e, então, faça sua digitalização. Evite a tentação de digitalizar os slides sem remontá-los.

Como digitalizar o filme usando um scanner de filme

Digitalizar slides coloridos ou negativos com um scanner de filme dedicado é muito simples. Com muitos scanners de mesa é possível usar o scanner sem instalar o software que veio com ele, uma vez que o Windows Me e o XP fornecem uma caixa de diálogo Windows Imaging Acquisition (WIA) primitiva para executar a digitalização.

O software que veio com o scanner do filme tem que estar instalado para ser capaz de digitalizar os negativos coloridos:

1. Limpe o filme, anote o fabricante (Kodak, Fuji), o tipo do filme (Royal, Kodak, Gold, Fujicolor, Superia etc.) e o ISO (taxa de exposição) do negativo do filme lendo as bordas do negativo. Para a maioria dos slides coloridos, o tipo é impresso no encaixe do slide como mostrado na Figura 11-5.

2. Coloque a alça do filme ou do slide do scanner como instruído pelo fabricante. Na maioria dos casos, será o lado da emulsão para baixo (veja a seção Você sabia – O filme tem duas faces).

3. Execute uma digitalização de visualização. A caixa de diálogo para o software SilverFast usado com um scanner de filme PF1800 é mostrada na Figura 11-6. Certifique-se de que o software esteja definido para negativo ou positivo. Também certifique-se de que as configurações estejam corretas para o fabricante do filme, tipo e definição ISO.

4. Garanta que a saída esteja definida para o tamanho correto e digitalize o negativo ou slide.

Agora que você sabe como digitalizar o filme, é hora de aprender algumas coisas importantes sobre como armazenar e lidar com o filme.

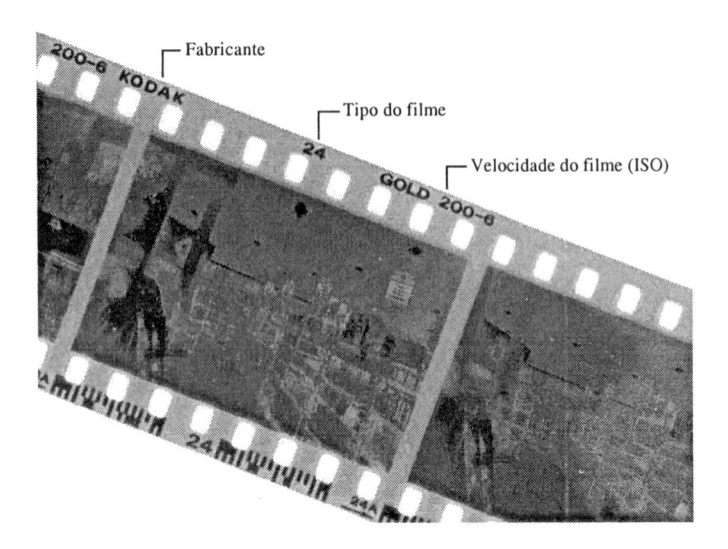

Figura 11-5 As informações sobre o filme são impressas na borda.

Como... Digitalize os negativos coloridos

Digitalizar negativos coloridos é muito diferente de digitalizar slides positivos ou impressões. Como pode ter notado, os negativos coloridos têm uma máscara laranja geral, projetada para ajudar a impressão fotográfica dos negativos no papel fotográfico normal. Porém, a máscara laranja torna difícil digitalizar os negativos coloridos sem um software especial.

Os negativos coloridos requerem que a imagem seja invertida como os negativos de filme preto e branco, mas os negativos coloridos também requerem que a cor da máscara laranja seja removida equilibrando-a. (É um azul esverdeado forte quando invertida para o positivo.) O software que vem com seu software de scanner do filme tem um modo Negative (Negativo) que faz isso. Como a sombra do laranja varia entre as marcas de filme e ainda nos diferentes filmes do mesmo fabricante, é importante assegurar-se de que as definições negativas do software do scanner do filme sejam definidas para o fabricante e tipo corretos.

Figura 11-6 A caixa de diálogo para um scanner do filme.

Armazenamento e tratamento dos slides e negativos

Embora as fotos sejam montadas com cuidado em álbuns, os negativos geralmente recebem menos atenção quanto ao armazenamento. Os negativos não são exibidos e raramente os vemos. A verdade é, quanto aos negativos, imprimimos e os esquecemos. Porém, mesmo que armazenadas no escuro, as imagens negativas coloridas mudam com o tempo. Os negativos que você pretende digitalizar ou armazenar requerem um grau de cuidado e atenção.

A regra mais importante é manter os negativos limpos. Parece que os negativos e os slides têm uma afinidade natural para as impressões digitais, sujeira e poeira; essas contaminações geralmente contêm químicas que podem danificar a imagem. Se você suspeitar que seus negativos estão sujos, limpe-os com cuidado, exatamente como foi descrito neste capítulo, antes de armazená-los.

Armazene os negativos devidamente

Qual é a melhor maneira de armazenar os negativos e slides desenvolvidos para a proteção contra a poeira e a luz e para a facilidade de acesso e classificação? Achei que a maneira mais prática é armazená-los em folhas plásticas com três furos com bolsos (mostrado em seguida) e então guardá-los em pastas de escritório. Essas folhas são também bem transparentes, portanto, podem ser pesquisadas facilmente, em oposição às caixas de plástico comuns, que lacram melhor, mas são muito mais problemáticas para a colocação e retirada dos slides e negativos.

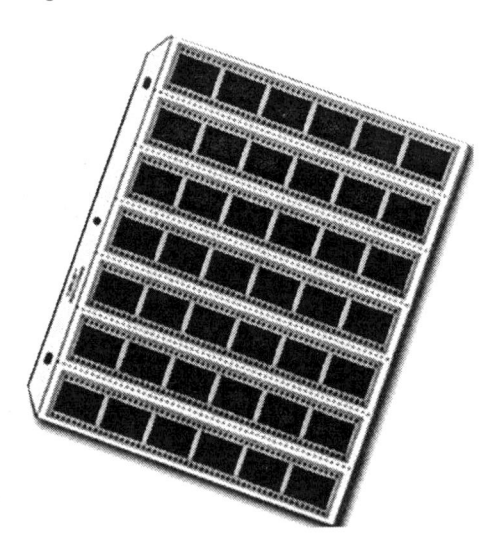

Dica *Use luvas de algodão ou lide com seus negativos pelas bordas para evitar a impressões digitais. O óleo deixado por seus dedos pode causar eventualmente deterioração do negativo.*

Controle a temperatura e a umidade

Você pode armazenar a maioria dos negativos sob as condições normais do ambiente. Em climas nos quais a umidade relativa fica regularmente em torno de 60%, use um desumidificador ou outros meios de redução da umidade na área de armazenamento. (Em alguns casos, você poderá usar dessecantes de gel sílica em contêineres de armazenamento hermético para desumidificar.) Mantenha os contêineres de armazenamento longe do calor (aquecedores, registros de ar quente) e de janelas onde a luz do sol possa atingi-los.

Nota *Não armazene seus materiais fotográficos em contato direto com qualquer item seguir, que poderá causar danos acidíferos: madeira, jornal, papelão, fitas adesivas clipes de papel e elásticos.*

Capítulo 11 – *Digitalize seus negativos e slides* | **177**

Os negativos do filme ficam melhor mantidos frios. Mesmo as menores reduções da temperatura do cômodo têm um maior impacto benéfico na estabilidade de uma imagem. Acredite se quiser, armazenar negativos coloridos em um freezer caseiro é uma maneira relativamente barata e confiável de mantê-los por um longo período. Antes de atirar os negativos coloridos no antigo freezer, certifique-se de que os tenha lacrado em envelopes de armazenamento à prova de umidade para protegê-los. A temperatura do armazenamento para os negativos em preto e branco não é tão crítica quanto para os negativos coloridos, mas você deve controlar a umidade relativa. As pessoas que vivem em um clima mais seco devem saber que os negativos preto e branco armazenados em um ambiente que tem uma umidade relativa (UR), abaixo de 25%, podem se tornar quebradiços – embora meus amigos em Houston e no Sul em geral tenham que lidar com o fato de que uma UR acima de 60% encoraja o crescimento de mofo e fungo.

Coisas que perturbam seus slides e negativos

Você sabia que os insetos podem caçar seus slides e transparências? Insetos como traças algumas vezes atacam slides e negativos, assim como um filme não processado não armazenado nas caixas de filme. Não armazene slides, câmeras ou filme em gavetas, armários embutidos ou armários de parede onde você mantém roupa ou tecido, ou onde fibras de algodão acumularam-se. Esses materiais atraem os insetos adultos que põem ovos. Não borrife os slides ou negativos com um remédio contra insetos. Todos os inseticidas disponíveis comercialmente são produtos à base de petróleo que causarão mais danos em seus negativos ou slides do que os insetos poderiam.

Antes de sair deste tópico

Não permita que toda essa conversa sobre limpeza e armazenamento dos negativos e slides o desencoraje a digitalizá-los. Quando vir a diferença entre os resultados conseguidos com a digitalização de uma impressão e o negativo da mesma foto, ficará contente por ter feito um esforço extra para digitalizar o filme. No próximo capítulo, aprenderemos algumas técnicas e ferramentas disponíveis para armazenar todas as fotos e outros objetos que você aprendeu a digitalizar nos últimos 11 capítulos.

Capítulo 12

Como organizar suas fotos

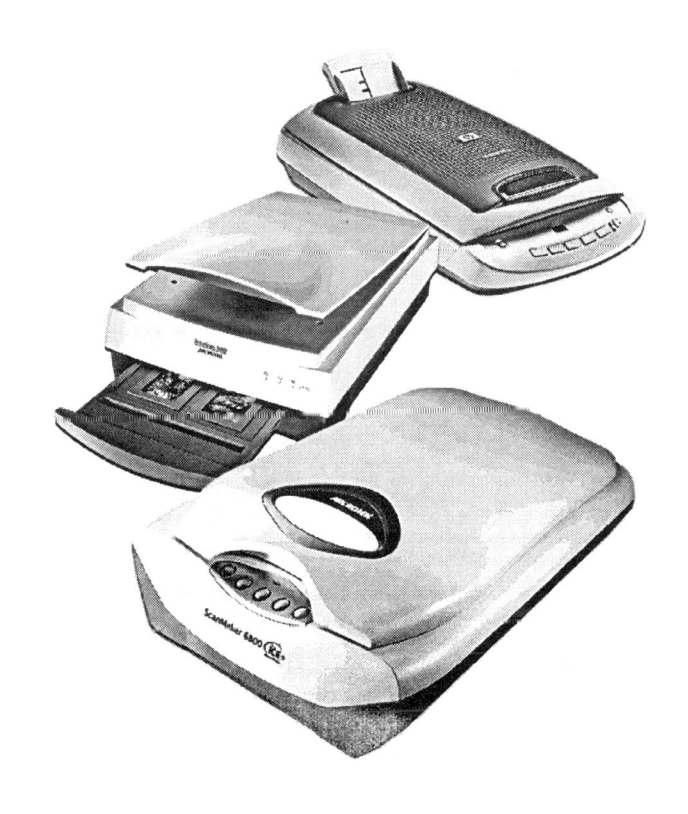

Como...

- Descobrir a importância da organização
- Comparar os recursos de diferentes álbuns de foto eletrônicos
- Decidir qual organizador de fotos é melhor para você
- Organizar sua coleção de fotos

A confluência de quatro maravilhas tecnológicas – câmeras digitais, scanners baratos, acesso à Internet de alta velocidade e discos rígidos monstruosos – produziu pilhas virtuais enormes (mais como montanhas) de imagens em nossos computadores. Depois de você ter passado uma hora procurando uma imagem específica para colocar na correspondência da família, luta com a realidade do tamanho que sua pilha de fotos ficou. Felizmente, no último ano, várias ferramentas novas e relativamente baratas apareceram no mercado não só para ajudá-lo a organizar suas fotos, mas também fornecem um host de outros recursos criativos.

Como medir seu gabinete virtual

Se alguma vez houve uma dúvida de que a América tem uma economia baseada em consumidores, seria provado que a dúvida é falsa pela existência de várias cadeias de lojas dedicadas a vender coisas para ajudá-lo a armazenar suas coisas. Se eu tirasse as medidas de meu gabinete para tal armazenamento, eles me ajudariam a comprar e instalar seu hardware específico para organizar meu gabinete para que eu pudesse colocar ainda mais coisas nele.

Se você é como a maioria das pessoas com as quais converso, seu gabinete de fotos (disco rígido) é uma bagunça. Suas fotos estão espalhadas em sua área de trabalho e em uma dezena ou mais de pastas diferentes, aguardando pelo dia em que irá se sentar e organizá-las. Afirmo isso para os leitores que podem pensar que são os únicos que lidam com essa bagunça. Você não está sozinho. Uma vez ouvi dizer que, quanto mais criativo você é, menos organizado é. Se isso for verdade, tenho que ser uma das pessoas mais criativas do planeta. O instantâneo de tela na Figura 12-1 mostra o conteúdo de uma pasta contendo várias centenas de fotos que foram tiradas (por uma câmera de filme e digital) no casamento de meu sobrinho. Não mostra as mais de 30.000 outras fotos que reuni nos últimos 20 anos. Como pode ver, preciso de uma maneira de nomear, classificar e organizar essas fotos ou nunca as encontrarei novamente.

Capítulo 12 – Como organizar suas fotos | 181

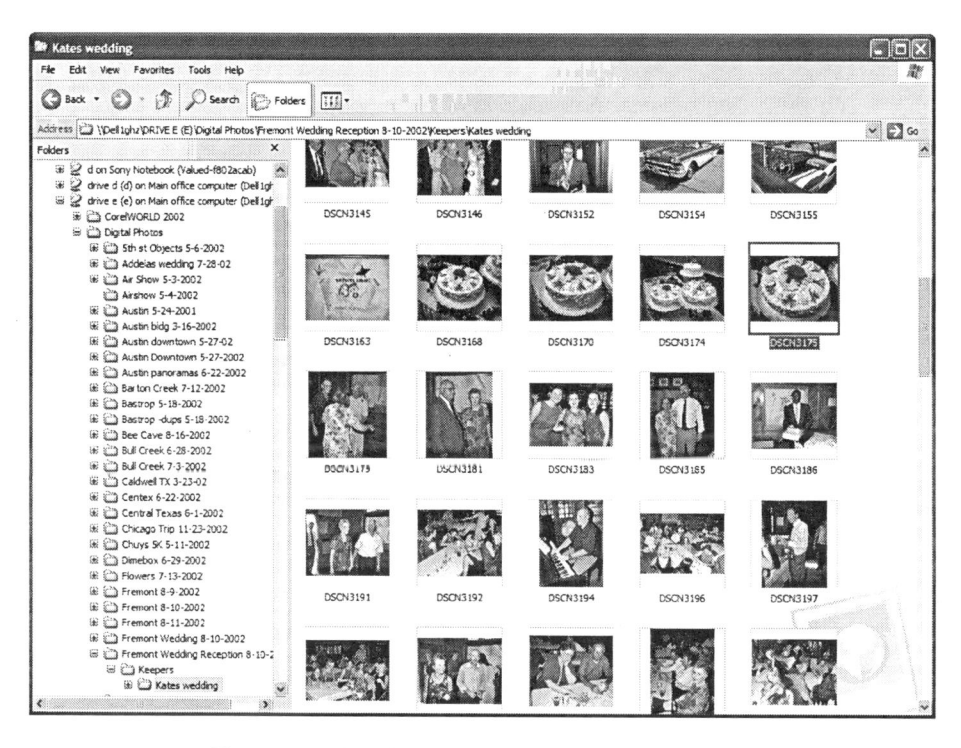

Figura 12-1 Esta única pasta contém mais de 300 fotos.

Como usar a capacidade do Windows para organizar

Se você tiver uma versão recente do Windows (Me, 2000 ou XP), notará que esses sistemas operacionais reconhecem os arquivos multimídia e oferecem várias ferramentas que podem ser usadas para organizar as fotos. Para os usuários com coleções pequenas, essas ferramentas Windows podem ser suficientes para gerenciar o que eles têm.

Como localizar todas as suas fotos

A primeira etapa é encontrar todas as fotos em seu computador. Aqui novamente o Windows tem muitas ferramentas para tornar essa etapa mais fácil. Eis como fazer:

1. Vá para Start (Iniciar) e escolha Search (Pesquisar). A caixa de diálogo que aparece dependerá da versão do Windows que você está usando.

2. Se estiver usando o Windows XP, poderá selecionar Pictures (Imagens), Music (Música) ou Video (Vídeo) na seção What Do You Want to Search For? (O que você deseja pesquisar?) da caixa de diálogo; a tela mostrada em seguida será aberta. Se estiver usando uma versão anterior, veja a seção, "Você sabia? As diferentes maneiras de pesquisar as fotos", posteriormente neste capítulo.

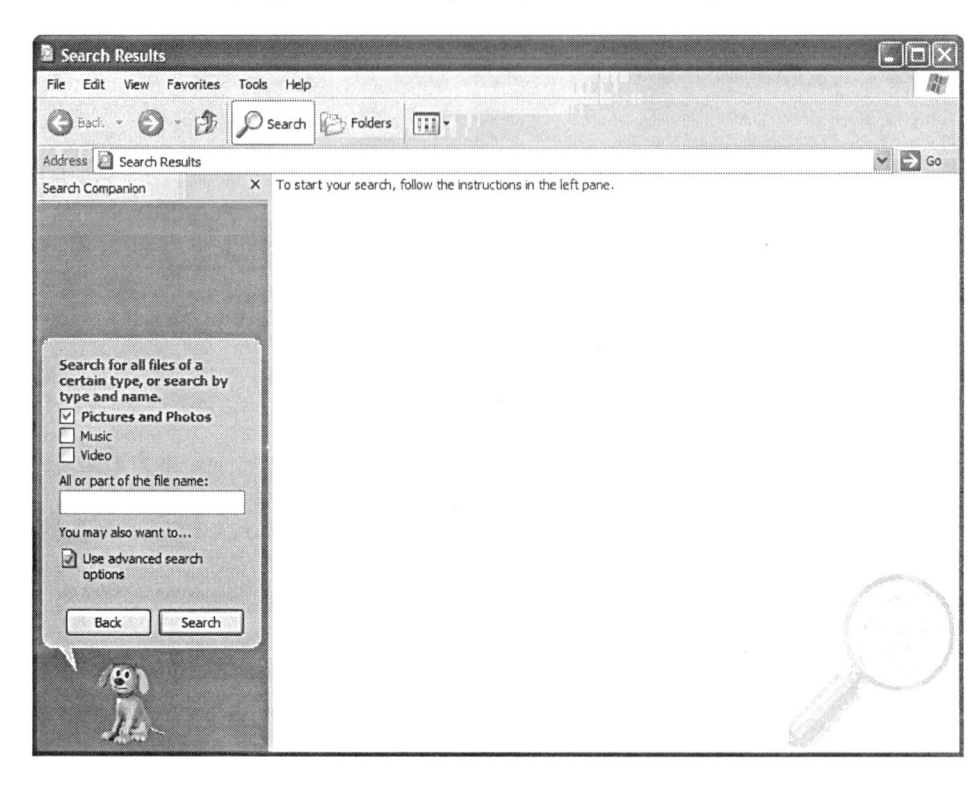

3. Marcar a caixa Pictures and Photos (Imagens e Fotos) e clicar o botão Search sem fornecer nada na caixa All or Part of the File Name (Tudo ou Parte do Nome de Arquivo) fará com que o computador pesquise cada foto em seu computador. O resultado de pesquisar meu laptop para obter todas as imagens e fotos é mostrado no próximo instantâneo de tela e, sim, tem 4.407 fotos – apenas em meu laptop. Alguns pontos rápidos. Mesmo que eu tenha um laptop muito rápido (2GHz), ainda levará algum tempo para o Windows pesquisar todo o disco rígido interno de 30GB. Levará mais tempo para gerar todas as pequenas imagens se essa opção de exibição for selecionada.

Capítulo 12 – Como organizar suas fotos | **183**

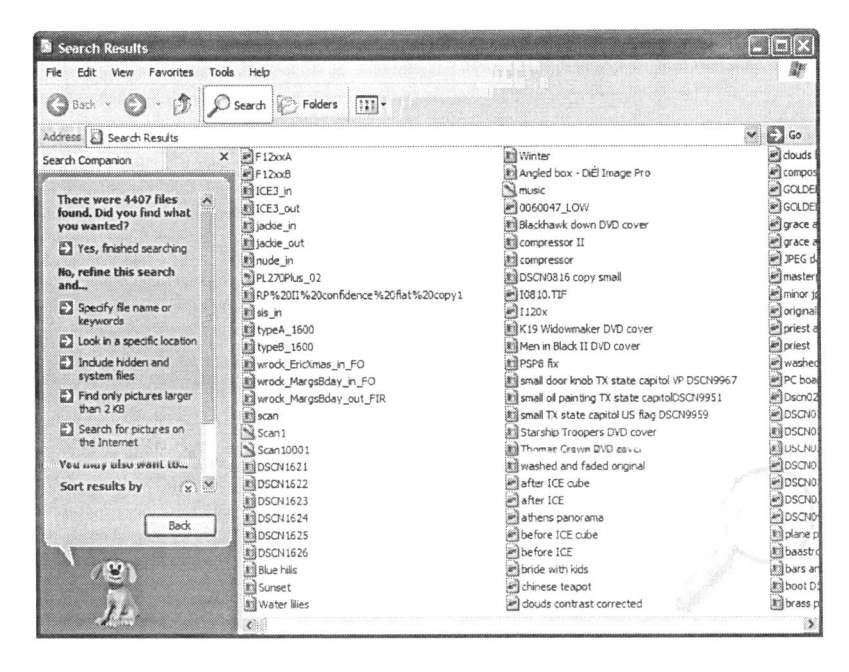

4. Para mover as fotos para um único local, selecione todas elas (CTRL-A) e clique o botão Folders (Pastas) na barra de ferramentas, que abrirá um painel Explorer à esquerda da caixa de diálogo, como apresentado em seguida.

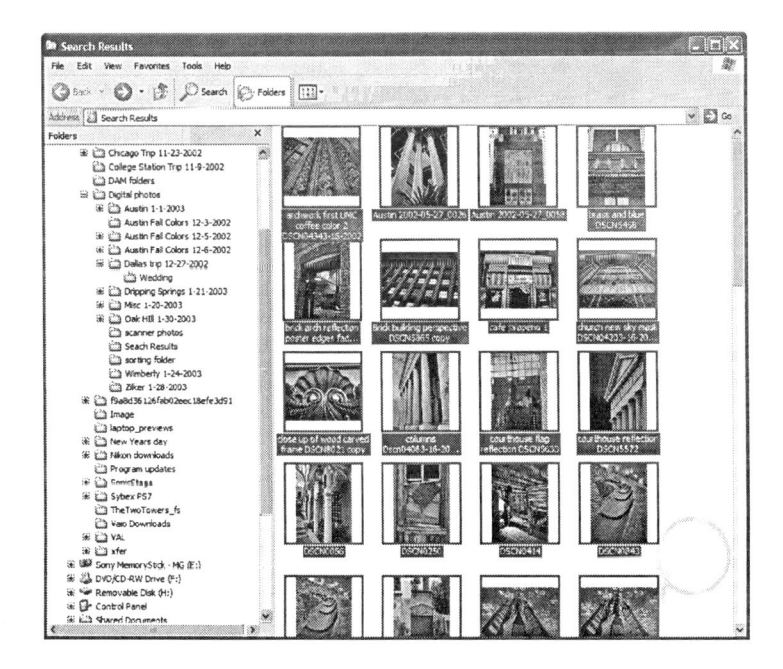

5. Se você mantiver o botão esquerdo do mouse pressionado e arrastar as fotos selecionadas do painel à direita para a pasta no painel Explorer à esquerda, colocará uma cópia das fotos no painel Explorer. Se mantiver o botão direito do mouse pressionado e arrastá-las, quando liberar, terá a opção de copiar, mover ou criar um atalho (que não está relacionada com o que estamos fazendo aqui). A diferença entre copiar e mover é que, se você mover as fotos, depois de a imagem ser movida para a pasta, o original será apagado; ao passo que, se copiá-las, terá arquivos duplicados no novo local e no local original.

> **Você sabia?**
>
> **As diferentes maneiras de pesquisar as fotos**
>
> e pesquisa encontrados nas antigas versões do Windows são menos robustas e requerem um pouco mais de esforço de sua parte para localizar todas as suas imagens. Todas as versões do Windows têm um recurso de pesquisar (chamado de *mecanismo de busca*). Encontrar fotos com as versões anteriores requer o uso de curingas.
>
> Um *caractere curinga* é um caractere do teclado como um asterisco (*) ou um ponto de interrogação (?) que é usado para representar um ou mais caracteres quando você estiver pesquisando fotos ou imagens. Os caracteres curingas são geralmente usados no lugar de um ou mais caracteres quando você não sabe qual é o caractere real ou quando não deseja digitar o nome de arquivo inteiro da foto ou outra imagem. Use o asterisco como um substituto para mais de um caractere. Se você estiver procurando todas as fotos JPEG em seu computador, forneça ***.JPG** (chamado de "estrela-ponto-jpeg"). O asterisco pede ao mecanismo de busca para localizar todo arquivo que tenha uma extensão JPG. O ponto de interrogação é um substituto para um único caractere em um nome e não é usado tanto quanto o asterisco ao pesquisar as fotos.
>
> Os formatos mais populares para pesquisar ao procurar as fotos são *.JPG, *.TIF, *.GIF e *.BMP. Os dois últimos formatos produzirão centenas, se não milhares, de acessos porque muitos ícones no Windows e nas páginas da web são *.GIF ou *.BMP. São fáceis de classificar. Veja a seção, "Como exibir e classificar os resultados da pesquisa".

Como exibir e classificar os resultados da pesquisa

Assim que o Windows tiver encontrado todos os seus arquivos, você terá várias opções para exibi-los e classificá-los. Eis um pequeno guia sobre como exibir e classificar qualquer arquivo ou imagem usando My Computer (Meu Computador).

Capítulo 12 – Como organizar suas fotos | 185

Como ter uma visão diferente das coisas

Quando você abrir uma pasta usando My Computer (Start | My Computer), o conteúdo será exibido de acordo com as definições para a pasta.

> **Nota** *A seguinte descrição aplica-se à maioria das edições do Windows XP, mas alguns revendedores personalizaram a versão do Windows enviada com seu computador e ela pode não funcionar exatamente como descrito aqui.*

Clicar na opção do menu View (Exibir) abrirá uma lista de seis opções de exibição:

- Filmstrip (Filme)
- Thumbnails (Pequenas imagens)
- TIles (Lado a Lado)
- Icons (Ícones)
- List (Lista)
- Details (Detalhes)

Como exibir como um filme

Quando a exibição Filmstrip for selecionada, suas imagens aparecerão em uma única linha de pequenas imagens (Figura 12-2). Essa exibição é horizontal em sua orientação, portanto você terá que paginar suas imagens usando os botões com seta para esquerda e direita ou pegar e arrastar o cursor de paginação na parte inferior da janela. Se clicar em uma imagem, ela será exibida como uma imagem maior acima das outras imagens. Se você clicar duas vezes em uma das pequenas imagens, uma janela separada será aberta exibindo uma versão muito maior da imagem.

Como usar pequenas imagens

A opção de exibição denominada Thumbnails exibe pequenas imagens. Para as pastas, o ícone de pasta exibirá as pequenas imagens das quatro primeiras imagens na pasta, como mostrado em seguida. Essa exibição é orientada na vertical, portanto você terá que paginar para cima e para baixo para ver as imagens e as pastas que não estão visíveis na tela.

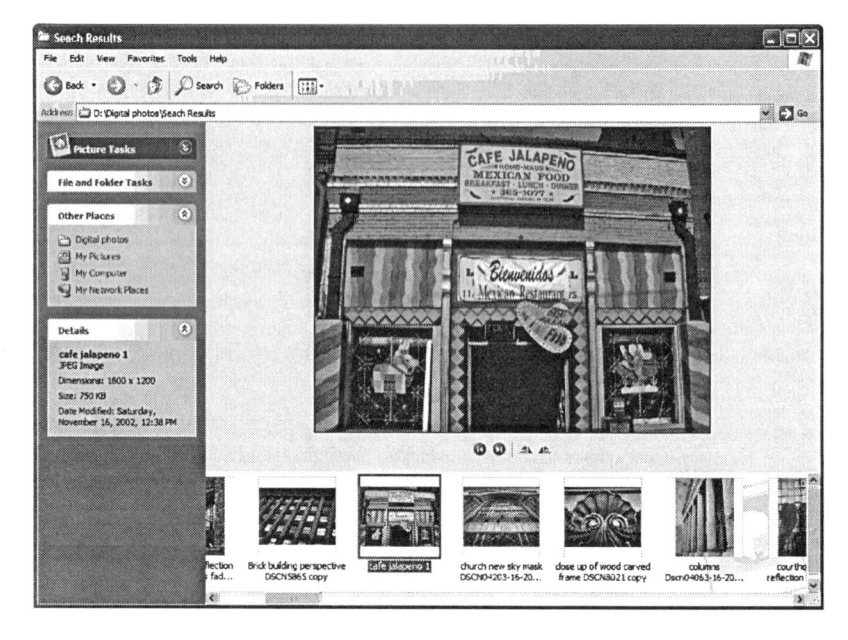

Figura 12-2 A exibição Filmstrip permite ver versões aumentadas das fotos selecionadas.

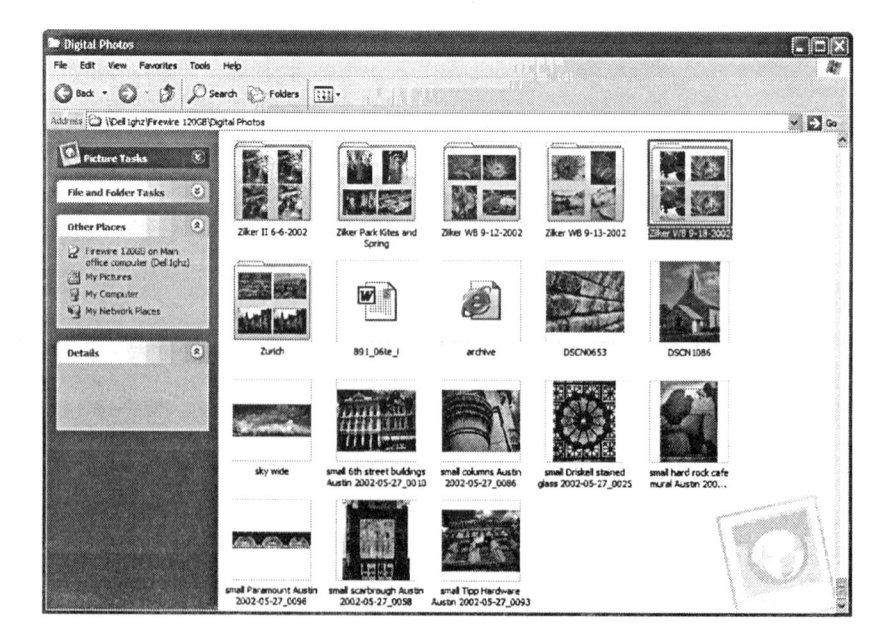

As pequenas imagens são exibidas na pasta para ajudá-lo a identificar o conteúdo da pasta. Embora os ícones possam estimular sua memória para o conteúdo geral da pasta, uma desvantagem grave está associada ao exibir as fotos com Thumbnails. Diferente dos navegadores de arquivo nos editores de imagem como o Paint Shop Pro e o Photoshop Elements ou nos programas de álbum de fotos, algumas versões do Windows não criam um *arquivo em cache* das pequenas imagens. Os arquivos em cache são exclusivos para cada aplicação e contêm as pequenas imagens na pasta. Sem esses arquivos, sempre que você abrir uma pasta contendo imagens, o sistema operacional terá que gerar de novo as pequenas imagens. Mesmo que tenha um sistema rápido e sua versão do Windows gere um arquivo em cache (como indicado pela presença de um arquivo thumbs.db), se tiver muitas fotos, poderá levar um tempo significativo para o Windows ler e exibir as pequenas imagens de todas as suas fotos.

Exibições Tiles e Icon

Essas duas exibições diferem principalmente no tamanho dos ícones exibidos. A Tiles exibe suas imagens e pastas com ícones como os apresentados em seguida. Os ícones são maiores que os da exibição Icon e a classificação das informações selecionadas é exibida sob o nome de arquivo ou da pasta. A orientação da janela é vertical, portanto você precisará paginar para ver as imagens e as pastas não visíveis na tela.

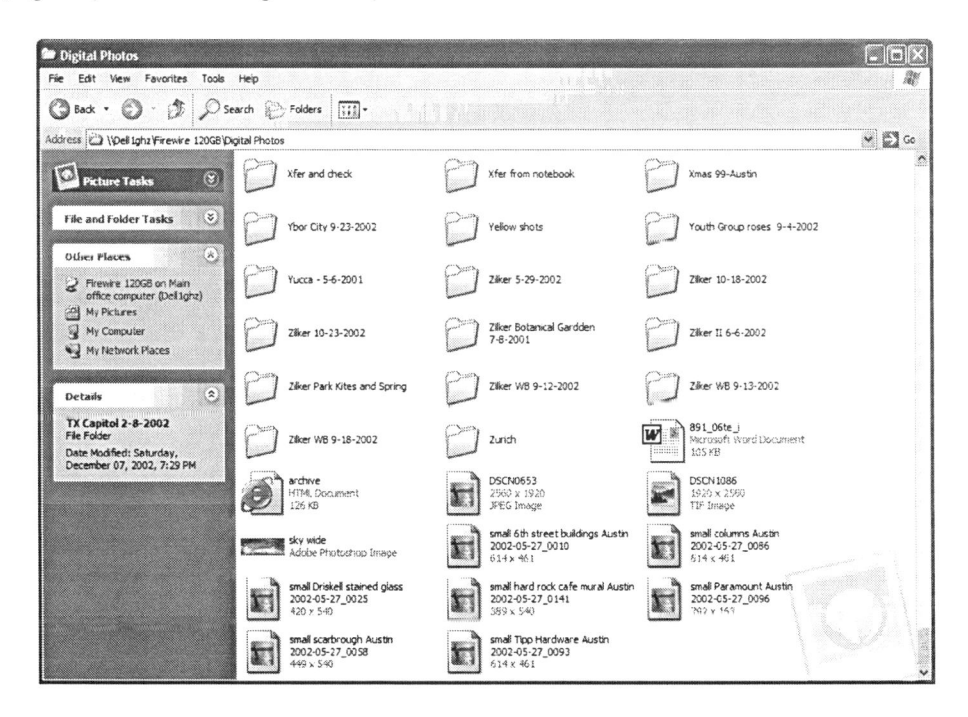

A exibição Icon é como a Tiles, exceto que menor. A tela mostrada a seguir é igual à apresentada anteriormente, exceto que, com ícones menores, mais pastas e imagens podem ser mostradas. Como na exibição Tiles, as imagens são paginadas na vertical.

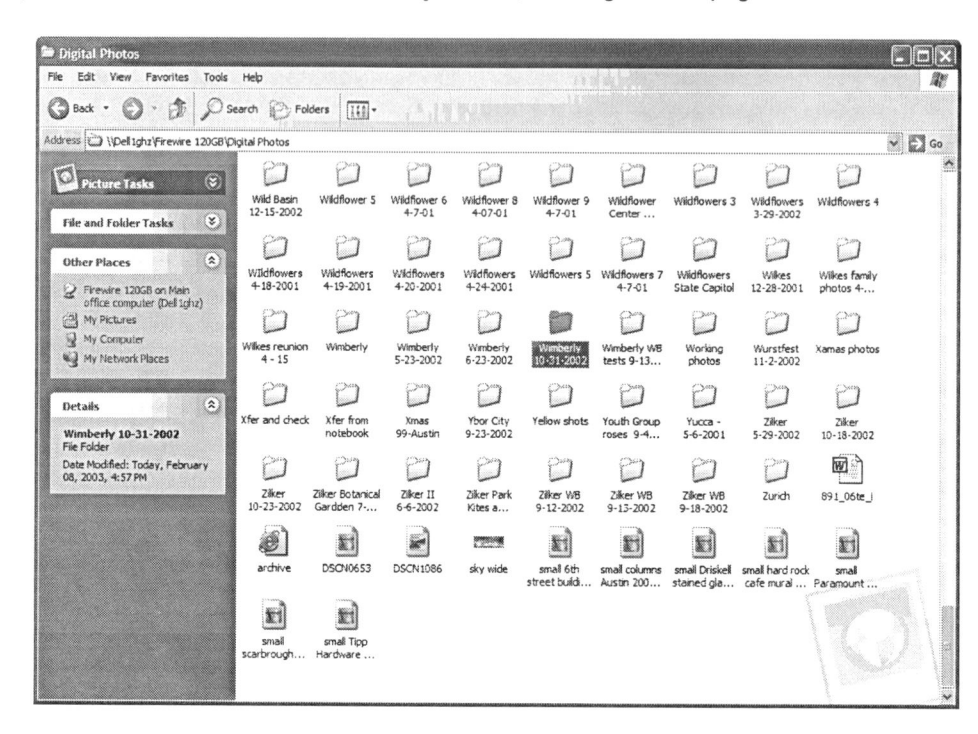

Exibição List

A List exibe o conteúdo de uma pasta como uma lista de nomes de arquivo ou de pasta precedidos por pequenos ícones. A exibição List tem ícones menores e a pasta é paginada na horizontal. A exibição mostrada na Figura 12-3 é paginada toda para a direita. Como a maioria das outras opções de exibição é orientada na vertical, o fato de que isso funciona na horizontal tem enganado os usuários fazendo com que pensem que a pasta ou a foto que estão pesquisando não existe, uma vez que nenhuma barra de paginação vertical aparece.

Como chegar nos detalhes

A última opção de exibição é a exibição Details. Quando essa opção é selecionada, a pasta selecionada exibe informações detalhadas sobre seus arquivos, inclusive o nome, tipo, tamanho e data modificada. A real vantagem dessa opção de exibição é sua capacidade de pular rapidamente entre as opções de classificação clicando o botão de título na coluna. Por exemplo, se você clicar na coluna "Type" (Tipo), todos os arquivos e imagens serão classificados pelo tipo de arquivo, como apresentado a seguir.

Capítulo 12 – Como organizar suas fotos | **189**

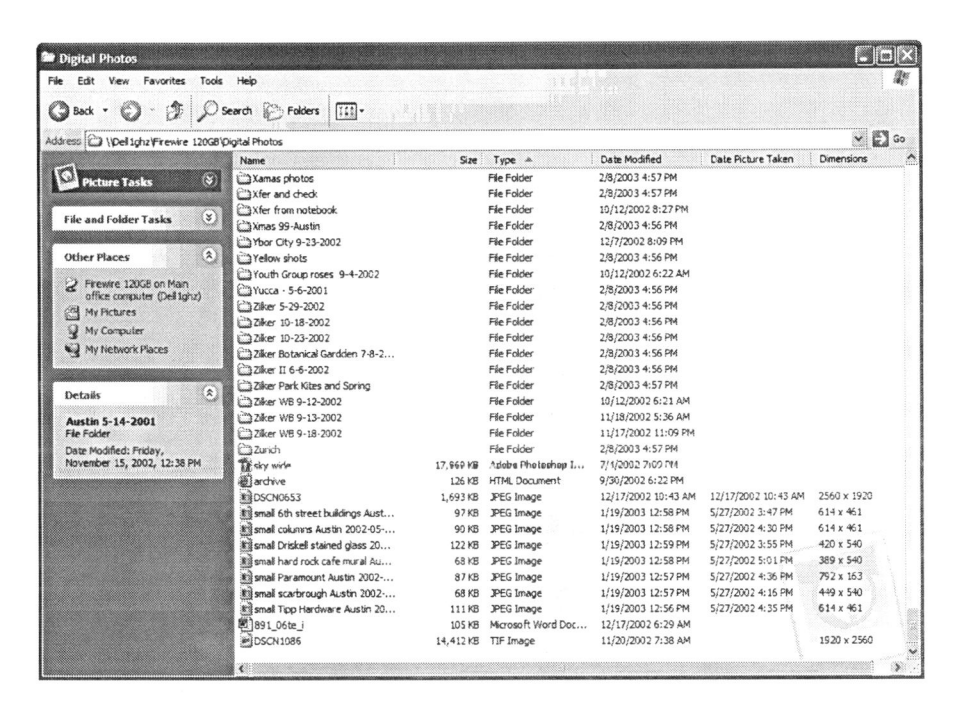

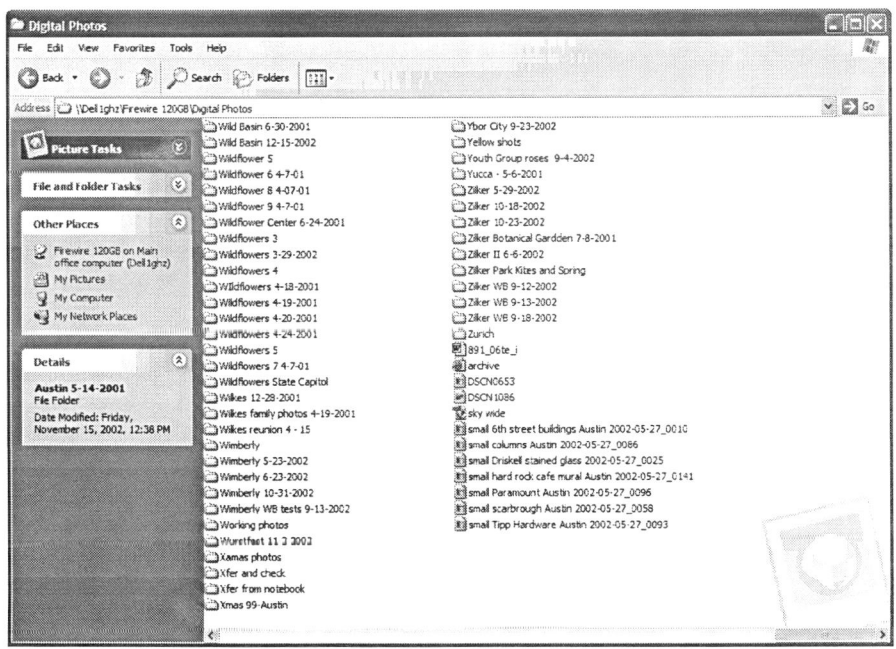

Figura 12-3 A exibição List tem os menores ícones e é orientada na horizontal.

Como mudar globalmente as opções de exibição

Embora você possa mudar as opções de exibição de cada pasta quando a abre, é muito mais simples decidir sobre qual exibição funciona melhor para você e mudar todas para a mesma exibição. Eis como é feito:
1. Abra uma pasta e selecione uma exibição de pasta.
2. No menu Tools (Ferramentas), clique em Folder Options (Opções da Pasta).
3. Na aba View (mostrada em seguida), clique em Apply to All Folders (Aplicar em Todas as Pastas).

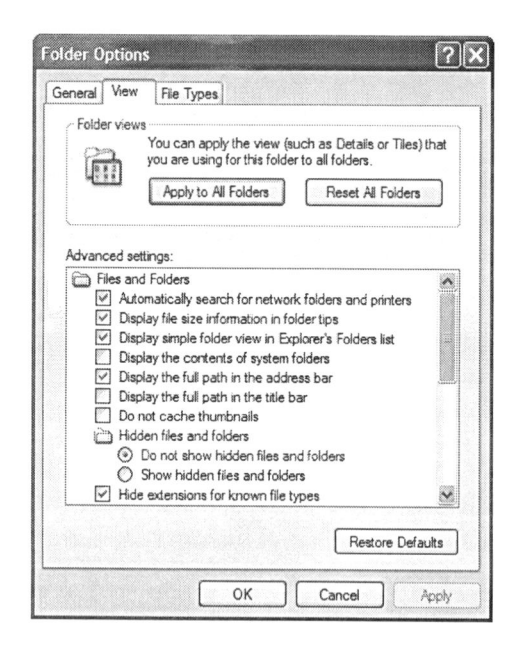

Plano de organização

Agora que você tem uma compreensão melhor de como o Windows exibe e classifica seus arquivos e pastas, eis uma recomendação sobre como organizar suas imagens em seu computador se for usar uma ferramenta de gerenciamento de imagens de terceiros.
1. Localize todas as suas fotos.
2. Se suas fotos já não estiverem agrupadas em pastas, divida-as logicamente em pastas. Recomendo incluir o evento ou a localização e a data na etiqueta da pasta. Exemplos de tais etiquetas são "Siberia Vacation 2003", Aunt Jack's Wedding 1-3-1998" ou "Mrs. Doubtfire's Bar Mitzvah 1-31-2004".

Capítulo 12 – Como organizar suas fotos | 191

> **Você sabia?**
>
> **O que é uma imagem e foto?**
>
> Quando você pede ao Windows para pesquisar uma imagem ou foto, o que ele está procurando? A Microsoft não é cristalina sobre o que considera uma "Imagem" ou uma "Foto", mas várias coisas são aparentes imediatamente. O Windows pode reconhecer a maioria dos formatos gráficos padrões. Para os formatos nativos patenteados como o Paint Shop Pro (*.PSP), Photoshop (*.PSD) ou as aplicações que não têm uma pequena imagem (como o Microsoft Word ou Excel), os resultados da pesquisa exibem o ícone que representa o programa associado ao formato de arquivo quando a pasta ou a janela Search Results (Resultados da Pesquisa) está no modo de exibição Thumbnail.

3. Se você estiver armazenando fotos feitas com uma câmera digital, mantenha o número original atribuído pela câmera com o título. Por exemplo, se a foto de uma boina for identificada como "DSCN12345" pela câmera, nomeie-a como "Bluebonnet DSCN12345". Assim, se fizer alterações na imagem e, posteriormente, quiser retornar para o original, poderá pesquisar "DSCN12345".

Ferramentas de gerenciamento da imagem digital

Mesmo que você organize muito sua coleção fazendo todas as coisas mencionadas anteriormente, se sua coleção de imagens ficar grande, precisará de um gerenciador de imagens para controlar todas as fotos. Felizmente, vários programas excelentes que estão agora disponíveis não só podem classificar e gerenciar suas imagens, como também podem fazer outras coisas legais.

Capacidade das palavras-chave

O modo como a maioria dos gerenciadores de imagem trabalha é para o usuário atribuir palavras-chave às imagens quando são catalogadas. Quando uma certa imagem ou grupo de imagens são desejados, você fornecerá as palavras-chave que deseja pesquisar e o catálogo exibirá visualmente os resultados dessa pesquisa. A Figura 12-4 mostra os resultados de uma pesquisa para as palavras-chave no Adobe Photoshop Album. Nessa pesquisa, procurei as palavras-chave "Texas" e "Leaf". Se você ler o início da exibição, há 16 itens que coincidiram e 3.331 imagens que não.

Você poderá atribuir diversas palavras-chave a uma imagem dependendo do que ela contenha. Se for novo para os gerenciadores de imagem e com o trabalho com palavras-chave, tenho algumas sugestões. A foto mostrada na Figura 12-5 é uma foto do Chicago Theater. Ao atribuir palavras-chave, procure palavras que possam ser usadas posteriormente para localizá-las.

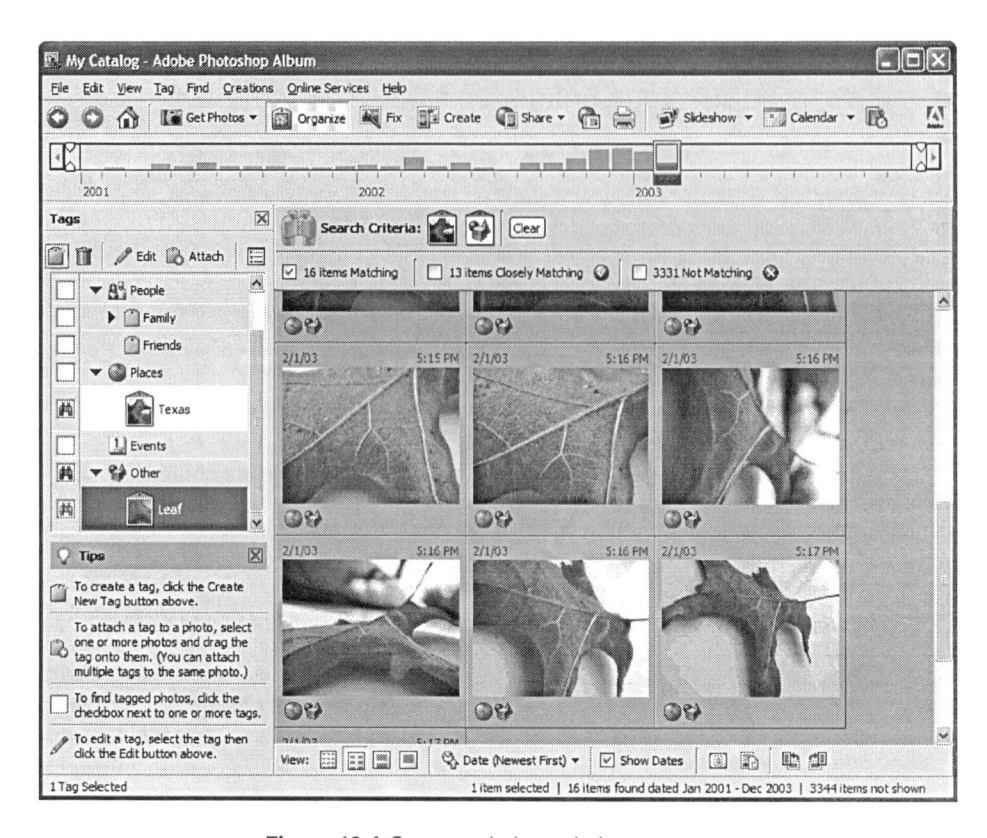

Figura 12-4 Os gerenciadores de imagem como o Photoshop Album podem localizar as imagens instantaneamente.

As opções óbvias para as palavras-chave são "Chicago", "teatro", "marquise" e "prédio". Outras opções menos óbvias são "exterior", "filme" e "histórico". Não tente ver quantas palavras podem ser atribuídas, porque levará mais tempo para catalogar. Ter muitas palavras atribuídas poderá também resultar em acessos excessivos durante uma pesquisa. Os exemplos de palavras-chave que são questionáveis incluem "luzes" (na marquise), "azul" e "vermelho" (cores na marquise). A maioria dos gerenciadores de imagem permite adicionar palavras-chave a uma lista-mestre. Usar uma lista-mestre de palavras-chave permitirá verificar se você não fornece variações da mesma palavra-chave. Por exemplo, se quatro palavras-chave diferentes forem usadas para o mesmo assunto – "grama", "gramas", "Grama" e "Gramas" – mesmo que sejam sobre o mesmo assunto, o mecanismo de busca no gerenciador de imagens que pesquisa a palavra "grama" (uma variedade de gramado) poderá não encontrar todas.

Capítulo 12 – Como organizar suas fotos | 193

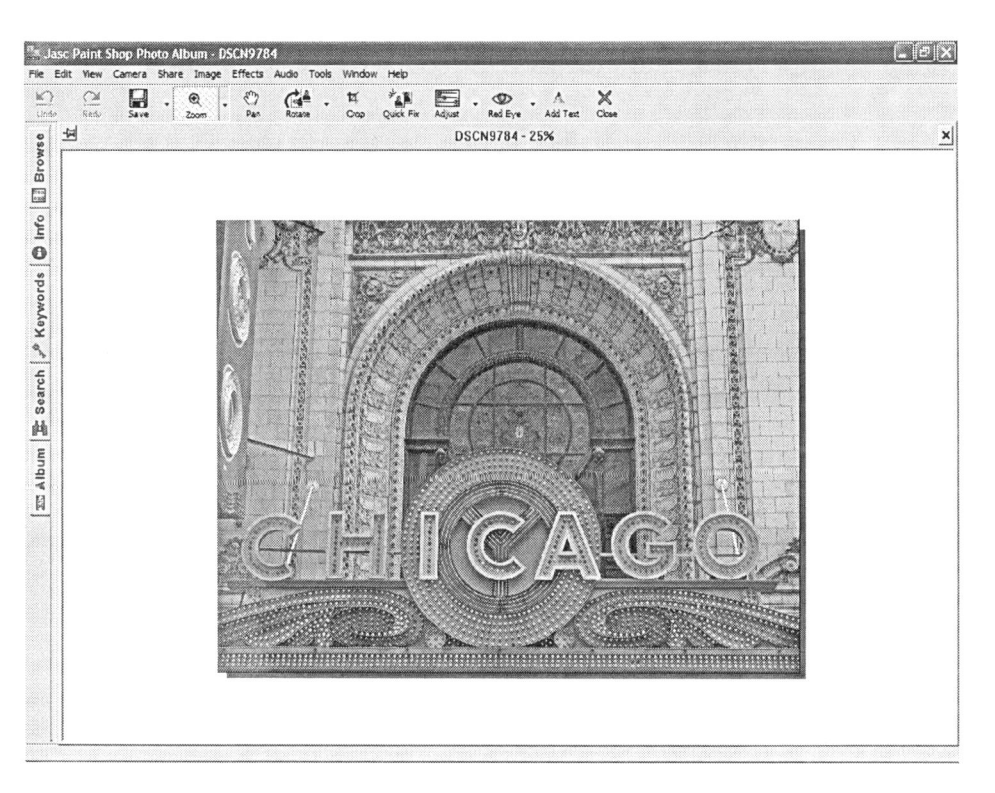

Figura 12-5 Escolher as melhores palavras-chave
(não a maioria) é essencial para o gerenciamento da imagem.

Gerenciamento da imagem – Muitas opções

Você pode comprar muitos gerenciadores de imagem, mas há quatro programas maiores de gerenciamento de imagem. Dois deles, Jasc Paint Shop Album 4 e Adobe Photoshop Album, são novos. Os outros dois, Portfolio da Extensis e Cumulus da Canto, existem há algum tempo. Muitos programas de gerenciamento de imagem shareware, alguns tendo seguidores dedicados, também estão disponíveis. Sou um pouco preconceituoso quanto a esses programas. Há alguns anos, eu estava usando um dos mais populares para girar algumas imagens que tinha em uma pasta. Mais tarde, descobri que o programa tinha cortado as imagens quando as girou – era uma pessoa que acampa muito infeliz. Com os dois gerenciadores de imagem mais novos custando menos de $50, não posso ver nenhuma razão para ficar com o shareware. Mas é apenas minha opinião. Vejamos os quatro programas que já mencionei e consideremos as vantagens de cada um.

Duas categorias gerais de gerenciadores de imagem

Os gerenciadores de imagem, chamados oficialmente de aplicações Digital Asset Management (DAM) embora poucas pessoas usem esse termo, podem ser divididos mais ou menos em duas categorias – profissional e consumidor. Refiro-me ao Canto Cumulus e ao Extensis Portfolio como produtos profissionais porque têm ferramentas de compartilhamento da rede e de arquivos fortes. Os dois produtos de álbum são destinados claramente para os consumidores – o que não os torna gerenciadores de imagem menores.

Canto Cumulus – Uma escolha profissional

O produto que tem existido por mais tempo é o Cumulus da Canto (www.canto.com). Ele tem três edições – Single User, Workgroup e Enterprise – para o Mac e o PC. A edição para o usuário, mostrada em seguida, custa em torno de $100 e é uma ferramenta de gerenciamento de imagem poderosa. Mas não é o programa mais fácil de aprender a usar.

Uma versão de avaliação gratuita está disponível para o carregamento. Como mostrado na Figura 12-6, é uma cópia cheia de recursos de seu programa, exceto pelo limite no número máximo de registros. Diferente dos outros gerenciadores de imagem, o Cumulus não usa a atribuição típica de palavras-chave para catalogar as imagens; ao contrário, ele usa uma estrutura hierárquica que envolve colocar as fotos em categorias. O resultado final é o mesmo, mas apenas queria avisar sobre isso caso você use sua versão de carregamento gratuito e tente encontrar a palavra-chave do termo. A vantagem do Cumulus é seu fluxo de trabalho poderoso e sua capacidade de gerenciamento de arquivos de rede. Esses recursos têm um preço, pois as versões Workgroup e Enterprise do programa mais todos os complementos adicionais representam um investimento relativamente grande.

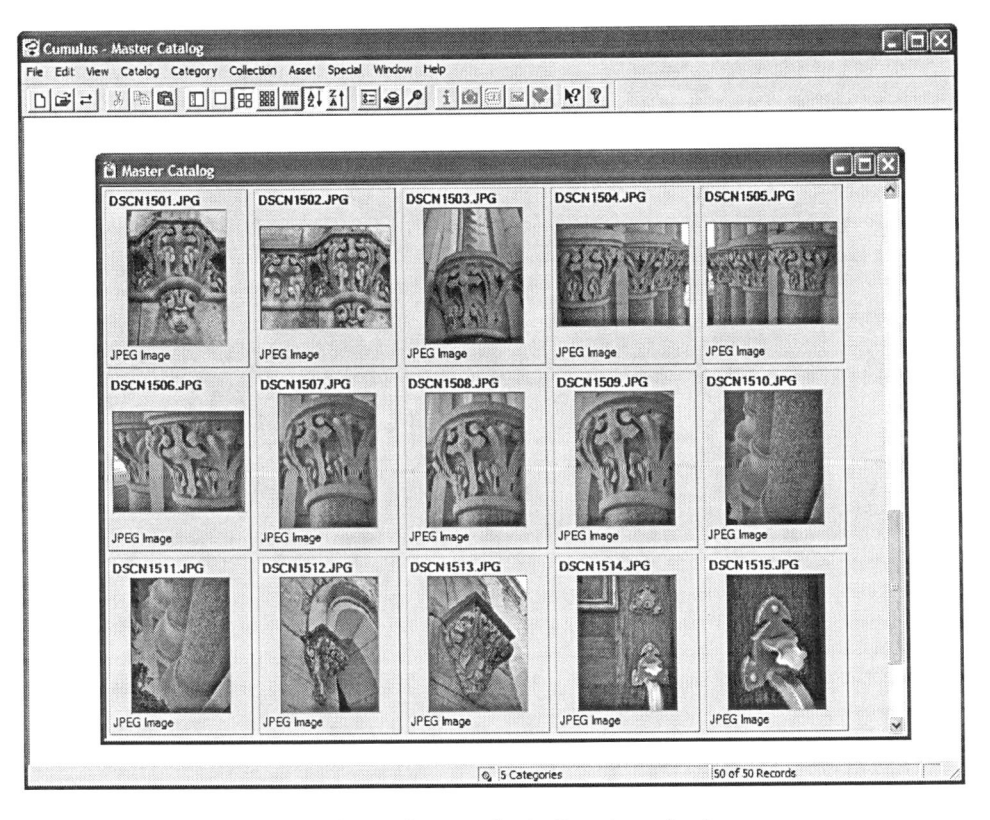

Figura 12-6 Um catálogo no Canto Cumulus exibe imagens.

Extensis Portfolio 6

O Extensis Portfolio 6 é um programa de gerenciamento de imagem poderoso que suporta Macs e PCs. Permite que você crie automaticamente catálogos de imagem e atribua palavras-chave em massa – uma economia de tempo real. Assim que as imagens estiverem no catálogo, o Portfolio, mostrado em seguida, permitirá a um usuário pesquisar pela palavra-chave, visualmente ou ambos. Um recurso chamado FolderSync permite mover, copiar ou apagar os arquivos de dentro do Portfolio e – eis a melhor parte – o Portfolio controla as imagens para que o catálogo esteja sempre sincronizado com o local dos arquivos reais. Isso significa que, quando a imagem for movida para um novo local, o programa saberá e irá controlá-la.

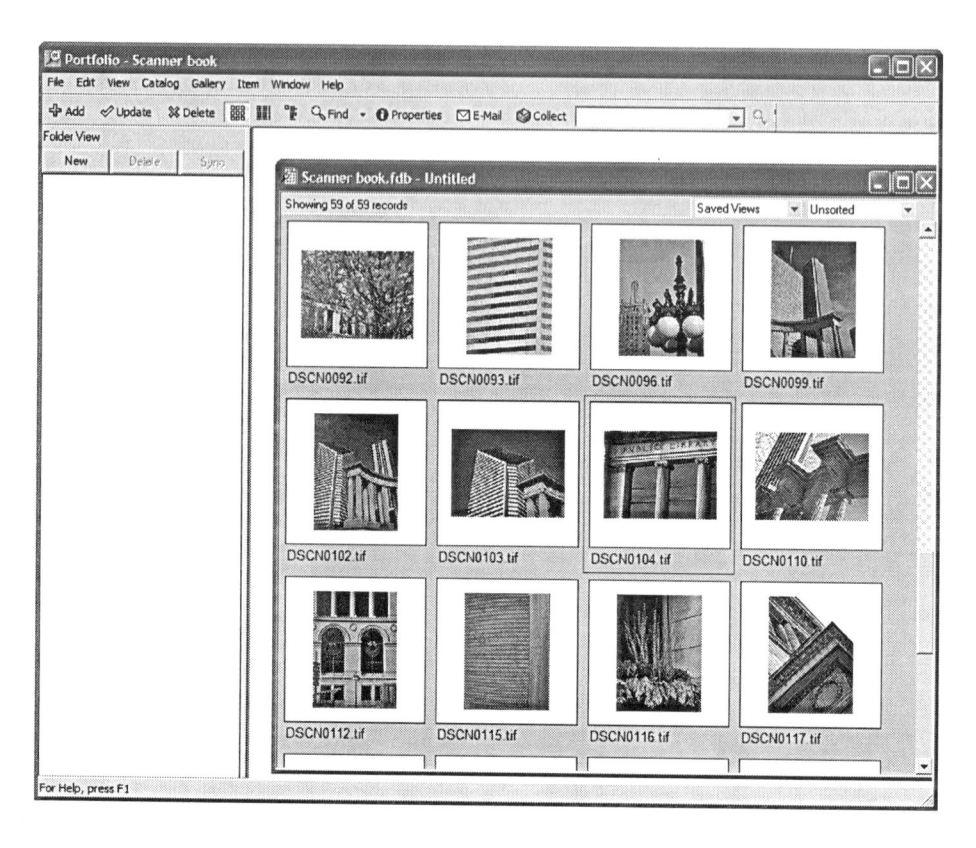

Meu recurso favorito é o Portfolio Express Palette, que fica pronto enquanto você está no Photoshop (ou qualquer outra aplicação). Quando precisar de uma imagem, você abrirá a palheta (ainda em seu editor de imagens) e terá acesso a tudo nos catálogos Portfolio. É um programa com muitos recursos que está na mesma categoria do Canto Cumulus e custa $200. Se você tiver necessidades profissionais e quiser um programa que não tenha um aprendizado difícil, essa será uma boa escolha.

Programas diferentes, mesmo nome

Uma ironia deliciosa ocorreu este ano quando a Adobe anunciou seu novo programa de gerenciamento de imagem chamado Photoshop Album quase no mesmo momento em que a Jasc anunciou a versão mais recente e renomeada de seu programa de gerenciamento de imagem, Paint Shop Photo Album 4. Uma das partes engraçadas de ser autor é ser capaz de falar com as pessoas que trabalham muito para criar esses programas. Especialmente quando cada uma descobriu que a outra tinha denominado seu produto como "Album". Surpresa total. Voltemos ao que interessa.

Capítulo 12 – Como organizar suas fotos | **197**

Nenhum programa oferece uma versão Mac, que é uma grande surpresa, particularmente para um programa da Adobe. Ambos os programas oferecem o gerenciamento da imagem e um aperfeiçoamento limitado da imagem. E mais, cada um tem recursos exclusivos que vão bem além do gerenciamento da imagem. Agora a melhor parte – ambos são vendidos por $50.

Jasc Paint Shop Photo Album 4

Além das ferramentas de gerenciamento da imagem, o Paint Shop Photo Album oferece a capacidade de criar exibições de slides em CDs de vídeo que podem ser exibidos com o DVD player, que é uma ótima maneira de compartilhar fotos. Um dos ótimos recursos neste programa é um assistente de ajuste da imagem (Figura 12-7) que fornece um modo de melhorar as fotografias com ferramentas de recorte e ajuste de fotos fáceis de usar e aperfeiçoar as fotos com efeitos especiais.

Você poderá atribuir palavras-chave facilmente às imagens com este programa. Depois de adicionar a palavra-chave à esquerda, precisará apenas selecionar a(s) imagem(ns) no catálogo e então clicar nas palavras-chave que deseja atribuir às fotos, como apresentado em seguida.

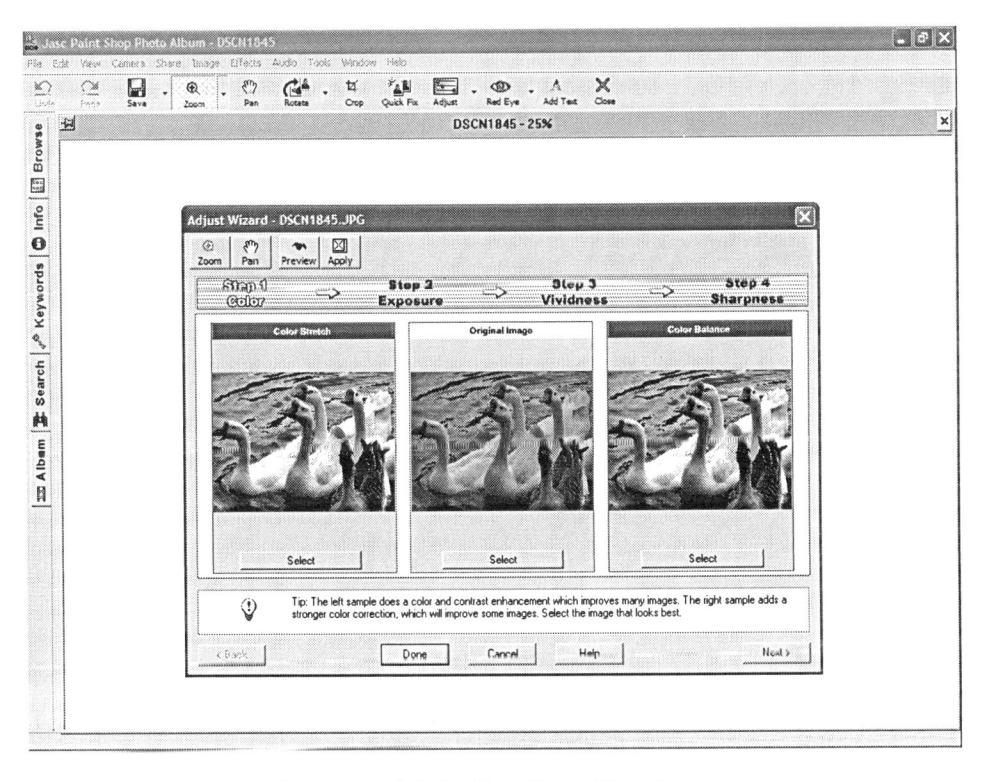

Figura 12-7 O Paint Shop Photo Album fornece um aperfeiçoamento da imagem e o gerenciamento de imagens.

Adobe Photoshop Album

O Adobe Photoshop Album é outra ótima ferramenta de gerenciamento de imagem que tem muitos recursos adicionais. O único recurso exclusivo do Photoshop Album é a linha do tempo localizada abaixo da barra de menus (veja a próxima ilustração). Ela permite percorrer a linha do tempo do ano ou parte do ano que contém as imagens desejadas.

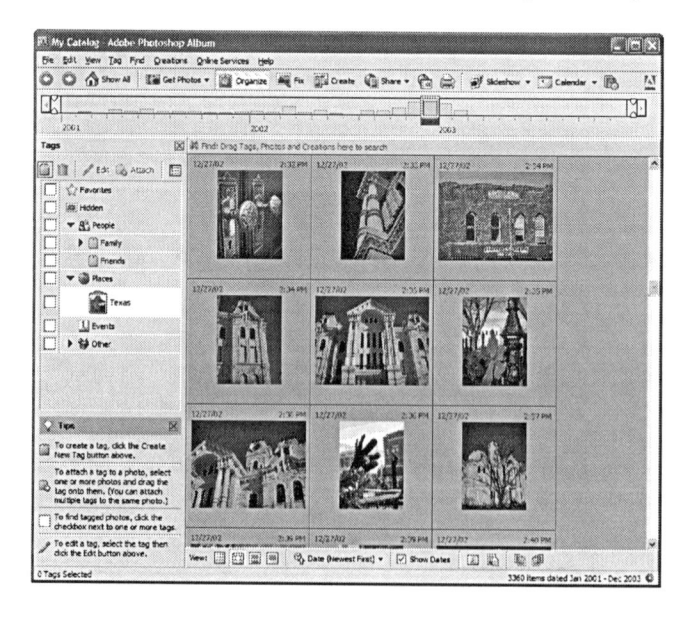

Capítulo 12 – Como organizar suas fotos | 199

Como no Paint Shop Photo Album, as ferramentas de aperfeiçoamento da imagem mostradas em seguida podem lidar com uma boa quantidade das necessidades de ajuste da imagem e de correção da maioria das fotos. Se esse programa tem um ponto fraco, é a capacidade da palavra-chave que parece limitada por alguém que está tentando controlar um grande número de fotos. Com exceção disso, é realmente um programa cheio de recursos.

Portanto, qual você deve comprar? Todas estão disponíveis para o carregamento, portanto minha recomendação é experimentá-las e ver qual funciona melhor para você.

Agora que vimos o gerenciamento da imagem, no próximo capítulo aprenderemos muito sobre os editores de imagem.

Capítulo 13

Como selecionar e usar editores de foto

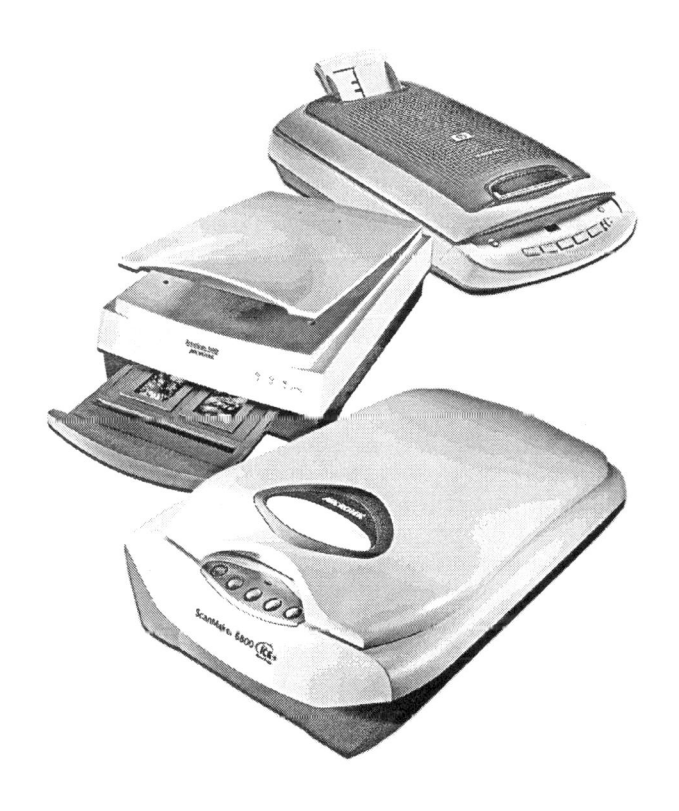

Como...

- Avaliar as diferenças entre os editores de foto
- Selecionar a melhor aplicação do editor de fotos para você
- Compreender o editor de fotos comum e as ferramentas do scanner
- Ler e avaliar um histograma

Não importa o quanto bom pode ser seu scanner, é apenas um dispositivo de entrada que, se usado devidamente, irá reproduzir com fidelidade a fotografia ou imagem original que você está digitalizando – defeitos e tudo. Depois de ter feito tudo que pode fazer com seu scanner, poderá conseguir o resto do serviço fazendo com que as imagens digitalizadas pareçam o melhor possível usando uma aplicação de edição de fotos. Neste capítulo, veremos alguns dos programas de edição de foto mais populares que você poderá usar com seu scanner e suas vantagens e desvantagens relativas – se houver.

Qual editor de fotos é melhor para você?

Neste capítulo, veremos rapidamente as cinco melhores das possivelmente 30 aplicações mais populares no mercado. Só porque seu editor não é mencionado neste capítulo não significa que não é bom. Ao contrário, como um programa de edição de fotos está entre os cinco não significa necessariamente que é o melhor. Com exceção das aplicações Microsoft Picture it!, poderá carregar cópias de avaliação desses programas, permitindo que veja qual funciona melhor para você.

> **Dica**
> Se você estiver satisfeito com seu editor de fotos atual – fique com ele. Embora um programa diferente possa parecer mais atraente, considere o tempo que levará para aprender a usar um novo programa.

O Photoshop é o rei – Mas você precisa de um rei?

Para os programas de edição de fotos, o padrão da indústria é o Photoshop da Adobe. É o programa escolhido para os editores de fotos profissionais e ilustradores para criar, ajustar e corrigir fotografias e outras imagens reais e imaginárias. As tarefas que podem ser feitas com o Photoshop variam desde a correção simples da cor de fotografias até comerciais e filmes que apresentam animais conversando e exibindo movimentos e ações humanos. O Photoshop (Figura 13-1) é um programa profissional que também apresenta um preço profissional. Na época da escrita deste livro, a versão atual do Photoshop estava sendo vendida na Internet por mais ou menos $600.

Você sabia?

A diferença entre editor de imagem, de foto e de mapa de bits

A maior diferença entre essas aplicações é o nome. São todos, pela definição estrita, editores de mapa de bits. Se você o chama de editor de foto ou de editor de mapa de bits, o programa faz a mesma coisa: manipula os pixels da imagem. Algumas aplicações da imagem têm recursos exclusivos que são projetados especificamente para trabalhar com câmeras digitais e fotografias. Mesmo com recursos extras, esses programas podem ainda ser chamados perfeitamente de editores de imagem.

Até há alguns anos, o Photoshop era a única escolha real para uma edição de fotos com qualidade. Alguns outros programas ofereciam ferramentas parecidas com as encontradas no Photoshop, mas o consumidor realmente não tinha muita escolha neste sentido.

Figura 13-1 O Photoshop se tornou o padrão da indústria.

Prós e contras do Photoshop

As vantagens de usar o Photoshop são muitas. O seguinte lista apenas algumas delas:
- Mais de 100 livros impressos sobre o Photoshop cobrem uma grande faixa de tópicos. Se você não puder encontrar um título Photoshop que descreve o que deseja fazer com o programa, não está tentando.
- Muitas aulas, conferências e workshops explicam como usar o Photoshop.
- Muitas empresas oferecem produtos para usar com o Photoshop.

A principal desvantagem do Photoshop é seu custo. Outro problema em potencial que se apresenta para muitos usuários novos do Photoshop é que o programa pode ser um pouco intimidador de aprender.

O Photoshop é certo para você?

É uma decisão fácil. Duas categorias de pessoas deverão usar ou usarão o Photoshop. Os profissionais gráficos como ilustradores, fotógrafos e outras pessoas têm de usar esse programa, uma vez que é considerado o padrão de seu negócio. Independentemente do quanto pode ser boa e cheia de recursos outra aplicação de edição de fotos, muitos bureaus e outras organizações aceitarão apenas o trabalho feito com o Photoshop. Não é justo, mas é como acontece. A outra categoria é composta por aqueles que sempre compram o melhor produto e mais caro independentemente de ser necessário. Se você não ficar em uma dessas categorias, veremos em seguida algumas excelentes alternativas para o Photoshop que não custam mais que seu computador.

Muitas alternativas para o Photoshop

Um grande número de programas considerados editores de fotos está no mercado atualmente. Seria impossível listá-los, portanto listei os quatro melhores editores de foto (com base na participação do mercado) diferentes do Photoshop. Na época da escrita deste livro, eram (na ordem da maior participação do mercado):
- Photoshop Elements
- Picture It! Digital Image
- Paint Shop Pro
- PhotoImpact

Photoshop Elements

Como o nome implica, o Photoshop Elements (mostrado em seguida) é uma versão do Adobe Photoshop sem o alto preço. Na primeira vez em que fiquei sabendo da existência do Elements, supus que era uma versão limitada do Photoshop – estava errado. É uma versão do Photoshop otimizada para o fotógrafo digital ou ilustrador gráfico semiprofissional.

A maioria das ferramentas importantes do Photoshop necessárias para a edição e o retoque das fotos foi mantida nesta versão de baixo custo, inclusive o suporte do filtro de extensão. (As extensões serão explicadas posteriormente neste capítulo na seção "Filtros de extensão do Photoshop".) O que não está no Photoshop Elements são as ferramentas necessárias para fazer o trabalho de pré-impressão, ou seja, o suporte para as imagens CMYK, suporte de vetores e caminhos em uma imagem e muitos outros. Em minha opinião, o Elements é mais poderoso que o editor de imagem médio enviado com as câmeras digitais ou scanners. Você pode usar o Elements para capturar imagens paradas a partir de vários formatos de vídeo, inclusive o QuickTime, MPEG, AVI e Windows Media. Como seu irmão maior, o Photoshop, o Elements fornece a capacidade de percorrer as pequenas imagens, que incluem uma visualização da imagem, assim como de seu tamanho e tipo.

As imagens fornecidas podem ser aumentadas, distorcidas, corrigidas ou combinadas em panoramas (Figura 13-2) pela ferramenta de costura PhotoMerge, predefinida do Elements. O Elements também trabalha bem como um gerenciador de arquivos, seu novo recurso de processamento em lote que permite aos usuários fazerem as mesmas alterações em diversas imagens. As opções de saída são muitas, inclusive redimensionar e anexar automaticamente fotos a mensagens de e-mail com um único clique, imprimir imagens ou gravá-las em um formato Web menor e, então, transferi-las para a Internet. Além dessas ferramentas típicas, os usuários de Elements podem criar exibições de slides de imagens no formato PDF que pode ser exibido em PDAs assim como em outros PCs.

Figura 13-2 Este panorama foi feito a partir de várias fotos usando o Photoshop Elements.

Este programa é vendido por mais ou menos $100 e com descontos ou outras ofertas promocionais podem geralmente ser obtidas por mais ou menos $70. Uma versão de avaliação cheia de recursos que funcionará por 30 dias pode ser carregada a partir de www.adobe.com sem nenhum custo. Naquela época, o Photoshop Elements 2.0 estava no mercado por cerca de seis meses e o programa Photoshop Elements original podia ser obtido on-line por um preço muito barato, que era bom se você tivesse um orçamento realmente apertado, uma vez que as diferenças entre a versão original e a versão 2.0 não são tão significativas. Cerca de 35 livros estão impressos para o Photoshop Elements, inclusive o meu *Adobe Photoshop Elements 2: 50 Ways to Create Cool Pictures* (encalhado sem nenhuma vergonha).

Prós e contras do Photoshop Elements

As vantagens de usar o Photoshop Elements são muitas. A seguir, listo apenas algumas delas:
- Muitas ferramentas no Elements são as mesmas no Photoshop.
- O Elements aceita a maioria dos filtros de extensão do Photoshop.

Se há uma desvantagem para esse programa, não a descobri. Sinto falta de algumas ferramentas/comandos do Photoshop que não estão disponíveis no Elements, mas, com exceção disso, é uma ótima compra.

Microsoft Picture It! Digital Image

A versão do Picture It! Digital Image Pro 7.0 (mostrada em seguida) é a versão mais recente e avançada de uma família de editores de imagem Picture It!. A Microsoft introduziu a aplicação há vários anos e trabalhou muito para posicionar o produto no mercado. Há três versões deste programa. Se você precisar apenas de um editor de imagem com recursos mínimos para remover o olho vermelho das fotos ou criar um álbum de fotos simples, a Microsoft tem duas versões juniores do programa – Picture It! Photo ($35) ou Photo Premium ($55). A versão do programa com mais recursos é o Picture It! Digital Imagem Pro 7.0 (embora você não veja "7.0" na caixa) e inclui os recursos de edição de fotos padrões, como ser capaz de remover o olho vermelho; ajustar o brilho, contraste e nitidez; cortar em uma área específica etc. Como no Photoshop Elements, os filtros predefinidos podem ser usados para aplicar, como um pintor, efeitos como lápis, carvão, aquarela e as extensões Photoshop são suportadas.

Na época da escrita deste livro, apenas um livro de terceiros estava disponível para este programa e é o único dos quatro editores de foto que estamos vendo neste capítulo que não tem uma versão carregável para experimentar. A razão para ser o número dois neste mercado é porque é fabricado pela Microsoft... é tudo.

Prós e contras do Picture It! Digital Image Pro 7.0

A maior desvantagem é que você não pode acessar praticamente nenhum livro de terceiros e poucos sites da Web para obter suporte e idéias. Essa escassez combinada com a falta de uma versão de avaliação carregável tornam o Picture It! Digital Image Pro 7.0 a opção menos atraente dos editores que estamos vendo neste capítulo.

Jasc Paint Shop Pro 8

Voltando à época em que os únicos programas de edição de imagem eram grandes e caros, o Paint Shop Pro (PSP) iniciou-se como um programa shareware criado por uma empresa em Minnesota, chamada Jasc. O programa tornou-se tão popular que não levou muito tempo para a Jasc decidir que poderia lançar o programa como um produto avulso. Com os anos, o PSP reuniu uma enorme base de usuários e tornou-se um dos pacotes de edição de imagens mais populares no mundo.

Quando eu estava escrevendo isto, a versão 8 estava no teste beta. Os recursos PSP incluem um aperfeiçoamento automático, que ajusta o equilíbrio da cor, brilho, saturação e matiz para melhorar a qualidade da imagem com um único clique. Também tem filtros para a remoção da ruído, arranhão e poeira e a remoção automática do olho vermelho. O Paint Shop Pro tem ferramentas de desenho baseadas em vetores que permitem ao usuário criar formas e outros elementos que são independentes da resolução (significando que sempre ficarão nítidas e claras quando impressas).

Seu custo está na categoria dos $100 e você pode carregar uma cópia de avaliação gratuita em seu site da web www.jasc.com.

Capítulo 13 – Como selecionar e usar editores de foto | **209**

Prós e contras do Paint Shop Pro da Jasc

Como o Elements, este é realmente um programa popular que é usado para uma grande variedade de aplicações. Como existe por um bom tempo, oferece mais sites da Web com idéias criativas e tutoriais do que você pode contar. A seguir, listo apenas algumas antagens:

- Como não está relacionado geneticamente com o Photoshop, o Paint Shop Pro tem uma grande coleção de filtros fotográficos predefinidos únicos não encontrados em outros editores de imagem.
- Mais de 24 livros estão impressos sobre o produto, inclusive meu livro *How to Do Everything with Paint Shop Pro 8* (e outro encalhe sem nenhuma vergonha).
- De todos os editores nesta faixa de preço, o Paint Shop Pro tem o maior número de sites da Web dedicados ao produto.
- O Paint Shop Pro aceita a maioria dos filtros de extensão do Photoshop.

Como o Photoshop Elements, este programa quase não tem nenhuma desvantagem. Carregue o programa e lide com ele, você irá adorá-lo.

Ulead PhotoImpact 8

O Ulead PhotoImpact 8 é um editor de fotos baseado em consumidores que tem a maioria dos enfeites encontrados nos outros editores de foto, inclusive o suporte dos filtros de extensão. Este programa tem muitos recursos interessantes e criativos. Também inclui vários recursos de aperfeiçoamento automáticos para os ajustes comuns como o foco, contraste, brilho, matiz, saturação e tons. Também tem uma longa história no sentido de que a empresa que o fabricou criou um dos primeiros programas que tentaram desafiar o Adobe Photoshop. A Ulead continua a melhorar este programa em cada versão. O PhotoImpact (mostrado em seguida) é vendido por mais ou menos $90 e você pode carregar uma cópia de avaliação em www.ulead.com.

Prós e contras do PhotoImpact 8 da Ulead

O PhotoImpact 8 continua a melhorar em cada versão, mas é um editor de imagem que ainda está tentando alcançar os produtos Adobe e Jasc.

- Tem alguns filtros criativos e únicos não encontrados em outros programas.
- Há sete livros de terceiros sobre como usar o produto.
- Aceita a maioria dos filtros de extensão Photoshop.

O único limite neste programa que precisa ser mencionado é sua capacidade limitada de trabalhar com arquivos de imagem grandes. Ele fica realmente lento ao trabalhar em arquivos de imagem que têm mais de 5MB, portanto, se você for trabalhar com imagens grandes ou estiver usando uma câmera digital que tenha um sensor de imagem maior que 3MB, poderá preferir o Paint Shop Pro da Jasc ou o Photoshop Elements.

Ferramentas de edição de fotos e conceitos

Independentemente do programa de edição de imagens que você usa, todos têm ferramentas, termos e técnicas em comum. A maioria das ferramentas encontradas nos editores de imagem também é encontrada e funciona como suas correspondentes em seu software de digitalização. Nas seções seguintes aprenderemos sobre elas e, no Capítulo 14, mostraremos como usá-las para fazer com que suas digitalizações fiquem ainda melhores. Começaremos com uma das ferramentas mais importantes – a ferramenta Crop (Recortar).

A capacidade da ferramenta Crop

Em geral, as pessoas não pensam em recortar suas fotos digitalizadas por causa do sentimento bobo de que queremos manter tudo que está nela. A verdade é que a maioria das fotografias é muito melhorada removendo parte da cena que distrai o observador. O recorte é feito quando a imagem é digitalizada (o melhor momento) ou usando a ferramenta Crop; sua operação é bem óbvia. A parte que requer julgamento de seu lado é o que recortar e o que deixar. A Figura 13-3 mostra como o recorte pode melhorar uma fotografia.

As ferramentas Crop quase sempre são universais no modo como operam. O equivalente da ferramenta Crop em seu software de digitalização é a seleção feita durante a visualização. Depois de selecionar a ferramenta, você arrastará na diagonal para criar um retângulo que incorporará a área que deseja preservar, como mostrado em seguida.

Figura 13-3 A composição da foto original (esquerda) é melhorada (direita) usando a ferramenta Crop.

Linhas de seleção do recorte

Neste ponto, você pode usar seu mouse para mover as linhas que definem a área recortada até que estejam na posição desejada. Muitos programas com os quais trabalhei escurecia a área fora da área recortada para que você pudesse ver como ficava o recorte resultante, como na foto anterior. Geralmente, clicar duas vezes ou pressionar ENTER completa o recorte, e pressionar ESC cancela a operação. No próximo capítulo, aprenderemos mais sobre os modos de avaliar uma foto e melhorar sua composição com a ferramenta Crop.

Como isolar as áreas de uma foto

Um dos ótimos recursos dos programas de edição de fotos são as ferramentas que permitem selecionar as áreas nas quais os efeitos e as correções são aplicados. Nenhuma ferramenta de digitalização equivalente existe. Essas ferramentas variam desde a criação de formas geométricas simples como círculos e retângulos, até formas irregulares personalizadas como sua Tia Petunia. Embora cada programa de edição de imagens tenha seu próprio jargão para descrever suas ferramentas específicas, a maioria deles emprega os termos usados no Adobe Photoshop.

As ferramentas usadas para definir uma área são chamadas de *ferramentas de seleção* e a área que definem é chamada de *seleção*. A área criada por uma linha composta por uma série de pontos piscando preto e branco, comumente referida como "formigas em marcha" é chamada de modo mais correto de *contorno*. A área fora da área selecionada indicada pelo contorno é protegida contra qualquer efeito aplicado na imagem. Na Figura 13-4, fiz uma seleção quadrada, inverti-a e, depois, a pintei com uma ferramenta de aerógrafo no Paint Shop Pro 8.

Se tudo em nosso mundo tivesse uma forma geométrica, os programas de edição de imagens só precisariam de ferramentas de seleção que fizessem círculos e quadrados. No mundo real, as formas são muito mais complexas. Para fazer essas seleções irregulares, você poderá usar *ferramentas de seleção à mão livre*. Essas ferramentas permitem fazer seleções como as mostradas em seguida. A noiva estava tendo um excelente reflexo da parede da igreja, mas acabei com um grupo de crianças no fundo muito exposto. Com a ferramenta de seleção à mão livre, criei uma seleção em torno dela.

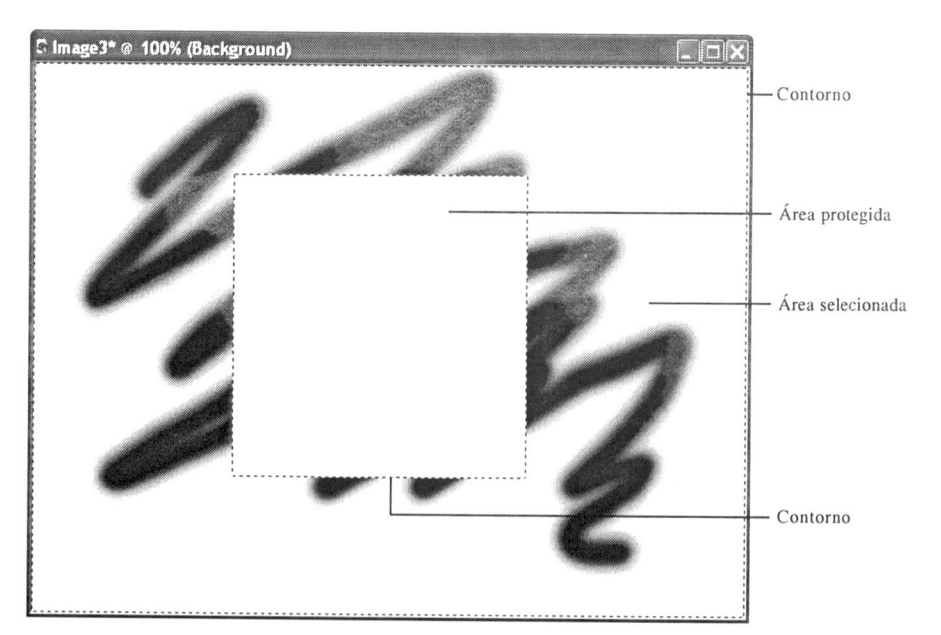

Figura 13-4 *A área fora da área selecionada é protegida contra os efeitos.*

Capítulo 13 – Como selecionar e usar editores de foto | **213**

bride with kids and selection.tif @ 86.8% (RGB)

Contorno da seleção à mão livre

As seleções não só permitem isolar partes de uma foto para aplicar seletivamente efeitos e ajustes tonais, mas também permitem copiar as áreas selecionadas e colá-las em outra foto ou na mesma como uma camada para criar uma imagem composta como a mostrada em seguida. Neste exemplo, o padre favorito da noiva (esquerda) foi cortado de uma foto e combinado com ela para produzir a composição mostrada à direita.

Como usar as ferramentas de ajuste da imagem

Independentemente de quem fabrica seu editor de imagens, há duas categorias gerais de ferramentas de ajuste da imagem – tonal e cor – ainda que não sejam chamadas assim. Aprenderemos mais sobre as ferramentas de ajuste da cor no próximo capítulo. As ferramentas de ajuste tonal incluem:

- Contrast (inclui Auto Contrast)
- Brightness
- Histograms (também chamada de Levels, que inclui Auto Levels)
- Curves (também chamada de Tone Curves)

Contrast e Brightness

Essas ferramentas quase sempre estão juntas e funcionam em uma imagem do mesmo modo como funcionam em seu scanner ou no monitor de seu computador. São simples de usar, mas sua utilidade é limitada – que parece muito Zen.

O brilho afeta todos os pixels em sua imagem de maneira idêntica. Se eu tivesse uma imagem como a de Mary (apresentada em seguida) com uma luz de fundo ruim, aumentar o brilho tornará cada pixel na foto mais brilhante – mesmo aqueles que não devem ficar mais brilhantes. Os detalhes que são perdidos na sombra ficam mais visíveis, mas o detalhe nas áreas normais ou muito expostas da foto é perdido quando todos os pixels se tornam um branco sólido (chamado de *queima*).

Quando falamos sobre *contraste*, estamos nos referindo à diferença entre os pixels escuros e claros em uma imagem. Quando você digitaliza uma foto que tem um contraste baixo (algumas vezes chamado de *imagem suave*), a diferença visual entre os pixels claros e escuros não é muita e, portanto, a imagem parece um pouco sem vida, como a mostrada em seguida.

Usando o scanner ou um programa de edição de imagens para aumentar o contraste, você pode tornar os pixels escuros mais escuros e os pixels claros mais brilhantes. Esse ajuste pode, quando aplicado em pequenas quantidades, fazer com que uma foto pareça melhor, como pode ser visto em seguida.

Capítulo 13 – Como selecionar e usar editores de foto | **217**

O perigo de aplicar contraste demais é que o detalhe é perdido quando as sombras ficam mais escuras e as áreas mais brancas queimam. A Figura 13-5 (também uma inserção colorida) à esquerda mostra uma foto de Bárbara, uma trabalhadora incansável em um programa de crianças. Esta foto mostra várias coisas a evitar. Primeiro, as galinhas de borracha e os porcos são acessórios ruins. Quase tão importante é a aplicação de um contraste excessivo (direita) que resulta na perda do detalhe na galinha de borracha (queima) e nas áreas sombreadas como mostrado.

Como usar ferramentas baseadas em histogramas e curvas

Ambos os ajustes descritos anteriormente são chamados de *ferramentas lineares*. São classificadas como lineares porque afetam todos os pixels na imagem do mesmo modo. Mas muitas vezes ao trabalhar com fotos, você poderá querer tornar os pixels mais escuros mais brilhantes, mas sem mudar qualquer outro pixel. As ferramentas que fazem isso são classificadas como *ferramentas de ajuste tonal não lineares*. Para ser capaz de usá-las com eficiência, precisamos saber um pouco sobre um dispositivo com aparência assustadora chamado *histograma*.

Queima   Detalhe perdido nas sombras

Figura 13-5 Um contraste excessivo pode fazer com que o detalhe da imagem seja perdido.

Como aprender a ler um histograma

O que é histograma? É um método de mostrar a distribuição tonal total na imagem. É como se seu scanner ou editor de imagem fosse fazer um censo de todos os pixels em uma imagem e então produzir um gráfico de barras de cada matiz de brilho na imagem. A Figura 13-6 mostra o histograma de uma imagem no Photoshop Elements. O ajuste baseado em histogramas também está disponível na maioria dos softwares do scanner, como a caixa de diálogo de ajuste do software HP Precisionscan, apresentada em seguida.

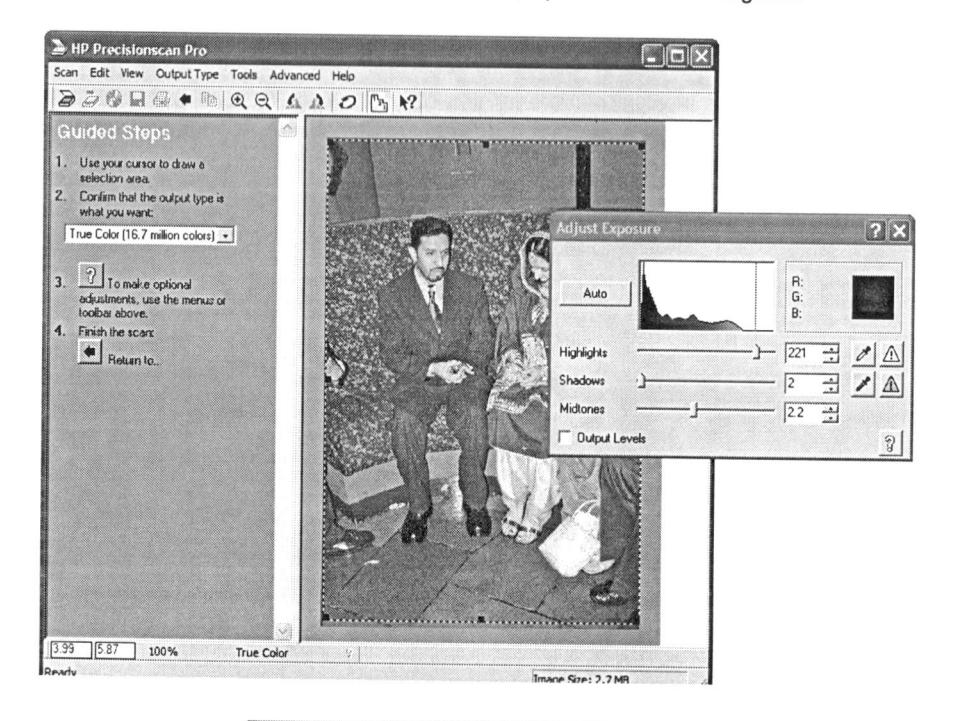

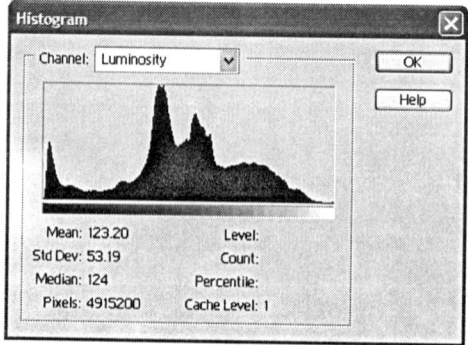

Figura 13-6 Um exemplo de histograma.

Você sabia? O brilho e a luminância são diferentes

Anteriormente, eu disse que os histogramas exibem a distribuição dos pixels com base em seu brilho. A verdade é que os histogramas exibem a *luminância* (não o brilho dos pixels). Qual é a diferença? A luminância é uma medida do modo como o olho humano percebe o brilho das diferentes cores. Nossos olhos são dispositivos maravilhosos que são mais sensíveis a algumas cores e menos a outras. A medida da luminância compensa o olho humano produzindo um valor que representa o brilho percebido para um humano ao invés do brilho calculado a partir da soma matemática do valor do brilho dos pixels. Portanto, agora você sabe a diferença entre brilho e luminância. Algumas pessoas no negócio das artes gráficas discordam muito nessa área de distinção. Em minha opinião, esse fato que você acabou de aprender, quando combinado com um dólar, irá lhe pagar uma xícara de café em qualquer restaurante "fast-food" (supondo que eles cobrem um dólar por uma xícara de café). Sinta-se à vontade para usar os termos alternadamente – é um país livre.

Se sua reação inicial aos histogramas é que eles são um modo complicado demais, não são – apenas parecem ser. Experimentamos exibições visuais complicadas sempre sem perceber. Quando você vir alguns relatórios de ações nos jornais, eles têm gráficos parecidos contendo mais dados ainda, mas com tudo isso, você está interessado em apenas uma coisa: sua ação está subindo ou caindo? Iremos aprender como exibir os histogramas da mesma maneira simplista e descobriremos que podem ser ferramentas muito úteis.

Como aprender a anatomia do histograma

Cada pixel em uma imagem digital tem um valor de luminância entre 0 e 255. Isso significa que cada pixel independentemente de sua cor tem uma possibilidade de ser representado como uma das 256 tonalidades diferentes de brilho. (Veja a seção, "Você sabia? O brilho e a luminância são diferentes", para aprender mais sobre a luminância e o brilho.) O histograma representa graficamente a contagem de pixels de cada possível valor da luminância ou do brilho onde 0 é preto na extremidade esquerda (sombra) do histograma e 255 é o branco (destaque) na extremidade direita do histograma. A altura de cada barra vertical no histograma simplesmente mostra quantos pixels da imagem estão em cada tonalidade de brilho. Eis algumas fotos de amostra e seus histogramas para tornar as coisas mais claras.

A Figura 13-7 mostra uma imagem bem equilibrada exibida na caixa de diálogo Histogram Adjustment (Ajuste do Histograma) do Paint Shop Pro 8. Os pixels são distribuídos igualmente nas três regiões do histograma (sombras, meios-tons e destaques). As pequenas setas abaixo do histograma são chamadas de *ponto preto* (esquerda), *gama* ou *meio-ponto* (centro) e *ponto branco* (direita). Note que, na caixa de diálogos Paint Shop Pro, os três ponteiros de ajuste são chamados de "Low" (Baixo), "Gamma" (Gama) e "High" (Alto). Independentemente do nome atribuído, eles agem para controlar a faixa tonal da imagem. Aprenderemos mais sobre como funcionam no próximo capítulo. Abaixo do gráfico de barras, em muitos histogramas (como o mostrado anteriormente), muitos dados estatísticos são exibidos no histograma de um editor de imagem (não na versão do scanner). Embora os dados pareçam intimidadores, são realmente fáceis de lidar – ignore-os. Eles têm informações valiosas para os profissionais da pré-impressão, mas você não precisa deles. Agora que conhecemos as partes, iremos aprender a ler o gráfico de barras.

> **Nota** *Ter uma distribuição tonal dos pixels em uma imagem não significa que será uma boa foto; significa apenas que ela contém uma grande faixa de tonalidades da imagem.*

A próxima foto (Figura 13-8) é uma que tirei de um posto telegráfico abandonado. Como havia apenas pixels escuros e claros na imagem, com algumas tonalidades intermediárias (se alguma), o histograma (apresentado à direita) mostra apenas uma única área de distribuição tonal.

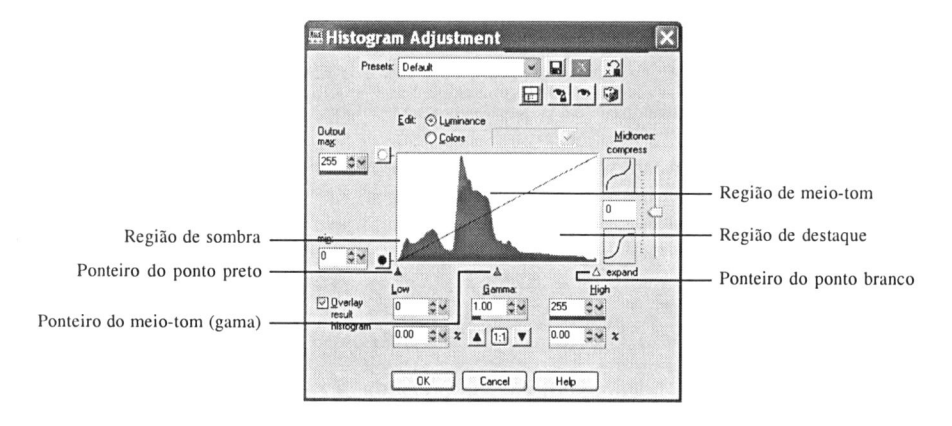

Figura 13-7 *O histograma indica uma distribuição bem equilibrada das informações tonais na fotografia.*

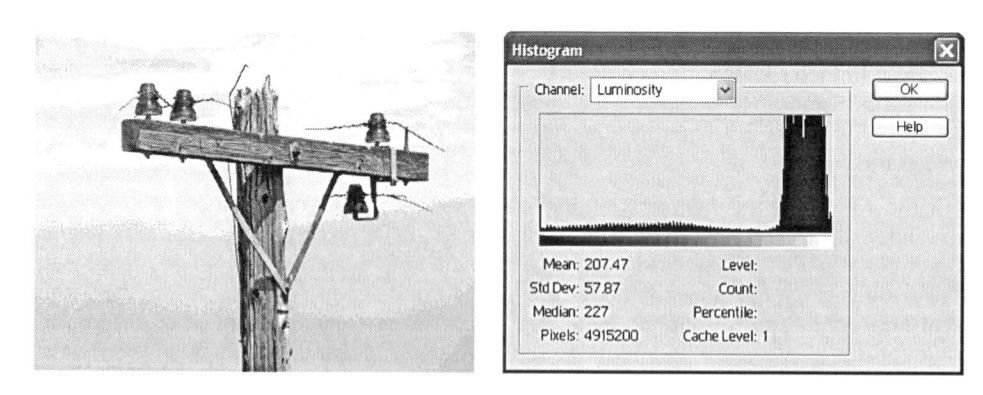

Figura 13-8 *O histograma mostra os pixels concentrados em uma única área.*

Capítulo 13 – Como selecionar e usar editores de foto | 221

Como compreender o que o histograma informa

Se a única coisa que poderia ser aprendida a partir do histograma é se uma imagem está pouco ou muito exporta, então realmente não valeria a pena o esforço de vê-lo. Vejamos alguns exemplos do que pode ser aprendido a partir da interpretação dos histogramas.

> **Você sabia?**
>
> **A importância do histórico de uma imagem**
>
> Ao trabalhar com imagens digitais a partir de uma fonte desconhecida, sempre recomendo ver o histograma da imagem para saber se ela foi manipulada anteriormente. É fundamental quando chegar o momento de aplicar os efeitos e/ou aperfeiçoamentos na imagem. Se uma imagem tiver sido modificada anteriormente (isso não inclui a rotação ou o recorte), ela será menos capaz de aceitar ajustes adicionais. Fazer isso produzirá resultados desagradáveis visualmente como *aspectos artificiais* (pequenas distorções localizadas que aparecem próximas às áreas de alto contraste) ou *posterização* (faixa de cores). Isso é especialmente verdadeiro para uma imagem que se tornou nítida (indicado pelos muitos picos finos e minúsculos no comprimento da curva do histograma). Aplicar uma nitidez adicional a tal imagem criará níveis inaceitáveis de interferência na saída final.

Ao trabalhar com uma fotografia que você não digitalizou, o histograma informará se a imagem foi modificada desde que foi digitalizada ou importada para seu computador. A Figura 13-9 é uma fotografia digitalizada, tirada em Chicago. O histograma ao seu lado é relativamente bem distribuído, porém o mais importante: a curva no histograma é suave.

Depois de aplicar Auto Contrast (Contraste Automático) e alguma nitidez suave na imagem, o histograma parecerá diferente, como apresentado na Figura 13-10. Você notará a aparência de picos minúsculos na curva. Não é ruim, apenas indica que a imagem foi manipulada ou que foi digitalizada em um scanner de qualidade ruim que gerou muita interferência. (A interferência aparece como manchas minúsculas e multicoloridas na imagem.)

Embora Você Não Possa Fazer Muito Com Uma Digitalização Produzida Por Um Scanner Com Interferência, É Importante Saber Se Uma Imagem Foi Manipulada Anteriormente – Veja A Seção, Você Sabia? Anteriormente, A Importância Do Histórico De Uma Imagem.

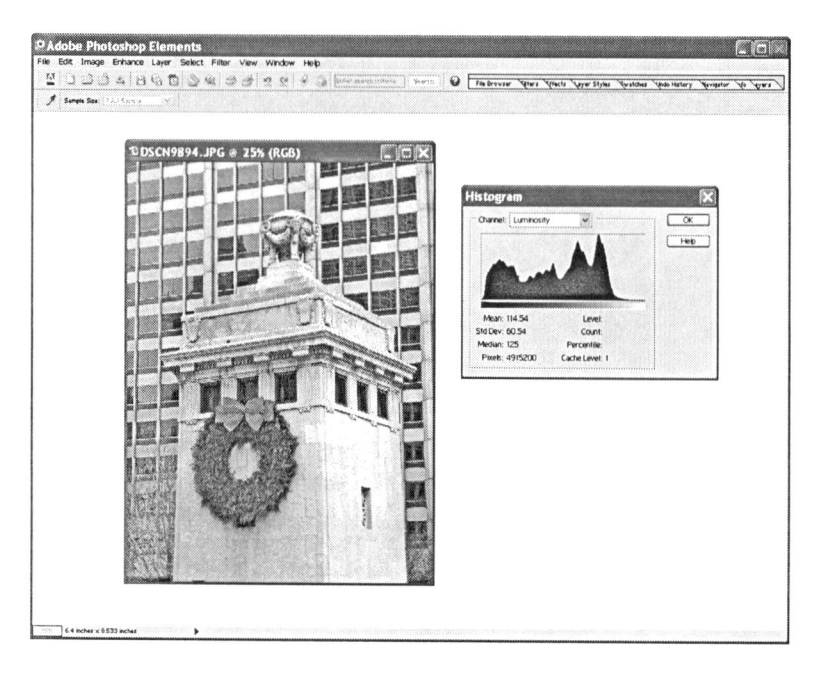

Figura 13-9 Uma imagem não modificada tem uma curva suave para o histograma.

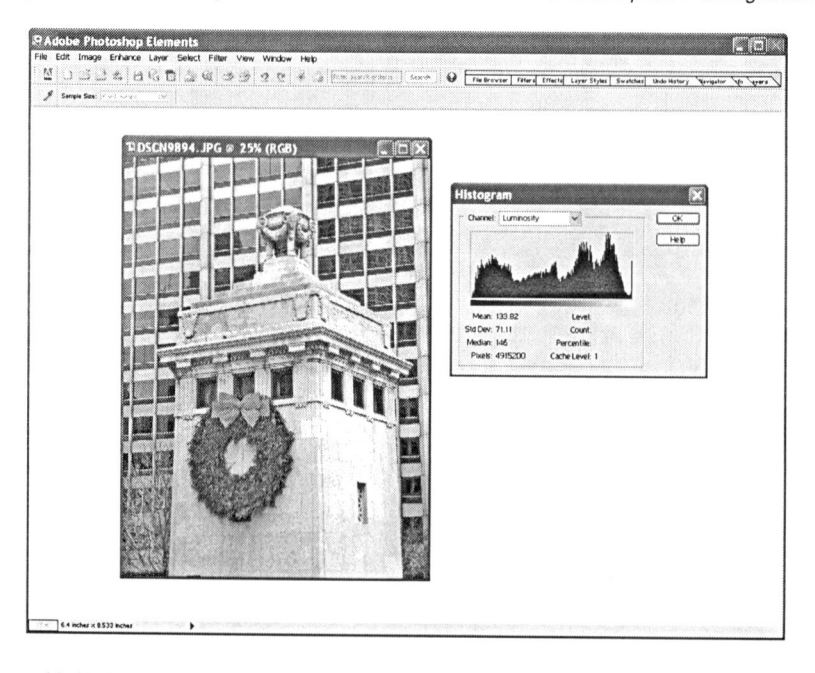

Figura 13-10 A aplicação do ajuste tonal e de efeitos produz uma alteração no histograma.

Outras coisas que os histogramas podem revelar Embora os histogramas sejam ótimos indicadores da saúde geral da imagem, eles poderão também dizer se o detalhe em uma imagem pode ser extraído das sombras. No histograma mostrado em seguida, você notará que a parte de sombra da curva (lado esquerdo) sobe o plano na borda do lado esquerdo do histograma ao invés de se inclinar gentilmente no lado esquerdo, como fizeram alguns outros histogramas que vimos.

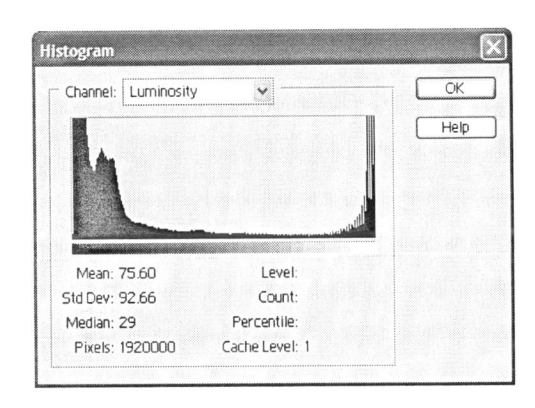

Quando o gráfico vai para a borda (a extremidade da sombra ou do destaque do gráfico), é chamado de *recorte*. Informa que há muitos pixels na imagem que são preto puro ou branco puro (queima). Se muitos pixels da imagem estiverem na região de sombra mas sem muito recorte, haverá uma boa chance de que o detalhe da imagem na foto possa ser recuperado. E a parte de destaque da curva? Não mencionei isso porque, diferente da região de sombra do histograma, você pode ver os detalhes (embora possam estar desgastados) na região de destaque. No próximo capítulo, você aprenderá a usar as ferramentas baseadas em histogramas para extrair os detalhes da região de sombra e também a salvar as imagens muito expostas suavemente.

Como compreender a ferramenta Curve

A ferramenta de curva existe na maioria dos softwares de edição de fotos e dos softwares de digitalização. E a ferramenta escolhida para aplicar rápida e facilmente as alterações tonais em uma imagem. O histograma fornece um visual forte da condição de uma imagem e da ferramenta baseada em histogramas – Levels (Níveis) – mas é difícil controlar a cor com ela. A ferramenta de curva (se seu software de edição de fotos suportar) fornece uma ótima maneira de aplicar ou remover os matizes da cor e corrigir as imagens muito ou pouco expostas suavemente. É uma ferramenta que falta no Photoshop Elements 2 que eu lamento muito.

Estando você a usar a ferramenta de curva (que pode ter nomes diferentes dependendo da aplicação sendo usada) com seu software de digitalização ou com um editor de imagens, ambas funcionarão igualmente. A ferramenta exibe um gráfico (Figura 13-11) da função de transferência (curva de resposta) que mapeia os valores do tom de entrada do scanner ou da imagem (na escala inferior) para os valores do tom de saída correspondentes (na escala esquerda). Quando o scanner lê um valor do tom de entrada na escala inferior, ele o mapeia para um valor do tom de saída na escala esquerda, como ditado pelo gráfico da função de transferência. Não é tão complicado quanto parece. Inclinando a curva, essa ferramenta mapeia de novo seletivamente o tom (brilho) dos pixels que entra para o mesmo nível de brilho ou para um nível diferente de brilho dependendo da curva criada.

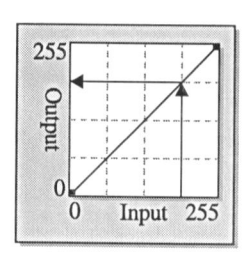

Figura 13-11 A ferramenta de curva parece simples, mas é poderosa.

Para explicar o conceito de como a curva é usada, este exemplo mostra uma curva que foi arrastada para cima a fim de clarear uma foto ligeiramente superexposta. As setas pretas mostram que essa curva foi movida na horizontal no ponto do meio (com o mouse), portanto os dados do ponto do meio agora estão na marca de 1/4. É o mesmo efeito no histograma quando movemos o ponto do meio 128 para ficar na metade, 64. Você pode ver que o ponto de entrada com uma luminância de 25% é transformado em uma luminância de 50% na saída. Clareamos a região de sombras enquanto não queimamos a área de destaques.

Até agora estamos estudando como aplicar a função de curva no RGB Channel (Canal RGB), que é uma composição do RGB. Podemos também aplicar a curva em apenas um canal – apenas azul ou apenas vermelho. Por exemplo, para diminuir as tonalidades azuladas que as câmeras digitais tendem a produzir nos dias ensolarados, ajustar a curva do canal Blue (Azul) para escurecer apenas os tons mais claros deixará os azuis mais escuros e as outras cores não afetadas. Aprenderemos como de fato usar os níveis do histograma e a ferramenta de curva para resolver problemas específicos da foto no próximo capítulo.

Filtros de extensão do Photoshop

Se você usa ou não o Photoshop, a maioria dos editores de imagem analisados neste capítulo oferece suporte para as extensões do Photoshop. Também chamados de *filtros de extensão*, são programas de terceiros que variam desde utilitários, que tornam as tarefas repetitivas mais fáceis, até efeitos especiais fantásticos e extravagantes – como o da Auto FX (Figura 13-12) que faz uma fotografia parecer um quebra-cabeça. A Adobe tem o crédito de projetar esse recurso para o Photoshop há muito tempo. O Photoshop e todos os outros editores de imagem que suportam as extensões Photoshop permitem que produtos de software de terceiros funcionem com o editor de imagem. Se há uma desvantagem para esses filtros de extensão é que a maioria dos bons é projetada com os recursos financeiros de um profissional gráfico em mente e pode, portanto, custar várias vezes mais que uma centena ou mais de dólares que você paga por seu editor de imagem.

Figura 13-12 Um filtro de extensão da Auto FX faz uma fotografia parecer com um quebra-cabeça.

Eis duas coisas a considerar antes de comprar uma dessas maravilhas de efeitos especiais:

- *Você precisará ou irá usá-la?* Uma pequena empresa chamada Flaming Pear (www.flamingpear.com) cria uma grande coleçao de extensões. Uma delas permite criar planetas com aparência real; outra fornece a capacidade de fazer com que a cena pareça estar inundada. A pergunta é: com qual freqüência você precisará criar um planeta ou dois extras, muito menos inundá-los?
- *Funcionará com seu editor de imagem?* A maioria das aplicações listadas neste capítulo funciona oom qualquer extensão compatível com o Photoshop. Verifique a página da Web da empresa de extensão para se assegurar. Note também que algumas extensões (muito poucas) podem funcionar apenas com o Adobe Photoshop, uma vez que a extensão é dependente de alguma ferramenta ou comando que existe apenas no Photoshop.

Neste capítulo, aprendemos sobre alguns editores de imagem que estão disponíveis e como suas ferramentas funcionam, assim como a base da edição de imagens. Vejamos como podemos usar essas ferramentas para resolver os problemas diários com nossas fotografias.

Capítulo 14

Corrija e aperfeiçoe suas fotos digitalizadas

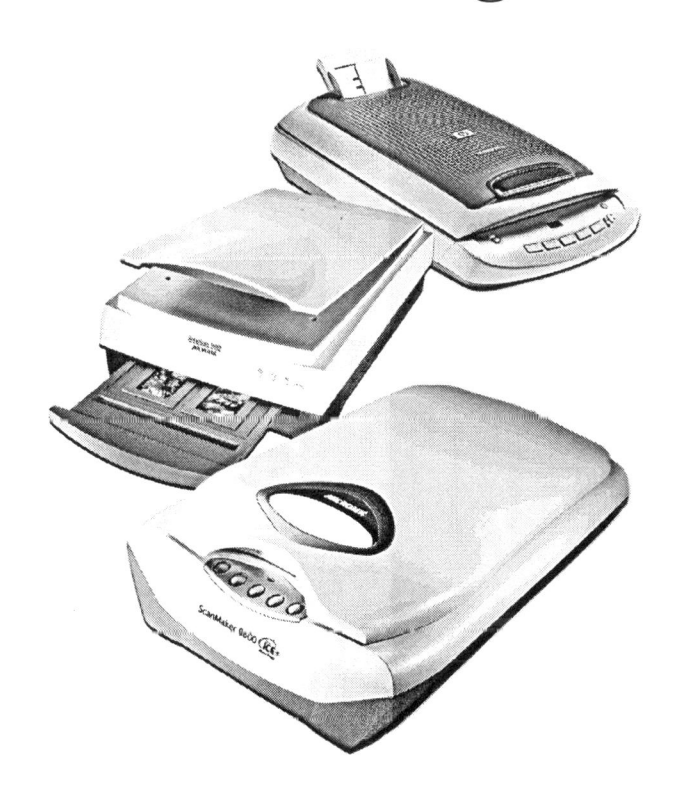

Como...

- Fazer ampliações de fotografias
- Corrigir cores e remover os matizes da cor
- Remover o olho vermelho e outros problemas
- Tornar nítida uma foto

Este capítulo explica como usar um editor de imagem para executar correções menores e como aperfeiçoar as fotografias para que o tema pareça melhor do que era quando você tirou a foto. Se a foto é pouco ou muito exposta, enfraquecida com o tempo ou o tema parece um demônio possuído por causa do olho vermelho, você poderá fazer muito para melhorá-la usando a combinação de seu scanner e de um editor de imagem.

Como fazer com que as fotos caibam na moldura

Normalmente, a moldura da foto que parece ser a melhor pode ser grande ou pequena demais para a foto que você deseja colocar nela. Um recurso do scanner que é geralmente menosprezado é sua capacidade de redimensionar uma fotografia original. Embora na maioria das vezes desejemos ampliações, algumas vezes precisamos tornar uma imagem menor para colocar em um desses acabamentos foscos cortados previamente e engenhosos como os mostrados em seguida.

Capítulo 14 – *Corrija e aperfeiçoe suas fotos digitalizadas* | **229**

Aumente as fotos com seu scanner

Usar seu scanner para aumentar uma foto é muito simples. Por default, seu scanner deseja tornar a foto digitalizada com tamanho igual ao do original, portanto torná-la maior requer uma pequena alteração da definição. Eis como fazê-lo:

1. Quando você iniciar a digitalização, de dentro de seu editor de imagem ou clicando um botão na frente do scanner, poderá inicializar um modo automático sem enfeites, que pode, ou não, permitir a alteração das definições. Por exemplo, com o software de digitalização CanoScan mostrado na Figura 14-1, um botão à direita inferior da caixa de diálogo de abertura permite alternar entre o modo Simple (Simples) (automático) e Advanced (Avançado) manual.
2. A fotografia original de 4x6" digitalizada é de Lane, seu neto e seu filho Scott. É uma boa foto deles, mas os três estão perdidos em um fundo amontoado. Cortei a digitalização de visualização como mostra a Figura 14-1 para duas finalidades: para oliminar o máximo possível do fundo e garantir que a digitalização resultante tenha a proporção correta de uma foto com tamanho padrão.

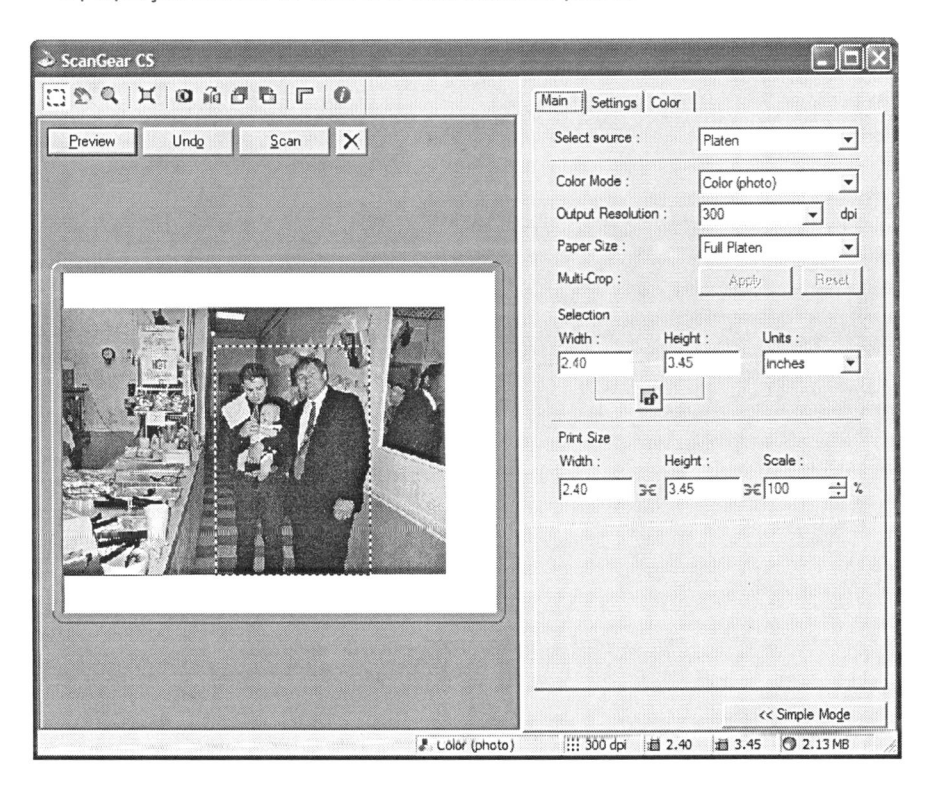

Figura 14-1 Como o tema está perdido no fundo amontoado, precisamos recortar e ampliar.

3. Alterando as definições na seção Print Size (Tamanho da Impressão) da caixa de diálogo, sou capaz de chegar perto de um tamanho padrão de 5x7". Como você o torna correto será explicado no próximo tópico, "Como obter o tamanho certo da saída".
4. Clique o botão Scan (Digitalizar) e dependendo de como o software de digitalização for inicializado, você poderá ter a opção de gravar a imagem e abri-la mais tarde com seu editor de imagem. Ou se inicializar o scanner a partir de seu editor de imagem, digitalizará a foto e irá colocá-la em seu editor de imagem. Nele, poderá fazer alguma limpeza final, como manchar o fundo restante antes de imprimir, como ilustrado na Figura 14-2.

Como obter o tamanho certo da saída

Como mencionado na seção anterior, por default, seu software de digitalização digitaliza em 100%, significando que a área selecionada na janela de visualização não será aumentada ou reduzida. Para fazer com que a imagem sendo digitalizada seja ampliada ou reduzida, terá que entrar um pouco mais no software de seu scanner. Mudar as definições para que o tamanho final seja o que precisa requer um pouco de jogo de cintura – ou do mouse.

A Figura 14-3 mostra a mesma foto que usamos anteriormente, mas desta vez está em um scanner HP usando seu software Precisionscan. Eis como você pode transformar a área selecionada no tamanho de foto padrão desejado.

Figura 14-2 A foto de 4x6" original (esquerda) e a mesma foto cortada e ampliada para 5x7" (direita).

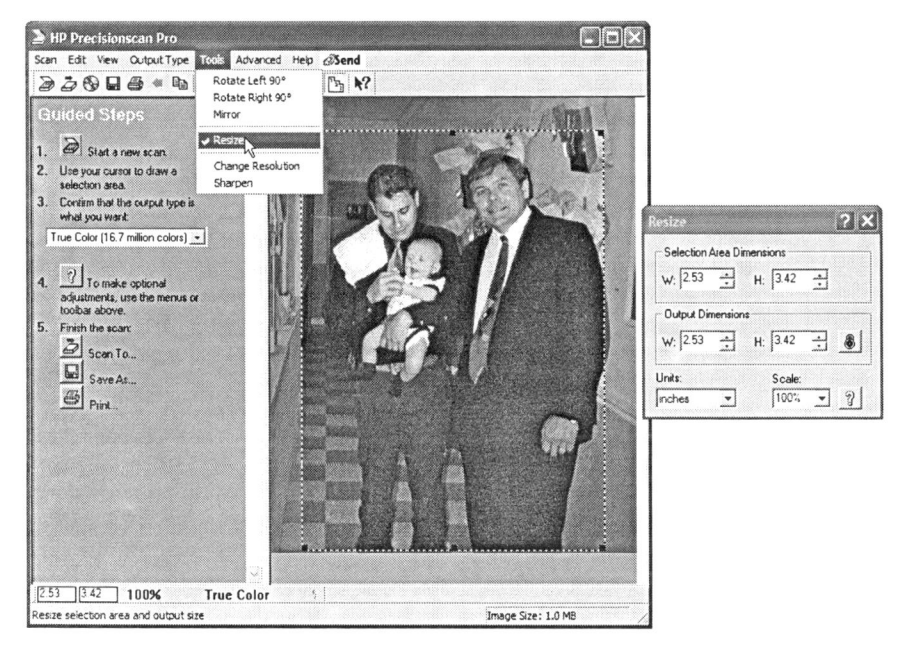

Capítulo 14 – Corrija e aperfeiçoe suas fotos digitalizadas | **231**

Figura 14-3 A caixa de diálogo Resize no software de digitalização HP mostra muitas opções.

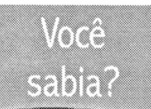

Você sabia?

Você não pode tirar uma bolsa de seda da orelha de uma porca

No procedimento anterior, mostrei como digitalizar uma pequena área de uma foto com 4x6" e ampliá-la para uma versão com 5x7". Sempre considere a qualidade geral da foto que está digitalizando. No exemplo anterior, o original que usei (uma foto colorida tirada com uma câmera descartável) era pobre. Há limites para o que pode ser conseguido ao ampliar uma imagem, independentemente do quanto bom é o seu scanner. Se a qualidade do original for fraca, então torná-lo maior simplesmente ampliará qualquer coisa errada na foto. Na maioria dos casos, você não será capaz de corrigir essas deficiências com seu editor de imagem. Resumindo, "você não pode tirar uma bolsa de seda da orelha de uma porca (porco), pode", a expressão favorita de minha mãe texana.

Como produzir digitalizações em tamanhos de foto padrões

Nada é sagrado para o tamanho de uma foto. Você pode fazer com que elas tenham qualquer tamanho e proporção desejados (veja a seção, "Você sabia? Como compreender as proporções", posteriormente neste capítulo). Mas, quando chegar o momento de imprimir a foto e colocá-la em uma moldura padrão, descobrirá que as molduras e o papel da foto têm apenas uma seleção limitada de tamanhos. Os tamanhos mais populares são

- 3,5x5"
- 4x6"
- 5x7"
- 8x10"

Depois de você ter selecionado a parte da foto que deseja digitalizar, as probabilidades são que a área selecionada não seja maior que uma foto padrão ou proporção. Eis como assegurar-se de que o tamanho da saída final impresso caiba no tamanho de uma foto padrão:

1. Depois de executar a digitalização de visualização inicial, selecione a área da foto que deseja colocar na imagem final, como mostrado a seguir.

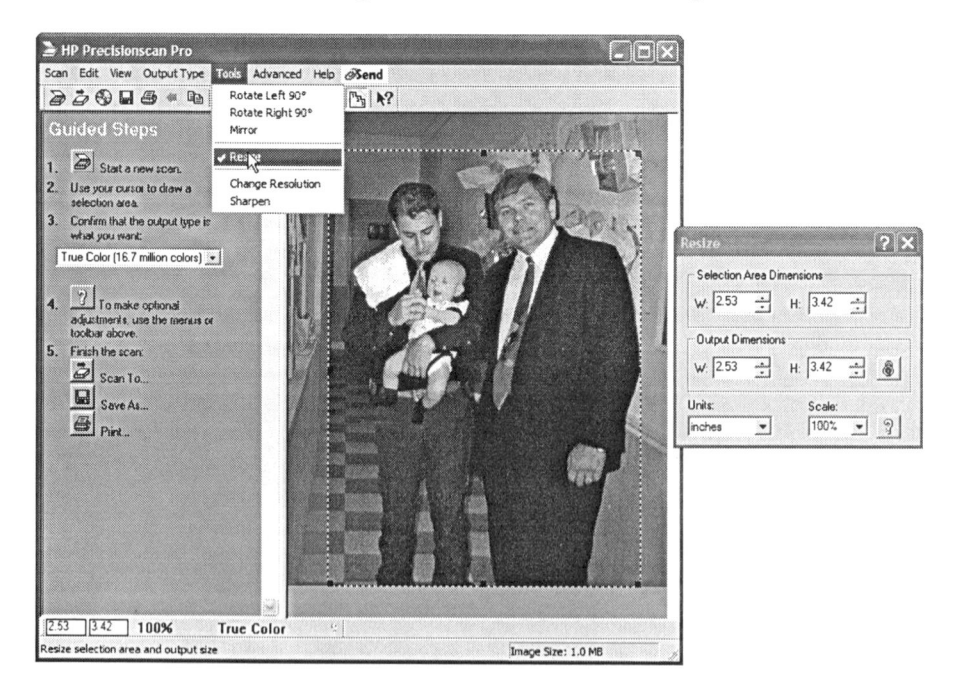

2. Quando você tiver a área selecionada, clique na ferramenta Zoom e o scanner executará outra digitalização preenchendo a janela de visualização com a área selecionada. Faça o ajuste final na área de seleção movendo as linhas de seleção com seu mouse.

> **Dica** Com a maioria dos softwares de digitalização, arrastar os cantos das linhas de seleção mudará a seleção horizontal e vertical ao mesmo tempo.

3. Com o software HP Presicionscan, selecione Tools (Ferramentas) no menu e clique em Resize (Redimensionar), que abrirá uma caixa de diálogo separada. Se você estiver usando o Epson ou o CanoScan, faça as alterações descritas na próxima etapa para as definições na seção Print Size da caixa de diálogo.

4. Para fazer com que a digitalização caiba em uma foto que preencherá uma moldura de 5x7", você terá de substituir o valor maior na devida caixa de diálogo de saída pela maior dimensão desejada. Neste caso, seriam 7 polegadas. Como a opção Aspect ratio (Proporção) está bloqueada (veja a seção "Você sabia? Como compreender as proporções"), fornecer um valor em um dos quadros mudará automaticamente o valor no outro e a porcentagem da escala também mudará.

> **Dica** Na maioria dos softwares de digitalização, alterar um valor não mudará o segundo valor da dimensão até que você de fato clique no segundo valor da dimensão.

5. Neste ponto, você terá que mover as linhas de seleção na janela de visualização até que chegue perto do tamanho desejado na caixa de diálogo de saída. Por causa da precisão digital do software de digitalização, achará que as definições resultantes podem não ser perfeitas. Por exemplo, se o tamanho da saída aparecer como 5,01x7,01", ele está tão perto do padrão 5x7" quanto você poderia esperar. Seria uma perda de tempo tentar colocá-lo mais próximo. A Figura 14-4 mostra a imagem final.

Figura 14-4 A área recortada produz uma imagem de 5x7" final.

> **Você sabia?**
>
> **Como compreender as proporções**
>
> O termo *proporção* costumava ser raramente usado ou compreendido. Agora que as televisões com tela ampla ficaram populares, as proporções estão se tornando parte do jargão tecnológico do consumidor. A relação entre a largura de uma imagem e sua altura é conhecida como sua *proporção* e desde os primeiros dias do filme (começando no final de 1890) até o início dos anos 50, quase todos os filmes tinham uma proporção padrão de 1.33:1. Em outras palavras, a imagem do filme era 1.33 vezes tão larga quanto alta. (Outra maneira de indicar isso é "4x3", significando 4 unidades de largura para cada 3 de altura.) O termo também é usado para descrever as dimensões da resolução de um vídeo. Por exemplo, uma resolução de 800x600 tem uma proporção de 4:3. Em todos os casos, a proporção é especificada como a largura seguida da altura. Ao redimensionar as imagens (com um scanner ou editor de imagem), a proporção é geralmente bloqueada por default. Isso significa que, quando uma dimensão se torna maior ou menor, a outra dimensão é aumentada ou diminuída em uma quantidade proporcional. Se você desbloquear a proporção e redimensionar apenas uma dimensão, ela irá distorcer a imagem.

Redimensione uma foto com um editor de imagem

Alterar o tamanho de saída de uma fotografia mudando sua resolução é chamado de *escala* ou *redimensionamento*. Como não acrescenta ou remove os pixels da imagem, o dimensionamento não piora a imagem. Todos os programas de edição de fotos oferecem a capacidade de mudar os tamanhos das imagens. Para demonstrar esse recurso, mostrarei como é feito no Photoshop Elements.

> **Nota**
>
> Antes de você executar qualquer manipulação em uma imagem, deve sempre gravar o arquivo para que tenha um original para o qual retornar. Usando o comando Save As (Salvar Como), faça uma cópia da imagem e execute todo o seu trabalho na cópia – não no original.

Use o comando Resize Image do Photoshop Elements

Redimensione uma imagem no Photoshop Elements usando o comando Resize. Com uma imagem aberta no Elements, escolha Image (Image) | Resize | Image Size (Tamanho da Imagem). Isso abrirá a caixa de diálogo apresentada em seguida.

Tudo que precisa fazer para redimensionar uma imagem pode ser feito a partir dessa caixa de diálogo. Agora, se for a primeira vez que você vê a caixa de diálogo Image Size, ela poderá parecer um pouco complicada. Iremos nos preocupar com as partes que nos interessam no momento. Primeiro, você notará que é bem dividida em seções. A seção superior nos informa a largura e a altura (em pixels) da fotografia selecionada. Também mostra o tamanho descompactado do arquivo – falaremos mais sobre a compressão posteriormente no capítulo. A próxima seção mostra quais serão as dimensões da foto se impressa em uma resolução de 300 dpi. A parte inferior da caixa de diálogos controla como o dimensionamento é feito.

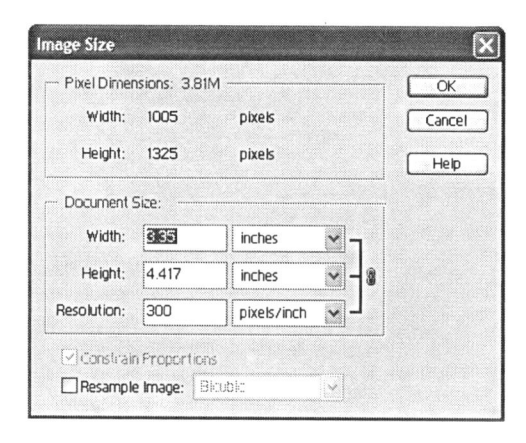

Capítulo 14 – *Corrija e aperfeiçoe suas fotos digitalizadas* | **235**

Na maioria das vezes as únicas partes dessa caixa de diálogos que preocupam a maioria dos usuários são Resolution (Resolução), Width (Largura), Height (Altura) e Resample (Leitura). Neste ponto, iremos aprender a usar essa caixa de diálogo e aprenderemos um pouco sobre a resolução enquanto a estamos fazendo.

A Figura 14-5 é uma foto tirada de nossos filhos (Jon e Grace) no casamento de um amigo. Deve ser destacado que uma das vantagens de ser autor é a capacidade de inserir fotos da família e amigos como exemplos. A caixa de diálogo Image Size (Image | Resize | Image Size), mostrada em seguida, informa-nos que a imagem é um pouco grande – 3,81MB. As informações do tamanho exibidas são sobre o tamanho que o arquivo de imagem terá depois de ter sido aberto. O tamanho real do arquivo no disco rígido é geralmente menor – especialmente se o arquivo estiver compactado.

Figura 14-5 O encontro de Jonathan e Grace; esta fotografia demonstra que temos filhos bonitos.

Você sabia?

Ppi e dpi não são iguais

Os termos *ppi* (pixels por polegada) e *dpi* (pontos por polegada) são usados como semelhantes, com freqüência, de modo alternado, por profissionais e amadores. Embora errado, não é um problema, uma vez que geralmente sabemos sobre o que estamos falando. Para ser absolutamente preciso, você deve saber que os scanners, câmeras digitais e monitores de computador são todos medidos em ppi, ao passo que as impressoras são medidas em dpi. Apenas queria que você conhecesse a diferença.

A melhor maneira de redimensionar

Ao redimensionar uma imagem, a melhor maneira de fazê-lo é mudando a resolução. Escolher esse método não adicionará ou removerá nenhum pixel e, portanto, impedirá qualquer degradação da imagem. Isso é feito desmarcando o quadro de seleção Resample Image (Ler Imagem) no Elements ou usando a parte Actual/Print Size (Tamanho Real/Impressão) da caixa de diálogo Resize no Paint Shop Pro para fornecer novos valores.

Ambos os programas fazem a mesma coisa; isto é, mudar a resolução fará com que os valores do tamanho do documento mudem, mas as dimensões do pixel permanecerão fixas. Por exemplo, se a resolução for cortada pela metade de 300 dpi para 150 dpi, as dimensões dobrarão mesmo que nenhum pixel novo tenha sido adicionado. Isso demonstra um fato da resolução da imagem: se a resolução diminuir, o tamanho físico da imagem de saída aumentará. O tamanho aparente da imagem exibida em seu editor de imagem não mudará

Por quê? Porque as dimensões físicas da fotografia (medida em pixels) não mudaram, apenas o tamanho da imagem resultante quando impressa ou colocada em outro programa mudou.

Leitura – Outra maneira de redimensionar

A segunda maneira de redimensionar uma imagem é lê-la. A leitura envolve fazer com que o computador adicione ou remova pixels da imagem para fazer com que o tamanho solicitado mude. Por natureza, a leitura degrada uma imagem. Isso não significa que você não deve fazê-la; a maioria de nós que editamos fotos faz a leitura sempre – só não é nossa primeira escolha. Outro fator que influencia a leitura é se você está tornando a imagem maior ou menor. Tecnicamente, é chamado *leitura aumentada* e *leitura reduzida*, mas não ouço mais as pessoas falando nesses termos. Quando você tornar uma imagem menor, haverá um aumento percebido na nitidez. Para demonstrar esse princípio, na próxima vez em que for a sua superloja de utensílios local, verifique as TVs. Compare a mesma imagem em um monitor com 32" e 24" e a imagem menor parecerá mais nítida ou mais viva. Voltemos à leitura.

Para mudar o tamanho de uma imagem usando a leitura, marque o quadro Resample Image no Photoshop Elements ou use a parte Percentage of Original (Porcentagem do Original) da caixa de diálogo do Paint Shop Pro.

Com qualquer definição selecionada, mudar qualquer dimensão para satisfazer suas necessidades e as do seu editor de imagem irá adicionar ou subtrair os pixels da imagem e das novas dimensões resultantes ou tamanho de arquivo. Quando clicar o botão OK, o tamanho da imagem exibida no Elements mudará porque pixels foram adicionados ou removidos.

Dica — Se você precisar ler uma imagem, evite aumentar o tamanho, porque adicionar pixels tenderá a fazer com que a imagem pareça suave e ligeiramente fora de foco.

Endireite as digitalizações tortas

Algumas imagens digitalizadas com as quais você trabalha estarão tortas. Se estiver fazendo a digitalização, pare, levante a tampa do scanner, use as técnicas descritas no Capítulo 3 para alinhar devidamente a foto no vidro do scanner e digitalize-a novamente. Se não tiver a foto original, então poderá usar seu editor de imagem para endireitá-la. Tirei a foto de Christy mostrada a seguir e coloquei-a deliberadamente torta no vidro do scanner.

Escolhas ao endireitar as fotos

Você tem várias opções ao endireitar uma imagem torta, dependendo do programa que está usando. Há ferramentas automáticas e manuais. O método manual é bem óbvio; você seleciona a rotação personalizada ou arbitrária (Photoshop) e gira manualmente a imagem até que ela pareça estar certa.

Alguns editores de imagem como o Photoshop Elements oferecem ferramentas automáticas para endireitar uma imagem quando você escolhe Image | Rotate (Girar). As duas opções aparecem na parte inferior da lista instantânea: Straighten Image (Endireitar Imagem) e Crop Image (Cortar Imagem). A Figura 14-6 mostra o que acontece quando você escolhe Straighten. A foto tem uma borda escura, que fornece um forte referência visual para a vertical e a horizontal, portanto o programa faz um excelente serviço de endireitar a borda. Como não pedimos ao programa para cortar a imagem, ficamos com uma borda larga (composta pela cor de fundo atual). A Figura 14-7 mostra o resultado de Straighten Image e Crop Image. O programa detectou automaticamente as bordas e cortou a imagem; embora pareça que tem uma borda cinza, está cortada nas margens.

Capítulo 14 – Corrija e aperfeiçoe suas fotos digitalizadas | **239**

Figura 14-6 A correção automática funciona bem com as imagens que têm bordas escuras.

Corrija as fotos pouco expostas (mais escuras)

As fotos mais escuras tendem a perder os detalhes nas sombras. As câmeras modernas, digitais e de filme, são boas ao calcular a devida exposição para que muitas exposições insuficientes típicas sejam evitadas. Algumas vezes uma foto digitalizada parece mais escura que a foto original devido a um scanner com uma faixa tonal pobre. Mais vezes do que menos, a escuridão é causada pelo recurso de exposição automático do scanner sendo enganado por uma área dominantemente brilhante de uma foto. Seja qual for a causa, corrigir a luz da foto com um editor de foto é relativamente simples. A Figura 14-8 é um bom exemplo de foto pouco exposta.

Figura 14-7 Straighten Image e Crop Image produzem uma imagem final em uma única etapa.

Figura 14-8 Esta orquestra de metais é um exemplo clássico de imagem pouco exposta.

Embora muitos editores de imagem ofereçam ferramentas para ajustar automaticamente a luz, algumas vezes eles tornam a imagem pior. Eis como corrigir a luz em uma foto pouco exposta usando o Photoshop Elements.

1. Abra a imagem e então selecione a ferramenta Levels (Níveis) (CTRL-L), que abre uma caixa de diálogo com aparência complicada. Posicione a caixa de diálogo Levels para que possa ver sua foto, como mostrado em seguida.

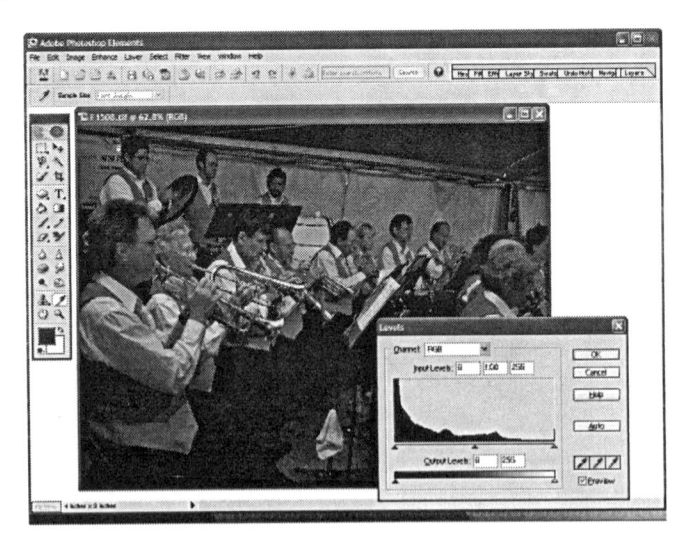

2. Mude View (Exibir) para Actual Pixels (Pixels Atuais) (ALT-CTRL-0) para que esteja vendo a imagem sem nenhuma distorção causada pela função de zoom do vídeo. Dependendo do tamanho e da resolução de seu vídeo, partes da imagem poderão ficar fora da tela.

Capítulo 14 – Corrija e aperfeiçoe suas fotos digitalizadas | **241**

3. Com Channel (Canal) definido para RGB, arraste o ponteiro do ponto do meio (gama) para a esquerda, até que as partes mais escuras da imagem fiquem claras o bastante, mas as áreas claras não fiquem queimadas, como mostrado a seguir.

4. Clique em OK e mude View de volta para Fit on Screen (Caber na Tela) (CTRL-0). O resultado está na Figura 14-9.

Figura 14-9 Fazer um ajuste simples do gama usando o Photoshop Elements tira a orquestra do escuro.

> **Você sabia?**
>
> **O que torna uma foto pouco exposta?**
>
> A principal causa das imagens pouco expostas é que os temas estão longe demais da câmera para o flash exibi-los devidamente. O flash em sua câmera tem uma faixa limitada. Este fato é descoberto depois de um jogo de futebol à noite quando os fãs ardorosos descobrem que as fotos com flash que eles tiraram das arquibancadas são compostas pelas costas muito expostas dos fãs que estavam na frente deles e uma grande área escura que deveria ter sido o campo. Em geral, a faixa do flash de sua câmera fica em torno de 12 pés, mas cada câmera varia. Você de fato deve ler o pequeno manual (a maioria é realmente pequena, eles apenas parecem ser grossos porque são impressos em uma dúzia de línguas) e ver qual é a faixa de sua câmera. Tenha cuidado, pois se ficar perto demais de seus temas também, irá cegá-los temporariamente ou desgastar completamente todos os seus recursos na foto resultante.

Corrija as fotos muito expostas (mais claras)

As fotos muito expostas apresentam seu próprio conjunto de problemas. Como regra geral é mais fácil retirar o detalhe das sombras do que recuperar o detalhe das fotos desgastadas. Pode ser feito, mas é um pouco capcioso.

A Figura 14-10 é uma foto enfraquecida minha e de meu pai que foi tirada em 1968. Se você vir o original na inserção colorida do livro, descobrirá que a cor está enfraquecida e desgastada. Usando o Paint Shop Pro, eis como podemos restaurar essa imagem.

Figura 14-10 Uma foto muito exposta que ficou enfraquecida com o tempo.

Capítulo 14 – Corrija e aperfeiçoe suas fotos digitalizadas | **243**

1. Abra uma cópia da foto na qual deseja trabalhar. Selecione a imagem inteira (CTRL-A) e copie-a para a área de transferência (CTRL-C).
2. Cole o conteúdo da área de transferência na foto original como uma nova camada (CTRL-L). Agora, temos duas cópias da foto, uma flutuando sobre a outra, como mostrado em seguida na palheta Layer (Camada) à direita da foto.

> **Nota** *Se você fosse fazer isso no Photoshop ou no Photoshop Elements, colaria a nova camada usando o comando Paste (Colar) (CTRL-V) padrão do Windows.*

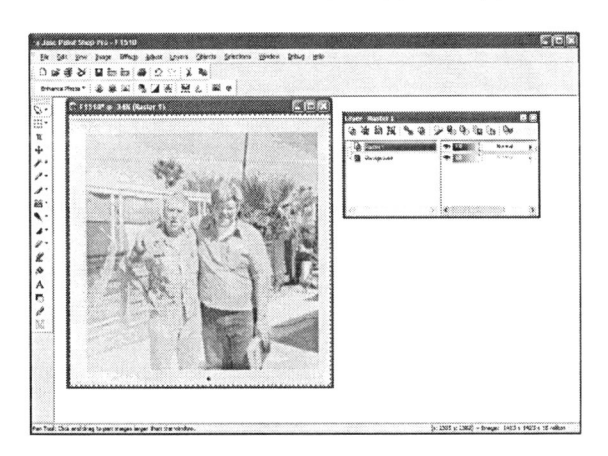

3. Na palheta Layer, selecione a camada que acabou de adicionar e mude o modo de mistura clicando na palavra "Normal" e selecionando Multiply (Multiplicar) no menu instantâneo. A foto ficará um pouco mais escura, como mostrado em seguida. Para obter mais informações sobre os modos de mistura, veja a seção, "Você sabia? O que são modos de mistura", posteriormente no capítulo, para saber mais.

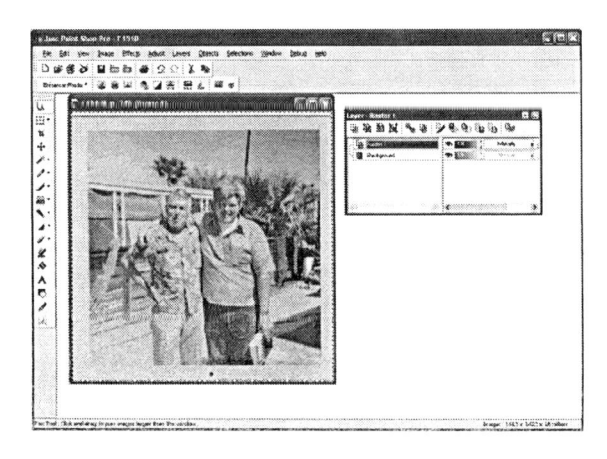

4. Cole na outra Layer (CTRL-C) e mude seu modo de mistura para Multiply. Agora a foto ficou escura demais, portanto clicar na definição Opacity (Solidez) (à direita do ícone de olho) e reduzir a solidez da camada superior permitirá um ajuste da última camada e produzirá uma foto aceitável, como mostrado a seguir.

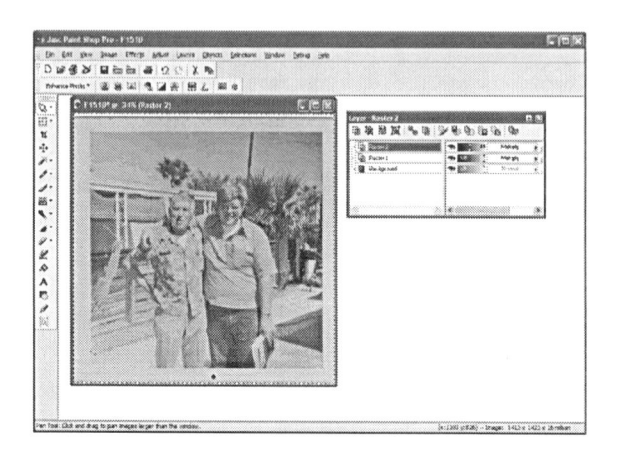

5. Assim que a imagem estiver como deseja, as Layers deverão ser niveladas (Layers | Merge [Mesclar] | Merge All [Mesclar Tudo]) para reduzir muito o tamanho do arquivo resultante. O resultado é mostrado na Figura 14-11 e na inserção colorida deste livro.

Dica *O uso do modo de mistura Multiply não pode escurecer ou restaurar o detalhe em uma área da foto que está completamente desgastada.*

Figura 14-11 *São necessárias apenas algumas etapas para restaurar as imagens muito expostas em imagens aceitáveis.*

> **Você sabia?**
>
> **O que são modos de mistura**
>
> Os modos de mistura controlam como os pixels em uma camada se misturam com os pixels na camada (ou fundo) abaixo dela. Você usará os modos de mistura das camadas para determinar como os pixels em uma camada são combinados com os pixels subjacentes nas outras camadas. Aplicando os modos específicos de mistura nas camadas individuais, poderá criar uma grande variedade de efeitos especiais.
>
> Por exemplo, na técnica anterior usamos o modo de mistura Multiply para escurecer uma imagem. Eis como Multiply funciona. O editor de imagem lê as informações da cor em cada pixel da camada selecionada e da camada ou fundo abaixo dela e multiplica uma cor pela outra. A cor resultante será sempre uma cor mais escura, a menos que a cor superior seja branca – então parecerá transparente. Como a maioria dos modos de mistura é baseada na matemática usada para calcular como os pixels são combinados, tem nomes realmente estranhos como Linear Burn e Multiply. Muitos modos de mistura têm resultados imprevisíveis e a melhor maneira de usá-los é experimentá-los visualizando-os.

Correção básica da cor – Tenha muito cuidado

Ao trabalhar com fotos coloridas, é importante determinar o que deseja da impressão final. Você deseja que a cor seja precisa ou que as cores pareçam boas? Pode ser uma surpresa saber que as cores precisas nem sempre parecem boas. Quando eu estava visitando o Musée d'Orsay, comprei um adorável livro da exposição que estava vendo. Enquanto estava na frente de uma pintura favorita de Claude Monet, abri o livro e o comparei com o original. A litografia no livro parecia melhor que o original. Por quê? Há várias razões possíveis: os editores podem ter desejado mostrar como ficava a pintura quando nova; mais provavelmente queriam que ela parecesse boa para que mais leitores comprassem o livro. Portanto, o que é mais importante para você, a precisão da cor ou o apelo geral do trabalho terminado?

Matizes da cor e suas causas

A maioria dos problemas da cor que as pessoas têm com suas fotografias envolve o *matiz da cor* (também chamado de *deslocamento*), uma cor sutil, mas dominante, que é introduzida na foto. O matiz da cor favorito de um dia ensolarado e sem nuvens é o azul. É porque o tema é iluminado por um reflexo azul do céu claro e embora nossos olhos ajustem automaticamente isso e assim não o notamos, a câmera não se ajusta. Se o original fosse tirado com uma câmera digital, os matizes da cor não teriam ocorrido quando o equilíbrio automático do branco (AWB) foi enganado pelas grandes quantidades da luz do dia brilhante.

Algumas fontes de luz levam a um matiz de cor desejado. Quando seu tema é iluminado por uma luz incandescente, as cores resultantes se deslocam em direção às cores quentes (sempre mais atraentes). Um retrato que tem um matiz com cor laranja avermelhado definido parece mais atraente, mas tirar esse determinado matiz da cor para tornar as cores da foto precisas produziria uma foto muito menos desejável.

Os matizes da cor são difíceis de remover. Até a correção automática da cor do Photoshop Elements tem pouco efeito no matiz azul que domina as fotografias tiradas durante o dia.

Corrija os matizes da cor

Agora que você compreende um pouco melhor os matizes da cor, vejamos como irá se livrar deles. O primeiro lugar a começar são as ferramentas de correção da cor automáticas.

Use o Photoshop Elements

Se você estiver usando o Photoshop Elements, poderá aplicar Auto Levels (Níveis Automáticos) e Auto Contrast (Contraste Automático). Poderá ficar surpreso com o fato de eu não ter sugerido que tentasse primeiro o Auto Color Correction (Correção Automática da Cor). Na maioria dos casos, usar o Auto Color Correction não muda nada; na verdade, tive a experiência de que muitas vezes tornar pior o matiz da cor da foto.

Em geral, a aplicação de Auto Levels e/ou Auto Contrast será tudo que você precisará fazer. Isso significa que Auto Color Correction não funciona? Nem sempre. Significa que, depois de aplicar qualquer correção automática, você deve ver o resultado e decidir se ele ajudou ou impediu o processo de correção da cor. Ao passo que o Auto Color Correction pode não funcionar em uma foto, poderá funcionar bem em outras.

Use o Paint Shop Pro

O Paint Shop Pro (PSP) fornece várias ferramentas de correção da cor automáticas que funcionam muito bem. Mas quando desejo remover os matizes da cor, minha ferramenta escolhida é o recurso Manual Color Correction (Correção da Cor Manual). Na caixa de diálogo Manual Color Correction, desejei remover um matiz azulado na cor da pele de Jonathan e Grace que foi causada por tirar a foto no final da tarde com um flash (uma luz muito fria). Com o PSP, precisei apenas selecionar uma pequena parte da testa de Grace, como mostrado em seguida, e então selecionar uma cor de tom da pele mais quente em um grupo de predefinições – muito esperto e apenas sua cor de pele foi ajustada, uma vez que o resto da foto não foi afetado pelo flash.

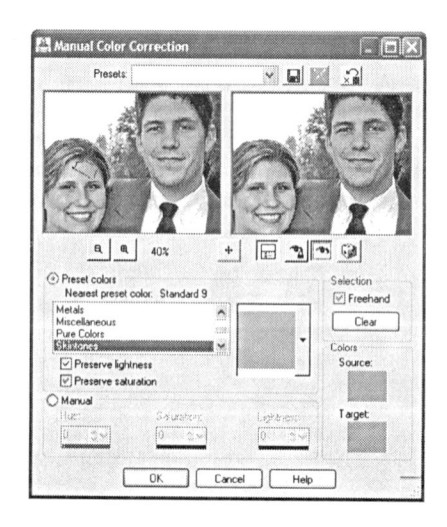

Capítulo 14 – Corrija e aperfeiçoe suas fotos digitalizadas | **247**

As ferramentas de ajuda automáticas fazem um serviço melhor

Quando qualquer ferramenta automática é aplicada em uma imagem, o conteúdo da imagem inteira é avaliado pelo editor de imagem e, então, a correção é aplicada com base nas informações extraídas da fotografia. Em alguns casos, todas essas informações podem fazer com que um ajuste automático fraco seja executado. Em outras situações, a devida aplicação da correção da cor em uma faixa de cores pode fazer com que a outra faixa de cores pareça pior. Em ambos os casos, algumas vezes é necessário isolar uma parte da fotografia da outra usando uma seleção. Para contar detalhadamente o que aprendemos sobre as seleções no capítulo anterior, quando quiser editar uma certa área de sua imagem sem afetar as outras, você irá selecionar a área que deseja alterar.

Remova o olho vermelho das fotos

O olho vermelho é um problema maior para qualquer pessoa que tira fotos com flash. Todos nós temos uma foto ou outra que foi arruinada pelo olho vermelho - olhos feios. O problema é causado pelo flash se refletindo na retina da pessoa que você está fotografando (Figura 14-12). Acho que se torna mais frustrante pelas câmeras que têm um recurso antiolho vermelho (que raramente funciona como anunciado). Oficialmente, algumas coisas que ajudam a reduzir o olho vermelho são usar um flash externo ou tirar a foto em um cômodo bem iluminado. E mais, ajudará se o sujeito estiver sóbrio – sem brincadeira.

Figura 14-12 *O olho vermelho tem sido um problema para os fotógrafos desde que o flash foi inventado.*

Tenho experiência de que algumas pessoas realmente têm uma tendência para o olho vermelho e não importa o que você faça, terá um olho maligno. Portanto, para nos livrarmos dele, precisaremos utilizar a ferramenta de remoção do olho vermelho que é encontrada na maioria dos editores de imagem.

Ferramenta de remoção do olho vermelho do Paint Shop Pro

De todas as ferramentas predefinidas para remover o olho vermelho disponíveis nos editores de imagem, minha favorita é a encontrada no Paint Shop Pro. Quando você seleciona a ferramenta Red-Eye Removal (Remoção do Olho Vermelho), uma grande caixa de diálogo (mostrada em seguida) é aberta. Embora pareça complicada, não é.

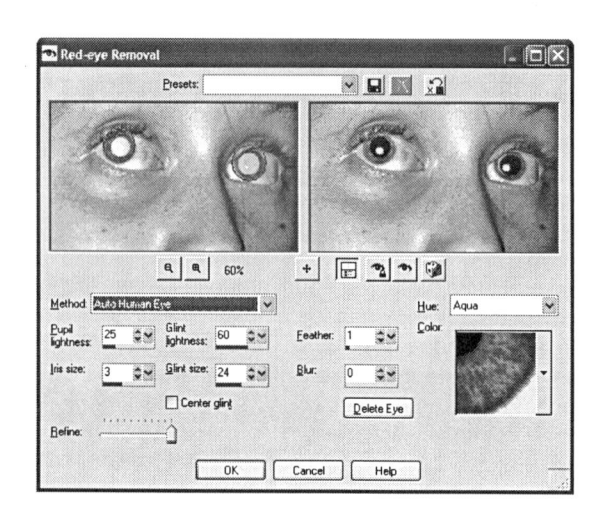

Para remover o olho vermelho, selecione Auto Human Eye (Olho Humano Automático) (eles também têm uma definição Auto Animal Eye (Olho Animal Automático)), selecione a cor do olho geral (água, cinza, marrom etc.) que combine com a pessoa e então em uma galeria visual, você poderá selecionar uma coincidência quase exata. Arraste a ferramenta sobre o olho vermelho na janela original esquerda e o resultado aparecerá na janela de visualização à direita. Não ficará melhor que isso.

> **Dica**
> Não é hora de mudar a cor dos olhos da pessoa. Você deve sempre fazer o melhor para combinar a cor do olho corretamente ou os observadores que conhecem a pessoa verão a foto e acharão (nunca dirão) que algo não está muito certo com ela, embora possam não ser capazes de dizer o que está errado.

Ferramenta Red-Eye Brush do Photoshop Elements

Diferente da ferramenta automática do Paint Shop Pro, a ferramenta Red-Eye Brush (Pincel para Olhos Vermelhos) no Photoshop Elements usa uma abordagem muito mais manual. Você seleciona a cor que será removida clicando no olho vermelho real na imagem. Em seguida, seleciona a cor de substituição personalizada; é a cor que o olho deverá ter. Clique na amostra de cor Replacement (Substituição) na barra Options (Opções) e selecione a cor que desejará usar para a correção. Clique nas partes do olho vermelho que deseja corrigir e pinte o olho vermelho. Qualquer pixel que coincidir com a cor de destino será colorido com a cor do olho de substituição.

Filtro de extensão para a remoção do olho vermelho

O único editor de imagem que não tem uma ferramenta de remoção do olho vermelho é o Photoshop – tente explicar. A Andromeda (www.andromeda.com) oferece um filtro de extensão RedEyePro (apresentado em seguida) que automatiza o processo de remoção do olho vermelho.

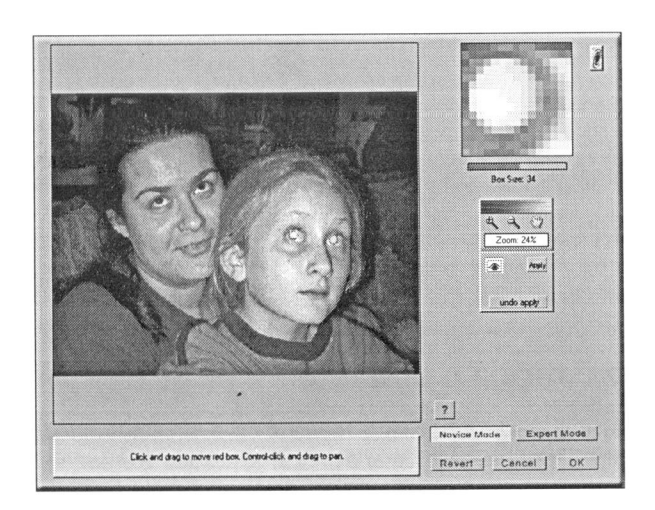

Como tornar nítido seu trabalho

Depois de ficar contente com a cor e outros ajustes que fez na foto, poderá torná-la nítida. Eis algumas coisas a saber sobre como tornar nítidas as fotos. Primeiro, se a foto estiver fora de foco, depois de aplicar a nitidez, ela ainda estará fora de foco. Segundo, embora todos os editores de imagem ofereçam vários tipos diferentes de nitidez, você deve ignorar todos eles, exceto o Unsharp Mask (Máscara para Retirar Nitidez). Veja a seção, "Você sabia? O que é Unsharp Mask?". Um último ponto antes de prosseguirmos: se você mudar o tamanho da foto, não aplique a nitidez até que tenha a imagem no seu tamanho final.

Quando tornar nítido – durante a digitalização ou depois?

Você pode ouvir o argumento de que deve sempre aplicar a nitidez ao executar a digitalização. Isso será verdade quando estiver usando um scanner de tambor de ponta (o tipo que custa mais que a sua casa), mas, para a maioria dos scanners, use suas definições de nitidez defaults. Se seu scanner produzir digitalizações com interferências em particular (como indicado pelas minúsculas manchas com cores de arco-íris na imagem digitalizada), você poderá querer desativar a nitidez e ver se isso ajuda. Chega de informações gerais sobre a nitidez; vejamos como é feito.

Dica — A última correção que você deve aplicar em sua fotografia é a nitidez.

Você sabia?

O que é Unsharp Mask?

A maioria das pessoas concorda que o nome do filtro "Unsharp Mask" (USM) parece estranho. O nome vem do processo mecânico que tem pelo menos 50 anos. Praticamente todo editor de imagem tem esse filtro. Embora o nome possa variar, terá a palavra "unsharp" nele. Sendo um nome bobo ou não, o filtro USM é capaz de aplicar a nitidez em uma imagem sem produzir as queimas normalmente associadas à nitidez excessiva. O filtro Unsharp Mask funciona avaliando o contraste entre os pixels adjacentes e aumentando esse contraste quando ele é relativamente alto. A idéia é que uma grande diferença de contraste entre os pixels adjacentes geralmente apresente uma borda. Mas o filtro não reconhece de fato as bordas, apenas as diferenças do pixel, portanto uma nitidez bem-sucedida requer encontrar as definições que acentuem as bordas na imagem de uma maneira que tenha uma aparência natural.

Qual nitidez é nítida o bastante?

Então, quanta nitidez você deve aplicar? Depende do que está tornando nítido. Você não adora essa resposta? Devo me candidatar a um cargo político. Porém, é verdade. Se estiver tornando nítido um retrato de uma pessoa mais velha, a nitidez trará todos os detalhes (rugas) da face, portanto você poderá não querer muita nitidez, se quiser alguma. Se estiver aplicando a nitidez em objetos artificiais como prédios ou carros, poderá conseguir praticamente qualquer quantidade. Você sabe que aplicou muita nitidez quando as partes mais claras da imagem começam a perder seu detalhe e ficam com um branco sólido. Para demonstrar, a Figura 14-13 é a foto original tirada em uma performance pública no México. A Figura 14-14 tem uma quantidade moderada de nitidez aplicada usando o filtro Unsharp Mask. A Figura 14-15 tem uma quantidade louca de nitidez aplicada e você notará que as áreas de contraste mais alto se tornaram um branco puro. Esse fenômeno é chamado de *blowout* e deve ser evitado.

Outro problema em potencial ao tornar nítida uma fotografia que foi digitalizada é que a nitidez enfatiza toda a poeira, cabelo e outros fragmentos na foto ou vidro do scanner. Isso será especialmente notável se for uma foto que tenha muitas áreas escuras – como alguém vestindo roupas escuras ou uma foto com flash que produz um fundo escuro. Aplique muita nitidez em uma foto como essa e parecerá que a fotografia desenvolveu um caso de caspa. Algumas vezes, mesmo uma quantidade moderada de nitidez pode iluminar todos os fragmentos que você deve ter limpado da fotografia e/ou scanner antes de digitalizar. A Figura 14-16 é uma fotografia ligeiramente fora de foco, de nossa filha, Grace. Essa foto foi manuseada por muitos membros da família com o passar dos anos e está realmente suja.

Quando até uma nitidez moderada é aplicada (Figura 14-17), resulta na poeira e no fragmento ficando muito mais aparentes. Você deve também saber que os problemas causados pela nitidez em excesso são mais aparentes nas fotografias em preto e branco (tons de cinza) do que nas coloridas.

Figura 14-13 A foto original sem nitidez.

Figura 14-14 Uma quantidade suave de nitidez foi aplicada usando o filtro USM.

Figura 14-15 Aplicar muita nitidez cria uma foto feia.

Figura 14-16 Esta é uma imagem suja, mas a sujeira e o fragmento não são óbvios demais.

Tenha o cuidado ao ser seduzido a adicionar contraste ou nitidez demais. Uma olhada rápida em uma foto que recebeu muito contraste ou uma nitidez excessiva dá a impressão de que é mais viva. Na verdade, se você vir o original, descobrirá que muito detalhe na foto foi perdido. Uma exceção é quando você está aplicando contraste ou nitidez em objetos artificiais, como um trabalho de metal extravagante, prédios etc. Quando grandes quantidades de nitidez são aplicadas nesses tipos de objetos, ressaltam-se os detalhes e as texturas. Você ainda terá que ter o cuidado de não aplicar demais – mesmo nos objetos artificiais.

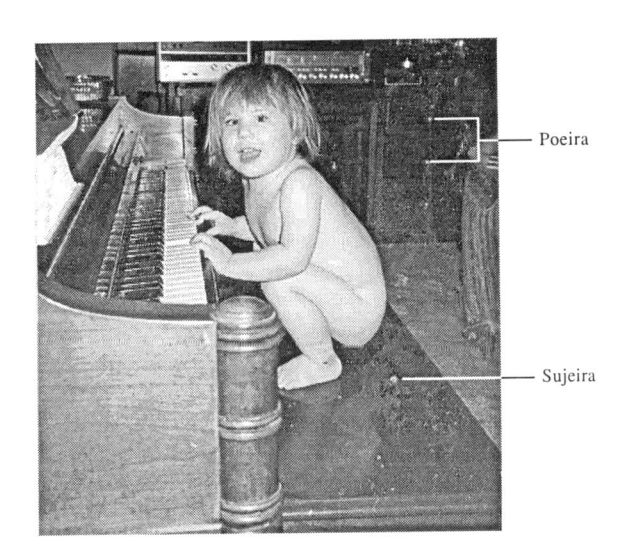

Figura 14-17 *Aplicar uma quantidade moderada de nitidez realmente ressalta a sujeira.*

Cobertura de muito material

Analisamos muitos tópicos neste capítulo. Foram necessários anos para colocar todas essas informações em minha cabeça, portanto eu não esperaria que você fosse capaz de absorvê-las em uma única leitura. Sugiro em minhas aulas pegar um tópico (como corrigir os matizes da cor) e, usando seu editor de imagem favorito, experimentar as diferentes definições em várias fotos. Faça sua experimentação quando tiver um tempo livre, não quando tiver um prazo de entrega.

No próximo capítulo, aprenderemos como usar seu editor de imagem para consertar as fotos. O dano físico nas fotos antigas é muito comum; algumas imagens ficaram em uma gaveta ou caixa por anos, de onde foram apanhadas e manuseadas centenas de vezes. Com os anos, essa fotos ficarão sujas com tinta, quebradas e, em alguns casos, até rasgadas. Você descobrirá que consertá-las não é tão difícil quanto poderia pensar.

Capítulo 15

Corrija e restaure as fotografias

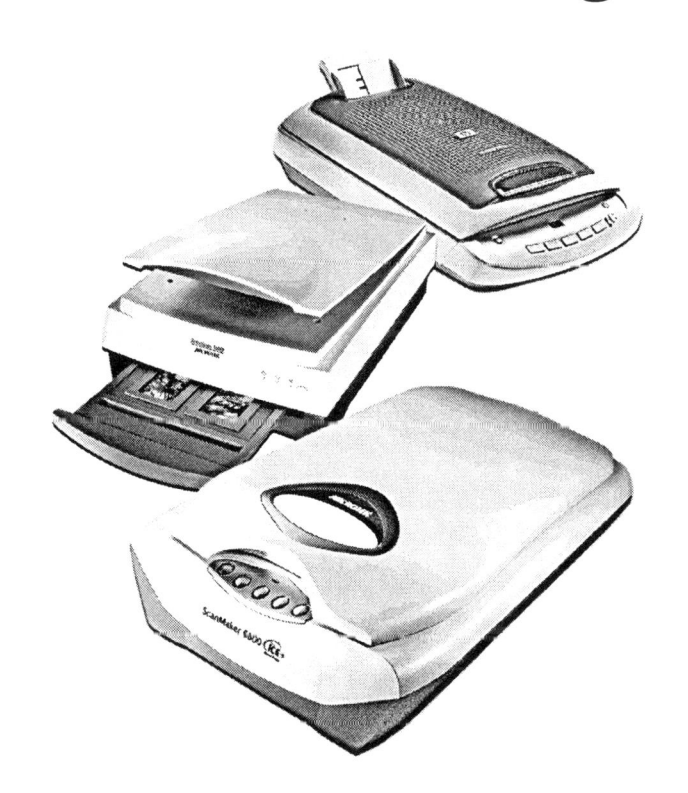

Como...

- Digitalizar fotos para a restauração e a preservação
- Consertar rasgos e dobras nas fotos
- Restaurar fotos enfraquecidas
- Limpar fotos sujas

Não há nenhum momento como o atual para digitalizar as fotografias e qualquer outro meio. Quanto mais velhas ficam, menos informações podem ser recuperadas da imagem. Assim que a fotografia tiver sido gravada e armazenada no computador, você parou a idade da cópia digitalizada e, como aprenderá neste capítulo, poderá reverter o dano causado pelo tempo e o manuseio incorreto.

Prepare para restaurar as fotos

Quando você estiver digitalizando uma imagem com a finalidade de restaurá-la, precisará fazer alguns ajustes em sua rotina de digitalização normal. Primeiro, se a foto ou imagem que está digitalizando for realmente antiga (como a maioria dos exemplos neste capítulo), ela será frágil. Portanto, deve ter cuidado ao lidar e prepará-la para a digitalização.

Procedimentos e precauções gerais de tratamento da impressão

Sempre segure as impressões ou negativos por suas bordas. Não toque na superfície a menos que esteja usando luvas de algodão; mesmo os dedos limpos podem deixar secreções de óleo naturais que podem danificar uma foto com o tempo. Você poderá obter luvas de algodão feitas especialmente para lidar com as fotos em sua loja de câmera local.

Não marque as costas de sua foto permanentemente de modo algum. As químicas em alguns marcadores (especialmente um marcador para conferência) eventualmente passarão para o outro lado da fotografia e irão arruiná-la. Se você tiver que fazer uma identificação temporária, escreva informações pequenas gentilmente com apenas um lápis 2B ou 4B muito suave.

Nunca corrija uma fotografia aplicando-lhe uma fita adesiva. Vi documentos do Mar Morto no último ano e um dos arquivistas disse-me que a maior tarefa de restauração nos últimos cinco anos foi remover a fita adesiva que os curadores originais usaram para montar os documentos. Se você tiver uma foto com várias partes, mantenha todas as partes em um saco ou capa de poliéster limpa ou quimicamente neutra (também chamado de *pH neutro*).

Capítulo 15 – *Corrija e restaure as fotografias* | **257**

Digitalize para a restauração

Esta seção contém normas para digitalizar as fotografias e outros documentos especialmente para a restauração e a preservação. Elas diferem das diretrizes normais da digitalização de várias maneiras.

Amplie o original

Como regra geral, faça com que as imagens destinadas para o resultado de restauração em uma digitalização final tenham duas vezes o tamanho do original. Por exemplo, uma impressão de 4x6" deve ser digitalizada em uma definição de 200% para criar uma imagem digitalizada final de 8x12". A maneira mais rápida de fazer isso é usando um comando Resize (Redimensionar) típico de dentro de seu software de digitalização, como o mostrado em seguida.

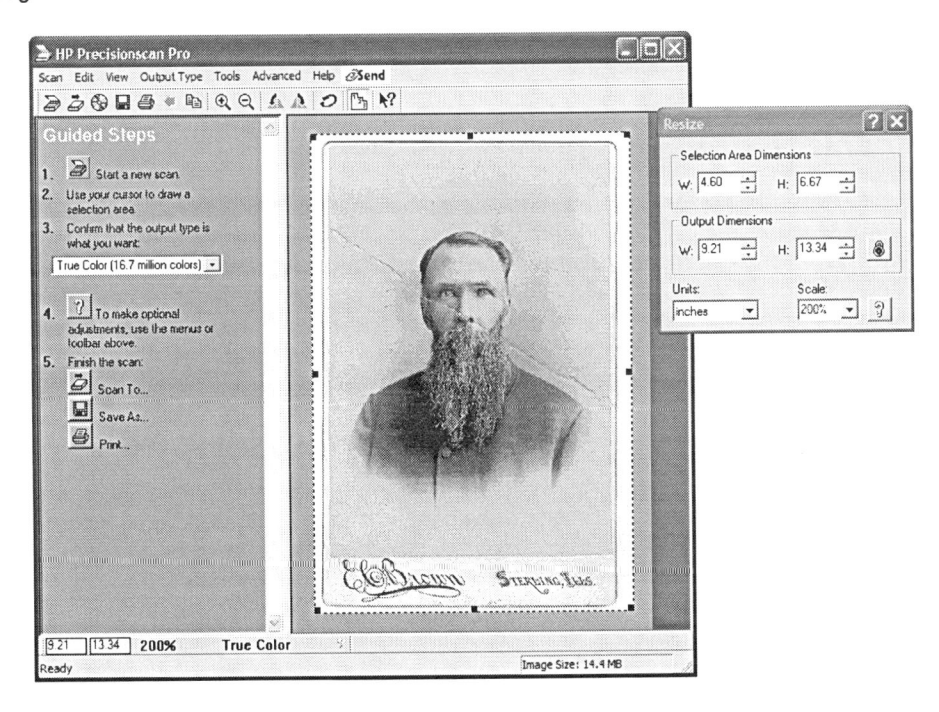

Dobrando o tamanho do original, você está fazendo com que o scanner capture a quantidade máxima do detalhe na foto original e fornecendo a si mesmo uma área maior e mais pixels com os quais trabalhar. Uma exceção a essa regra é se o original for realmente pequeno, então você deverá usar um fator de redimensionamento ainda maior (como 300-500%). Se a imagem original for tão enorme que cubra o vidro inteiro do scanner, então 100% provavelmente será suficiente. O Capítulo 14 informa como redimensionar a foto usando o software de digitalização.

Use a definição de digitalização com a qualidade mais alta

Você deseja capturar a quantidade máxima possível de detalhe da imagem a partir da imagem digitalizada sem se preocupar com o tamanho do arquivo final. Para as fotos e as coisas a serem lembradas que deseja preservar, digitalize o original como uma cor RGB (24 bits). As fotos em preto e branco na maioria dos casos devem ser digitalizadas como tons de cinza, com a exceção caso tenham sido coloridas à mão ou tenham uma mancha colorida. Preservar a cor em tais casos permite o isolamento da mancha usando ferramentas de seleção sensíveis à cor.

Se o original tiver alguns problemas tonais (escuro demais, enfraquecido), você poderá fazer alguns ajustes menores na imagem como foi explicado no Capítulo 10. Se digitalizou a foto inteira, moldura e tudo, a cor da moldura pode ter influenciado as ferramentas de ajuste com exposição automática durante a digitalização. Para resolver isso, você deve selecionar apenas a foto e tentar a definição automática de novo ou ajustar manualmente as definições tonais. Apenas lembre-se de avaliar os ajustes tonais ou da cor feitos com o scanner com um editor de imagem ou visor de arquivo e não a partir da janela de visualização no software do scanner – que é uma representação pobre da imagem.

Digitalize o original – imperfeições e tudo

Ao digitalizar para a preservação, não corte nenhuma parte do original. A Figura 15-1 é uma foto tirada em 1928 que foi colocada em uma moldura de papel manchada. Digitalizei a foto inteira e, na maioria dos casos, incluirá ainda uma pequena parte extra em torno das bordas. Quando você for de fato restaurar a foto, poderá cortar a moldura a partir de uma cópia da foto digitalizada, mas sempre desejará preservar o original inteiro para que tenha um registro visual de como ficava originalmente.

Armazene usando um formato de arquivo sem perda

Não grave o original como um arquivo JPEG. Para o trabalho de restauração, você não deve gravar as imagens nas quais está trabalhando usando qualquer formato de arquivo que utilize a compressão de arquivo *com perda*. Isso inclui Wavelet, JPEG e JPEG 2000. A compressão de arquivo com perda degrada a imagem. Provavelmente o formato gráfico mais popular a usar é o TIFF e você poderá escolher uma das várias opções de compressão que são *sem perda*, significando que não degradam a imagem. Tenha cuidado de não escolher a opção de compressão JPEG que agora está disponível como uma opção para o JPEG.

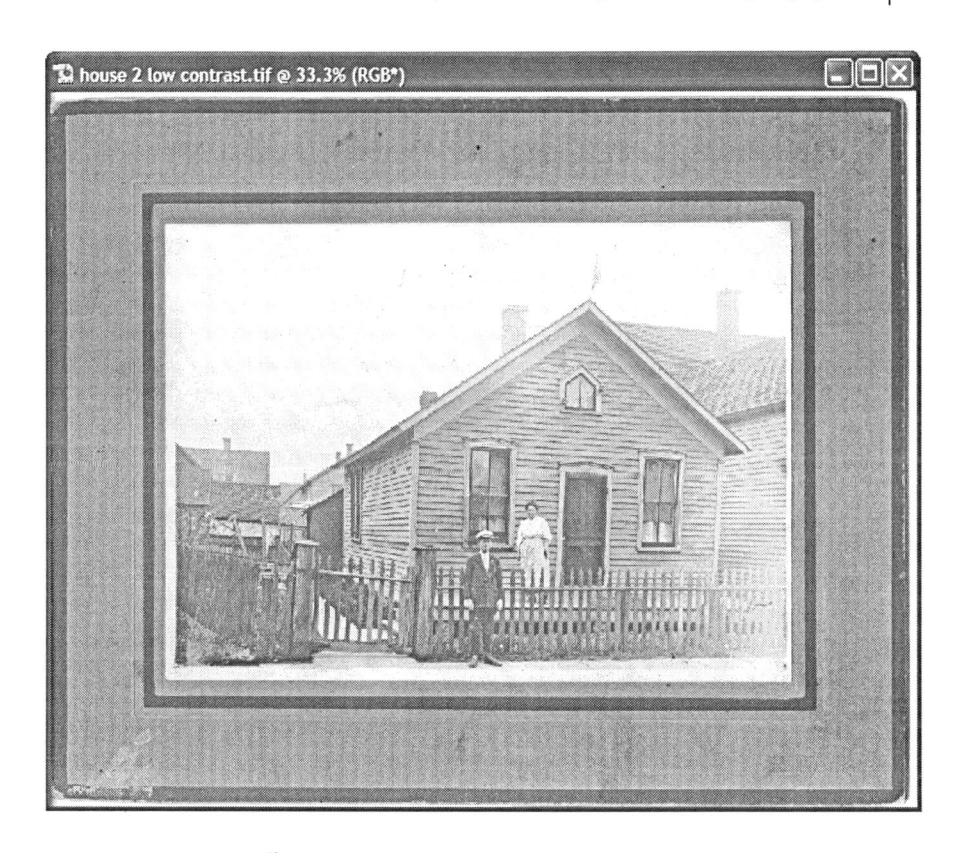

Capítulo 15 – Corrija e restaure as fotografias | **259**

Figura 15-1 Embora a moldura de papel esteja em uma forma pobre, é importante digitalizá-la.

Conserte os rasgos e as dobras

Um dos problemas mais comuns com as fotos antigas é que elas geralmente não recebem um cuidado e armazenamento com a qualidade de um museu. Desprotegidas, as imagens importantes podem facilmente ficar tortas, dobradas e danificadas. Fisicamente, não há nada que possa ser feito para o original (com a exceção do trabalho feito por um especialista em restauração), mas é relativamente fácil consertar uma versão eletrônica e imprimi-la.

O dano causado por dobrar uma fotografia depende de sua idade e do material no qual está impressa. As fotos tiradas na última década são impressas em um Mylar flexível que pode suportar praticamente qualquer grau de contorção, ao passo que as fotos impressas em torno da virada do século 20 foram impressas em material inflexível e na maioria dos casos até uma leve torção produzirá uma dobra marcada e em relevo a partir da qual a imagem pode escamar, como no exemplo da Figura 15-2.

Figura 15-2 Em 100% a imagem não cabe na janela de imagem, mas mostra precisamente o dano que tem de ser consertado.

Eis o procedimento passo a passo para consertar uma dobra de uma antiga fotografia:

1. Depois de se assegurar que o vidro do scanner esteja limpo, posicione a foto original no centro do vidro. Execute uma digitalização de visualização e mude o tamanho de saída para que a digitalização resultante seja duas vezes tão grande (200%) quanto o original.
2. Grave a digitalização usando um nome exclusivo e grave uma segunda cópia separada com um nome diferente (por exemplo, com um sufixo "cópia") usando o comando Save As (Salvar Como).
3. Quando abrir a cópia, certifique-se de que a exibição do editor de imagem esteja definida para 100%, como na Figura 15-2. No Photoshop e no Photoshop Elements isso é chamado de "Actual Pixels" (Pixels Reais). Por causa do tamanho grande da imagem, apenas uma parte dela estará visível na janela de imagem. Ao fazer o trabalho de retoque e de restauração, geralmente é necessário ter uma aproximação real (200-400%) para corrigir a imagem, mas você sempre terá que voltar para 100% para avaliar com precisão as alterações feitas.

Capítulo 15 – *Corrija e restaure as fotografias* | **261**

4. Selecione a ferramenta Clone Brush (Pincel de Clone) e mude as definições do pincel para um com borda suave. Começaremos com a parte do defeito mais confusa, a dobra que corta o rosto do homem. Selecione um ponto próximo à dobra como o ponto de amostra do pincel de clone e, então, simplesmente bata pontos na dobra usando clines do mouse simples (em vez de pressionar o botão do mouse e arrastar o pincel) na dobra. Arrastar o pincel de clone criará uma linha visível que não é tão ruim quanto a dobra original, mas ainda parece que alguém esteve remendando a foto. Altere o ponto de amostra com freqüência (usando qualquer lado da dobra) para evitar padrões repetitivos. Na imagem seguinte, clonei parte da dobra que corta o rosto, deixando parte dela para que se possa dizer onde estava.

5. Ao trabalhar nas áreas críticas (como a dobra no rosto), amplie o máximo que for necessário para ser capaz de usar o menor pincel de clone com borda suave a fim de obter as áreas pequenas. Poderá ver na imagem mostrada a seguir que estou trabalhando em uma ampliação de 340%, portanto uso um pincel menor para ficar no rasgo que corta a narina e em torno dela.

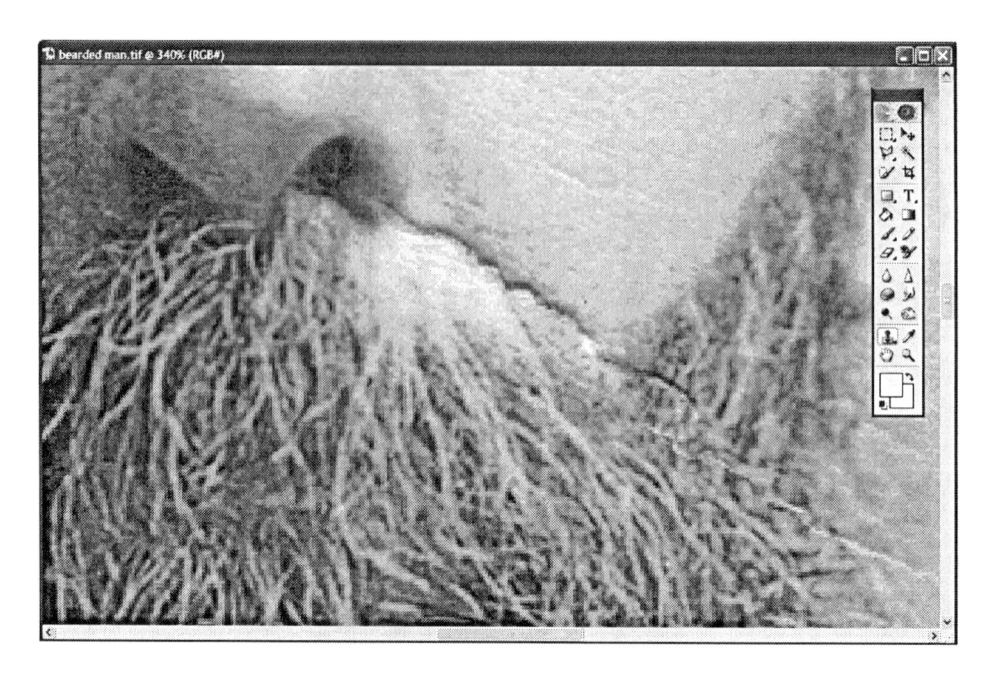

6. Use o pincel de clone para remover as partes restantes da dobra e alguns pontos escuros no fundo.
7. Retorne para 100% ou para o nível de zoom Fit to Window (Caber na Janela) para ver como fica a imagem inteira.
8. Esta imagem em particular desenvolveu um tom marrom escuro com sua idade, portanto abri a caixa de diálogo Levels (Níveis) (mostrada em seguida) no Photoshop Elements (CTRL-L).

Capítulo 15 – Corrija e restaure as fotografias | **263**

Selecionando o conta-gotas White Point (Ponto Branco) (à direita), cliquei na parte da borda original da fotografia que teria sido a parte mais branca quando estava nova. A imagem final está na Figura 15-3.

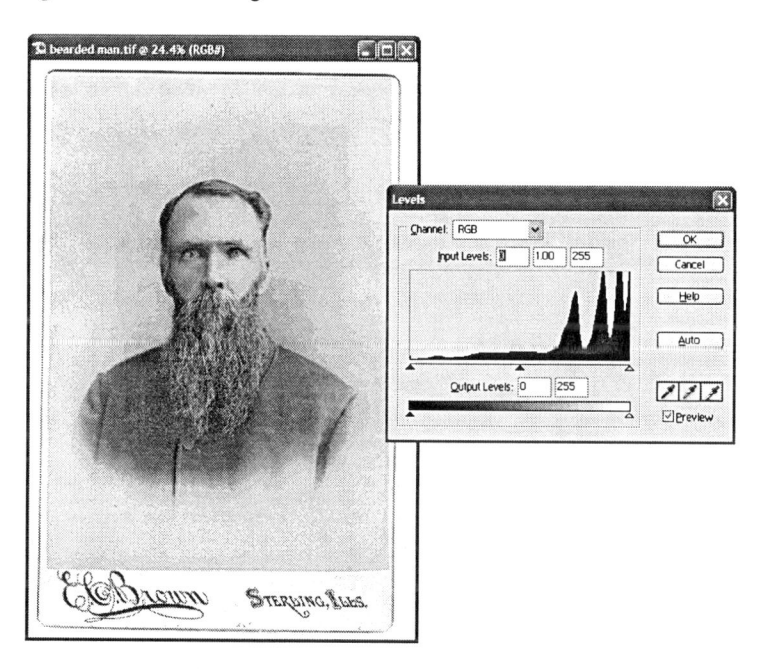

9. Para completar o trabalho, redimensione a imagem para retorná-la ao seu tamanho correto. Uma suavização natural da imagem resulta torná-la menor. Isso algumas vezes pode fazer com que uma imagem áspera pareça melhor. Se a suavizar demais, aplique o filtro Unsharp Mask (Máscara para Retirar Nitidez) em uma definição baixa.

Figura 15-3 Usando uma ferramenta de clone, é uma questão simples remover até o pior dano.

Você sabia?

O que é uma ferramenta de clone?

A maioria dos editores de imagem tem uma ferramenta de clone, embora nem todos usem especificamente o nome "clone". Até a versão 5, a ferramenta de clone no Photoshop era chamada de ferramenta "carimbo de borracha". Agora é chamada de ferramenta Clone Stamp (Carimbo de Clone). A maioria dos outros editores de imagem a chama de "ferramenta de clone" ou de "pincel de clone". Independentemente de como você a chame, todas fazem a mesma coisa. A ferramenta de clone obtém uma amostra dos pontos designados de uma imagem, que poderão então ser pintados na outra imagem ou em partes diferentes da mesma imagem. O usuário seleciona um ponto de amostra na imagem e move o pincel de clone para a área desejada da imagem e começa a aplicar cópias dos pixels do ponto de amostra na área sob o pincel de clone.

Capítulo 15 – Corrija e restaure as fotografias | 265

Restaure uma moldura de papel

Embora a ferramenta de clone ou pincel seja uma ótima ferramenta, outras soluções estão disponíveis para consertar e restaurar uma imagem digitalizada. A moldura de papel ou acabamento de papel (mostrado em seguida), no qual a foto foi montada, teve muito uso e abuso.

Nesta restauração, iremos especificar as partes de uma parte da moldura para fazer com que as seções cubram a outra. Eis como é feito usando o Photoshop Elements, mas a mesma técnica pode ser executada com praticamente qualquer editor de imagem:

1. Com a imagem carregada em seu editor de imagem, mude a exibição para 100% (Actual Pixels). Como visto em seguida, o canto inferior esquerdo tem duas manchas graves, portanto é por onde começaremos.

Manchas

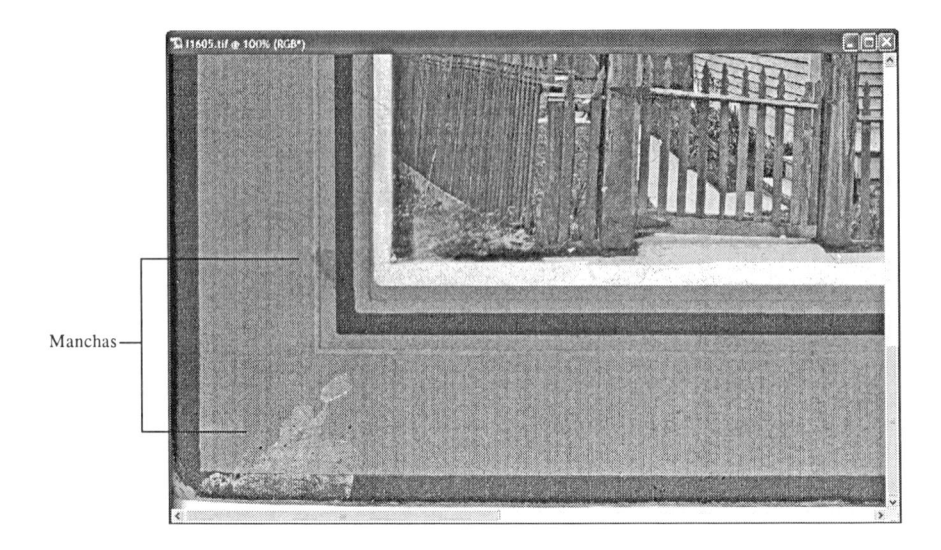

2. Selecione uma área da moldura que esteja limpa, crie uma seleção retangular e coloque uma borda disfarçada na seleção como a apresentada a seguir. O disfarce da seleção produz transições graduais para que nossa emenda não fique visível. Como é uma imagem grande, o disfarce com 5 pixels que escolhi produzirá uma área de transição muito pequena.

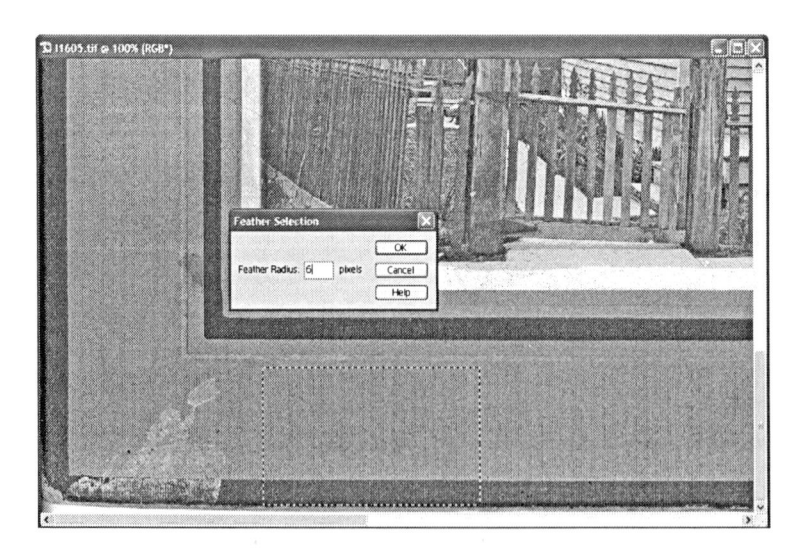

3. No Elements, selecione a ferramenta Move (Mover) (V) e pressionando a tecla ALT e a tecla SHIFT, arraste a seleção para a esquerda até que ela cubra o ponto ruim no canto, como mostrado na Figura 15-4. A tecla ALT faz uma cópia da seleção (ao invés de substituí-la pela cor de fundo). A tecla SHIFT é uma tecla limitadora que impede que a seleção suba ou desça, tornando o alinhamento mais fácil.

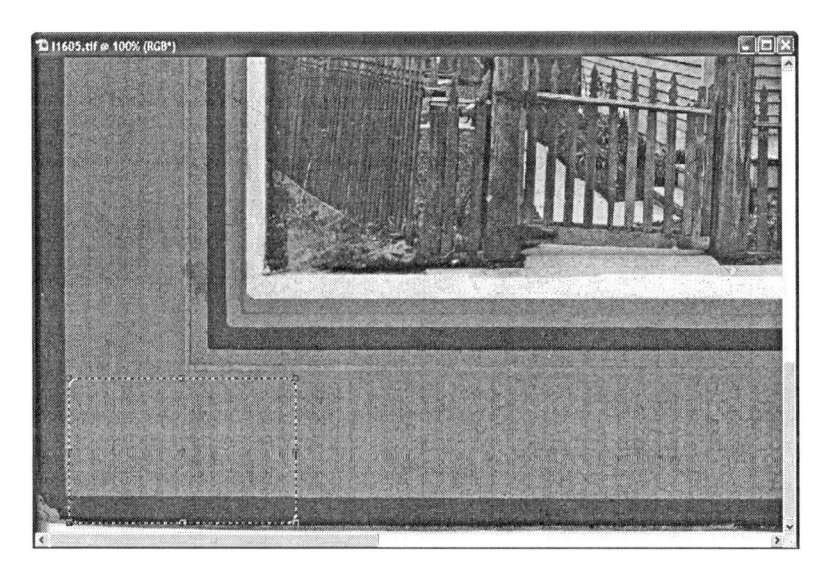

Capítulo 15 – Corrija e restaure as fotografias | **267**

Figura 15-4 Mover uma seleção sobre a mancha cobre fácil e rapidamente a mancha da pintura.

4. Remova a seleção (CTRL-D) e continue fazendo mais seleções para corrigir todas as manchas na moldura de papel. Para remover a outra mancha, defini a ferramenta de seleção para fazer uma seleção automaticamente com um disfarce com 6 pixels, como mostrado a seguir.

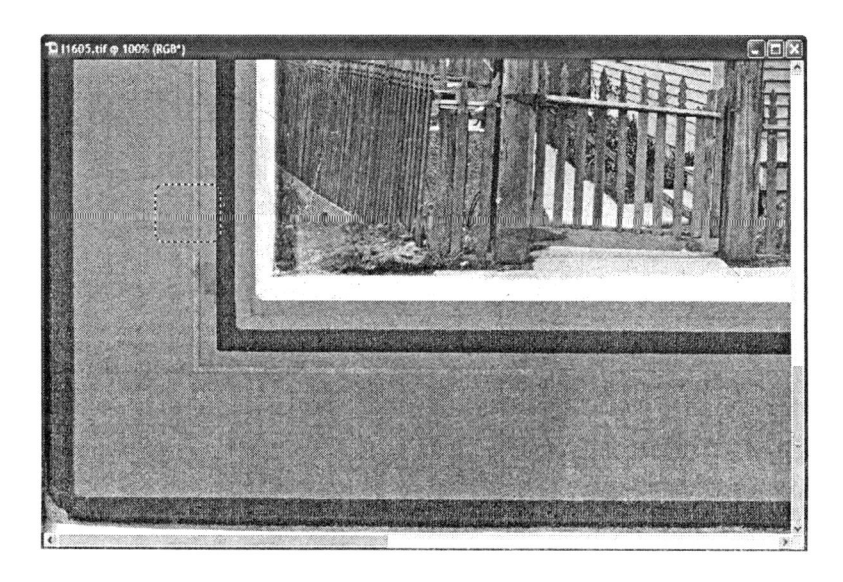

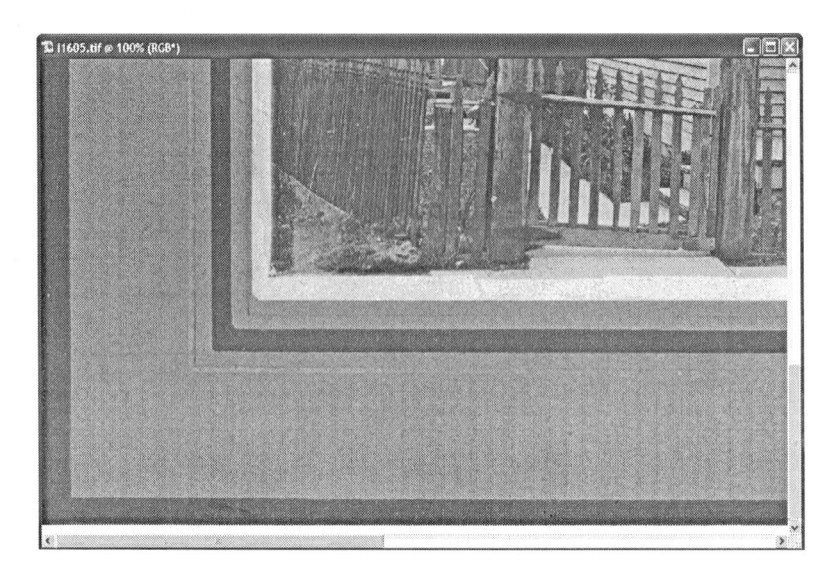

Figura 15-5 Usar seleções flutuantes permitiu que as manchas fossem removidas rapidamente.

5. A etapa final foi fazer uma seleção com a borda marcada (sem disfarce) da borda escura para reconstruir o canto desgastado da impressão. O canto concluído é apresentado na Figura 15-5.

Limpe os fundos sujos

Exatamente como a moldura que consertamos na seção anterior, um fundo sujo pode ser corrigido com uma ferramenta ou pincel de clone, mas levaria muito mais tempo. Portanto, iremos aprender a limpar os fragmentos no fundo de uma foto tirada em 1897 (Figura 15-6).

Este procedimento é demonstrado usando o Paint Shop Pro 8, mas funcionará na maioria dos editores de imagem maiores, uma vez que as ferramentas (ou seu equivalente) são encontradas, em grande parte, nos editores de foto maiores. Eis como limpar um céu sujo na foto de amostra:

1. Abra a imagem e, usando uma ferramenta de seleção à mão livre, selecione parte ou todo o fundo que você deseje limpar. Na imagem mostrada em seguida, usei a ferramenta Edge Seeker (Investigador de Bordas), que me permitiu criar rapidamente a seleção composta pelo fundo da imagem.

Capítulo 15 – Corrija e restaure as fotografias | **269**

Contorno de seleção

Figura 15-6 Esta foto tem mais de 100 anos de idade e parece que tem centenas de anos de sujeira e arranhões.

2. Com o fundo selecionado, você poderá remover a poeira e os fragmentos de várias maneiras. Poderá simplesmente pressionar DEL e o fundo se tornará branco puro (supondo que sua cor de fundo esteja definida para o branco). Isso produzirá uma cortina de fundo com aparência artificial e chamará a atenção do observador. Se você estiver usando o Photoshop, poderá usar os filtros de poeira e arranhão em uma definição alta para remover os fragmentos enquanto deixa um fundo que parece fazer parte da impressão original. No Paint Shop Pro 8, usei Gamma Adjustment (Ajuste do Gama) para clareá-lo o suficiente para de fato remover a aparência suja do céu a fim de que parecesse fazer parte da foto original, como apresentado em seguida.

Para ser honesto, havia tantos fragmentos nas paredes da casa quanto no céu. Como a poeira e os arranhões são escuros, eles de fato não se destacam, portanto os deixei. Para terminar o trabalho na foto, fiz algumas coisas que não têm nenhuma relação com a limpeza do fundo. Primeiro, inverti a seleção que foi feita e usei o pincel Darken (Escurecido) do Paint Shop Pro para tornar mais escuros a chaminé e o lado direito do telhado. Para fazer o mesmo no Photoshop ou no Photoshop Elements, usei a ferramenta Burn (Queimar) definida para meios-tons e uma solidez leve (10-15%). A Figura 15-7 mostra a imagem final, que está – como dizemos no Texas – vestida e pronta para ir à igreja.

Capítulo 15 – Corrija e restaure as fotografias | 271

Figura 15-7 Outra fotografia que foi resgatada antes que sofresse mais danos.

Como... Desenrole uma foto panorâmica

Uma maneira comum de dar aula e tirar outras fotografias em grupo é criar um panorama. Essas fotos que têm sido enroladas ou dobradas por um longo período resistem à abertura e algumas poderiam ainda ser danificadas se forçadas ao abrir. Introduzir umidade através do umedecimento, seguido de um nivelamento cuidadoso, permitirá que os documentos retornem com segurança a um estado plano. O umedecimento também reduz pregas e as linhas de dobras que distorcem a imagem durante a digitalização.

Há várias maneiras de atenuar o documento com a umidade. Tenho um vizinho com uma estufa e ele me permite deixar as fotos enroladas nas quais estou trabalhando em uma caixa com furos por alguns dias sem cobrar. Se você não tiver um amigo com estufa e a foto não estiver quebradiça demais, poderá criar facilmente um dispositivo que irá umedecer e nivelar os documentos.

Para nivelar um documento enrolado, você precisará fazer o que é chamado de *sanduíche* (com baixas calorias). Vários arquivistas, que encontrei durante a escrita do livro, usavam essa técnica. A idéia é criar uma pilha com diversas camadas, veja a ilustração seguinte, com camadas úmidas que não entram em contato fisicamente com a foto ou documento que você deseje atenuar, mas que permita à umidade afetá-lo através da osmose. Eis como criá-lo:

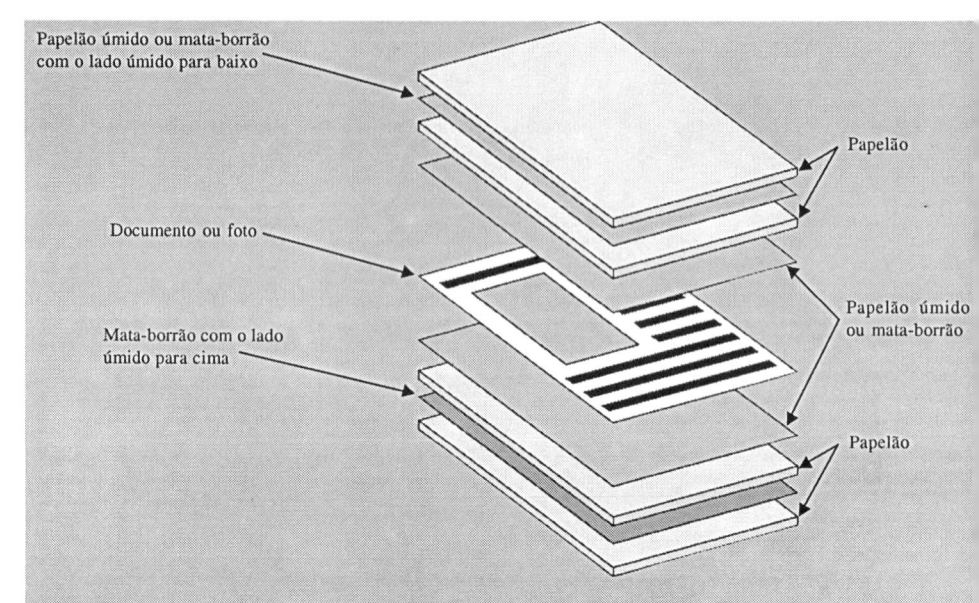

Papelão úmido ou mata-borrão com o lado úmido para baixo

Papelão

Documento ou foto

Papelão úmido ou mata-borrão

Mata-borrão com o lado úmido para cima

Papelão

1. Coloque uma folha de papelão ou mata-borrão em uma superfície plana (vidro, plástico Plexiglas ou madeira).
2. Pegue uma segunda folha de papelão, coloque-a sob uma torneira e jogue água nela. Você não está tentando encharcá-la, apenas deixá-la úmida.
3. Sacuda o excesso de água e coloque essa folha sobre a primeira parte, com o lado úmido para cima.
4. Coloque uma terceira folha de papelão seca na pilha, seguida de uma folha de mata-borrão ou papel de silicone com liberação rápida.
5. Sobre essa pilha desenrole o(s) documento(s) a ser(em) umedecido(s). Você poderá precisar de alguma ajuda para manter o documento para baixo, uma vez que a razão para estar fazendo isso é que a foto não deseja ficar desenrolada.
6. Agora coloque uma segunda folha de mata-borrão ou papel de silicone sobre o documento.
7. Faça uma segunda pilha de mata-borrão/papelão – como a primeira, mas com o lado úmido para baixo – para a parte superior, de modo que a foto fique no meio.
8. Coloque outra folha de vidro, madeira ou plástico Plexiglas sobre e, então, coloque pesos.
9. Se os documentos não ficarem secos e planos depois de 48 horas, repita o processo. Certifique-se de que a foto nivelada esteja seca antes de retirá-la – plana desta vez.

Todos o material necessário para fazer esse sanduíche está disponível em sua loja de artes industriais e de passatempo.

Capítulo 15 – Corrija e restaure as fotografias | **273**

Outra maneira de remover as manchas

Com toda essa recomendação sobre a remoção de manchas e de sujeira, estou imaginando se posso tirar uma mancha na aparência de Martha Stewart. A mancha na imagem mostrada a seguir é geralmente causada por um óleo claro como o óleo mineral ou óleo de máquina de costura. O que torna esse tipo de mancha único é que escurece a cor, mas a mancha é basicamente transparente. A colocação da mancha no padrão da moldura de papel oval impede colocar uma seleção sobre ela como fizemos anteriormente no capítulo. Neste caso, iremos isolar a mancha com uma seleção e ajustaremos o matiz, saturação e luminosidade. Eis como é feito:

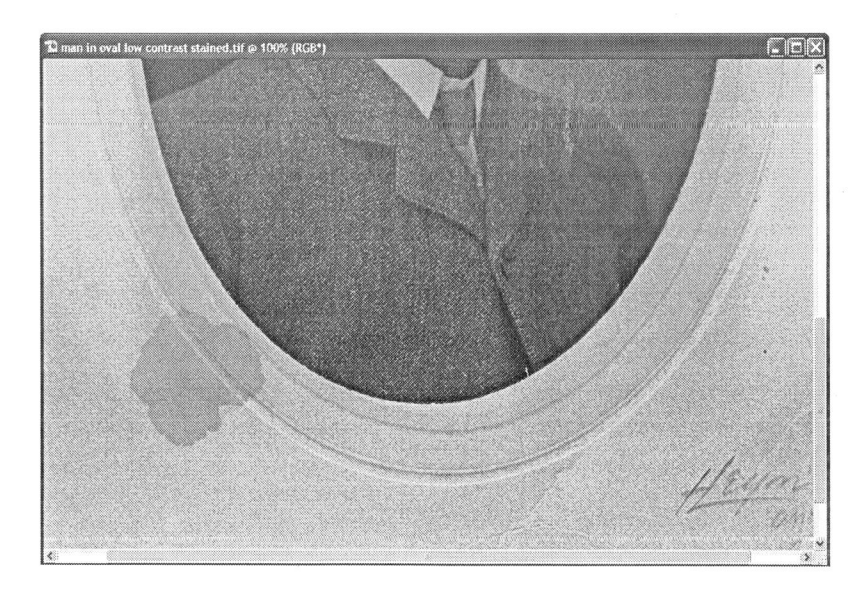

1. Use a ferramenta Magic Wand (Vara Mágica), defina para uma tolerância baixa e selecione a mancha. Você precisará lidar com a tolerância até obter a definição correta. Verifique as configurações de sua ferramenta Magic Wand se sua seleção incluir áreas isoladas da mancha. A maioria das ferramentas Magic Wand tem uma definição que as permite selecionar todos os pixels contínuos até o ponto inicial ou outra configuração que seleciona todas as cores parecidas na imagem. Você desejará que seja definida assim para que apenas selecione os pixels que são contínuos ao ponto inicial. Com um pequeno ajuste, deverá acabar com uma seleção como a mostrada a seguir que contorna precisamente a mancha.

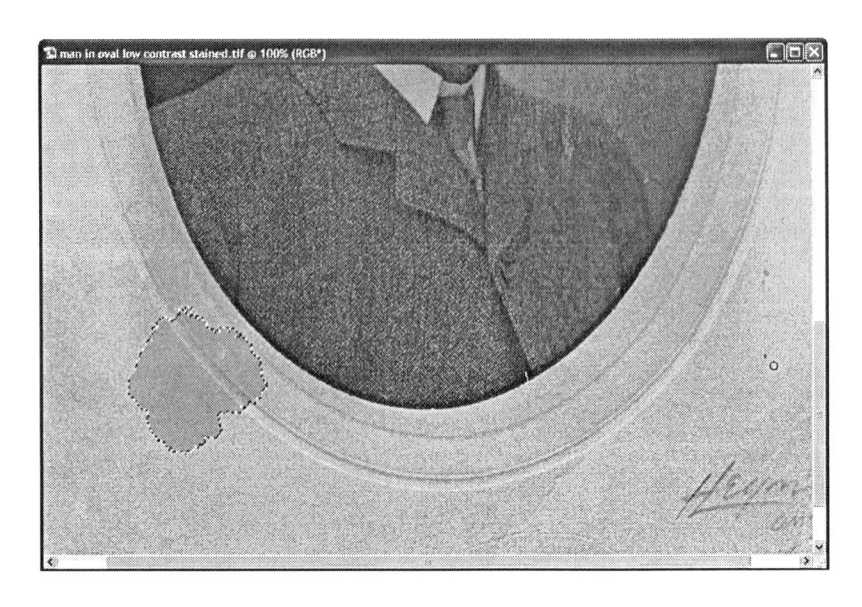

Nota: *Não coloque um disfarce na seleção de sua mancha. Se fizer isso, resultará em um contorno desbotado da mancha quando terminar.*

2. Assim que tiver a seleção do modo como a deseja, oculte o contorno (CTRL-ALT-H funciona no Elements e no Paint Shop Pro) e abra a caixa de diálogo Hue/Saturation (Matiz/Saturação) apresentada em seguida.

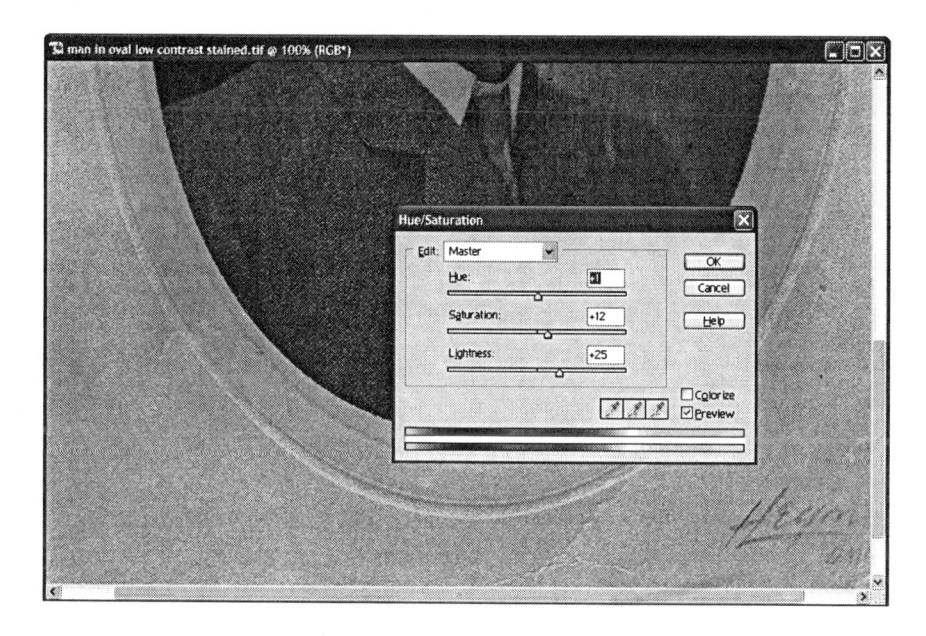

Capítulo 15 – Corrija e restaure as fotografias | **275**

3. Ajuste Lightness (Luminosidade) até parecer ser tão claro quanto a área em volta. Você notará que a cor dentro da seção não parecerá tão viva quanto na área externa. Tudo bem – mova os controles Saturation (Saturação) ligeiramente para cima até que a mancha desapareça. Uma margem muito leve sempre marcará parte da borda da mancha original. Iremos corrigir isso na próxima etapa.
4. Para uma limpeza final, remova a seleção (CTRL-D). Use um pincel de clone para remover qualquer borda da mancha que permanecer. Também me livrei da pequena mancha acima da grande com o mesmo método. A última coisa a fazer é se livrar dos defeitos menores ou outras coisas como o borrão sujo que estava mais ou menos visível acima da mancha. A melhor ferramenta de remoção de manchas para isso é a ferramenta Dodge (Mover) com uma definição de Shadows (Sombras) em uma exposição de aproximadamente 10%. Os usuários Paint Shop Pro devem usar a ferramenta Lighten (Clarear) em uma solidez baixa. A Figura 15-8 mostra a moldura de papel limpa. Agora tudo que precisaremos fazer é chamar Martha.

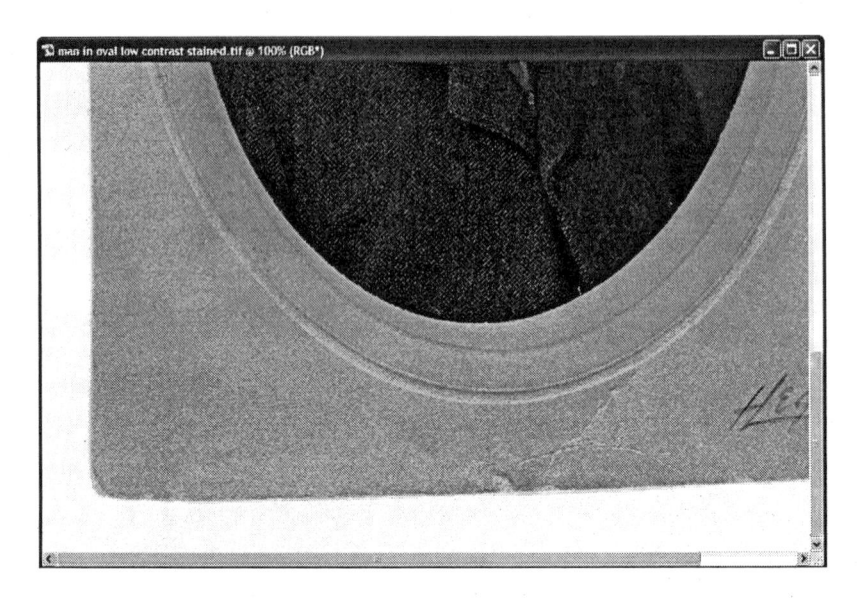

Figura 15-8 Você e seu editor de imagem podem remover facilmente uma mancha resistente de qualquer objeto.

Analisamos alguma base da restauração de imagens neste capítulo e se a contagem do tempo e da página permitissem, poderíamos prosseguir em outras 30 páginas. É tão divertido restaurar antigas fotos e ver como as coisas costumavam ser. Neste ponto, eu diria o que estaria no próximo capítulo, mas como este é o último, penso que apenas agradecerei sua compra do livro e realmente espero que tenha aprendido algo. Sempre que escrevo um livro, continuo a aprender algo novo, e este não foi uma exceção.

    Saúde,
    Dave Huss

Índice

3-D, objetos, 9-10
8 bits, cor, 14
24 bits, cor, 13, 15, 85
48 bits, modo da cor, 45
256 cores, modo, 14, 45, 85

A

acessórios, scanner, 32-33
adaptadores, transparência, 15, 107
adesivos, 33, 38
ADF. *Veja* alimentador automático de documentos
Adobe Photoshop Album, 191-192, 196-199
Adobe Photoshop Elements
    corrigir matizes da cor, 246
    fotos de e-mail automatizadas, 96
    Red-Eye Brush, ferramenta, 248-249
    Resize Image, comando, 234-236
    vantagens/desvantagens, 206
    visão geral, 205-206
Adobe Photoshop
    alternativas para, 204-209

    filtros de extensão, 224-225
    visão geral, 202-204
AfterShot, gerenciador de imagem, 64
ajuste tonal não linear, ferramentas, 217
álbuns de recorte, 132-144
álcool de polimento para limpar, 34
alimentador automático de documentos (ADF)
    cartões de visita e, 116
    dicas para, 109
    ilustração, 103
    número de páginas, 109
    OCR e, 103-105
    scanners de mesa, 109
    tamanho do papel e, 109
alinhamento, 36-40
    ferramentas para, 32-33, 37
    imagens tortas, 38-40
    páginas do álbum de recortes, 140-141
    técnicas para, 36-37
anexos. *Veja* e-mail

anotações, 110
anúncios, 149
aplicações
    editores de foto. *Veja* editores de foto
    fax a partir de, 124
    gerenciamento de imagens, 64, 191-199
    gerenciamento do contato, 7
    OCR. *Veja* OCR, software
    scanner. *Veja* scanner, software
    software do fax, 121
ar comprimido, 171-172
ar enlatado, 34, 171
área de digitalização, 23
armazenamento removível, 62-63
armazenamento, imagem, 62-63
arquivar documentos, 129
arquivos de mapa de bits, 13, 57
arquivos em cache, 187
arquivos gráficos, 54-61
arquivos. *Veja também* documentos; páginas
    BMP, 184
    cache, 187
    compressão e, 60
    GIF, 184
    gráficos, 54-61
    HTML, 93, 126
    JPEG. *Veja* JPEG, arquivos
    mapa de bits, 14, 57, 184
    PDF, 126
    PSD, 191
    PSP, 191
    tamanho de, 60
    TIFF, 57, 60-61, 124, 184, 258
arte, digitalizar, 117-119
aspectos artificiais, 58-60, 221
assinaturas, digitalizar, 124
assistentes pessoais digitais (PDAs), 7, 20, 114
Auto FX, filtro, 224-225

B

backups, 62
bancos de dados, ODBC, 127
bibliotecas, fotos, 63-65
BMP, arquivos, 184
BMP, formato, 57, 184
bolsas de presente, 149
bordas, compressão JPEG e, 60
brilho, 214-217, 219

C

cabeçote de digitalização
    desbloquear, 28-29
    descrição, 10
    resolução e, 26
cabo de força, 28
cabos, 29
calendários, fotos, 145-149
camiseta, transferências impressas a ferro, 149
canais, 11
Canon, scanners, 86
Canto Cumulus, programa, 64, 194-196
Canvas Size, comando, 137, 141-142
caracteres curingas, 184
CardScan, scanners/software, 115-116
carimbo de borracha, ferramenta, 264
cartões de visita
    arte em, 117-119
    digitalizar, 7-8, 116-119
    software de digitalização para, 116-117
cartões de visita, 149
cartuchos de tinta, 69, 74-75
CCD, sensores, 10-11
CD, gravadores, 63
CDR, gravadores, 63
Clone Stamp, ferramenta, 264
CMYK, tintas da cor, 73
códigos de barras, 19
cola em bastão, 33
CompactFlash, 63
compartilhar itens
    álbuns de recorte, 142-144
    fotos na Web, 97-100
    scanners, 130
compressão com perda, 56-57, 258
compressão sem perda, 56-57, 60, 258-259
compressão
    com perda, 56-57, 258
    desfazer, função, 60

Índice | 279

formatos gráficos padrões, 55, 57
formatos nativos, 55, 57, 61-62
GIF. *Veja* GIF, formato
Internet, formatos, 55-57
JPEG. *Veja* JPEG, arquivos
LZW, 60
sem perda, 56-57, 60, 258-259
tamanho do arquivo e, 55-57, 59-60
TIFF, 57, 60-62
Zip, 60
compressor de ar, 34, 171-172
computador
   instalar scanner em, 28-29
   interface do scanner, 24-26
   memória, 106
   organizar fotos em, 179-199
comunicação eletrônica, 119-124
contorno, 212-213
contraste, 166, 214-217
controles da cor, 159-160
copiadoras, usar scanners como, 127-128
cor
   1 bit, 13
   8 bits, 14
   24 bits, 13, 14
   48 bits, 45
   256 cores, 14, 45
   CMYK, 72-73
   RGB, 15, 45, 258
   saturação, 159-160
   texto, 110
cor, modos
   descrição, 13 14
   selecionar, 44-45
correção da cor, 245-246
corrigir fotos, 256, 259-264
Crop, ferramenta, 210-211
Cumulus, programa, 64, 194-196
curva, ferramenta, 223-224

D

dados brutos, 27
dados vetoriais, 57
DAM (Digital Asset Management), 64, 194-199
de-screen, 45

Details, exibição, 188
Digital Asset Management (DAM), 64, 198-199
Digital GEM, tecnologia, 170
Digital ICE, tecnologia, 167, 169-170
Digital ROC, tecnologia, 170
digitalização automática, 43, 4 6
digitalização. *Veja também* documentos digitalizados; imagens digitalizadas
   agilizar, 159
   alinhamento da imagem. *Veja* alinhamento
   aplicar zoom em seleções, 43-44
   arte/logotipos, 117-119
   assinaturas, 124
   automática, 43, 46
   básico, 31-50
   desafios, 161-164
   digitalizações com ruído, 249-250
   digitalizações de teste, 29
   digitalizações muito expostas, 50
   digitalizações pouco expostas, 50
   digitalizações tortas, 38-40, 49, 238
   filme. *Veja* scanners de filme
   gráficos, 81-100
   impressões vs. filme, 166
   lembranças, 145
   limpar imagens antes de, 35
   material Impresso, 164
   melhorar qualidade da digitalização, 46-49, 153-164, 258
   método para, 10
   modos de entrada da cor, 45
   negativos, 17-18, 172-174
   níveis de zoom, 50
   páginas do álbum de recortes, 132-133, 135-136
   para e-mail, 95-96
   para fax, 119-124
   para restauração, 257-259
   para serviços de foto Web, 99-100
   pequenos documentos, 117-119
   preparação para, 34-40
   procedimento para, 40-45, 49
   qualidade. *Veja* qualidade
   selecionar áreas para digitalizar, 43
   slides, 17-18, 166-167, 173-174

280 | Dominando o scanner

tamanho da saída da foto, 230-233
tornar digitalizações nítidas, 160, 249-253
visualizar digitalizações, 40-44
visualizar imagens digitalizadas, 49-50
digitalizações de teste, 29
dimensionar imagens, 47-48
discos rígidos
   armazenamento em, 62-63
   backups, 62
   fotos coloridas e, 61
discos
   flexíveis, 63
   rígidos. *Veja* discos rígidos
dispositivos de entrada e saída, USB, 130
dispositivos
   memória, 63
   USB, 130
disquetes, 63
distorção, 50, 58-59, 94
documentos digitalizados. *Veja também* documentos
   gerenciar, 8
   localizar texto em, 8
   preencher e, 129-130
   qualidade. *Veja* qualidade
documentos impressos
   digitalizar, 164
   traduzir em línguas diferentes, 7
documentos. *Veja também* arquivos, documentos digitalizados
   anexar assinaturas a, 124
   copiar, 9
   diversas colunas, 110
   enviar por fax, 9
   gerenciar, 8
   páginas em. *Veja* páginas
   posicionar, 108
   qualidade da cópia, 110
   traduzir em línguas diferentes, 7, 18
   transparência, 110-111, 161-164
dpi (pontos por polegada), 236
drivers
   software para, 107
   Windows Image Acquisition (WIA), 29

drives
   Jaz, 63
   Microdrive, 63
   rígidos. *Veja* discos rígidos
   SuperDrives, 63
   zip, 63
duração da impressão, fotos, 70-71
DVDs, 63

E

editores de mapa de bits, 203. *Veja também* imagem, editores
eFax Messenger Plus, 123
e-mail
   anexar arquivos JPEG a, 126, 142-144
   anexar fotos a, 89-90
   anexar páginas do álbum de recortes a, 91-92
   digitalizar para, 95-96
   enviar fotos via, 82-87
   enviar imagens como anexos, 124-126, 142-144
   exibir, 93
   extrair fotos de, 94-95
   fotos automatizadas de e-mail, 96
   HTML, 93
   incorporar fotos em, 91-94
   Outlook Express, 89-95
   resolução da foto e, 95-96
   tamanho do arquivo e, 87-88
emulsão, filme, 170-171
enviar por fax documentos, 9, 119-124
EPS (Encapsulated PostScript), formato, 57
Epson Stylus Photo 2000P, impressora, 71-72
Epson, scanners
   digitalizar fotos para e-mail, 83-84
   supergrandes, 133-134
equilíbrio automático do branco (AWB), 246
espaço da cor, 13
espelho, função, 40
esquadro para alinhamento, 33, 36-37
exposição, ajustar, 156-157
Extensis Portfolio, 6, 64
extensões, 224-225, 248

F

faixa da densidade, 167
faixa dinâmica, 166-167
faixa, 221
fax, 110, 124
fax, scanners como máquinas de, 119-124
fax, serviços, 120, 122-124
fax, software, 120
ferramentas automáticas do scanner, 154-156, 247
ferramentas de seleção, 212-214
ferramentas lineares, 217
ferramentas
    ajuste da imagem, 214-224
    alinhamento da imagem, 33, 38
    automáticas, 154-156, 247
    gerenciamento da imagem, 64-65, 191-199
    para limpar, 32-33
    scanner, 154-161
    seleção, 212-214
filme, emulsão, 171, 111:6
filme. *Veja também* negativos; slides
    armazenamento de, 175-176
    base, 171
    dano por bugs em, 176
    digitalizar, 17-18, 166-167, 173-174
    informações sobre, 173
    vs. impressões, 166
Filmstrip, exibição, 185-186
filtros
    Auto FX, 224-225
    extensão, 224-225, 249
    Photoshop, 224-225
    Red-Eye Removal, 249
    Unsharp Mask, 250
FireWire, interface, 25-26
Flaming Pear, extensões, 225
flash, fotos, 242, 247-248
FlipAlbum, 142
fontes
    exóticas, 110
    suportadas pelo software de edição de fotos, 54-55
formato grande, scanners, 23-24
formatos de arquivo
    BMP, 57, 86
    dicas para, 61-62
    EPS, 57
    formatos gráficos padrões, 55, 57
    formatos nativos, 55, 61-62
    fotos, 56, 61
    GIF. *Veja* GIF, formato
    imagens, 84
    imprimir e, 61
    JPEG. *Veja* JPEG, formato
    para Web, 55, 84
    PDF, 126
    resolução, 27
    TIFF, 57
formatos nativos, 55, 57, 61-62
formatos. *Veja* formatos do arquivo
formigas que andam, 212
formulários, 127
foto, bibliotecas, 63-65
foto, edição
    Crop, ferramenta, 210-211
    Curve, ferramenta, 223-224
    ferramentas de ajuste da imagem, 214-224
    filtros de extensão, 224-225
    histogramas, 217-223
    isolar áreas da foto, 212-214
foto, editores, 201-225
    escolher, 202-209
    exibir imagens digitalizadas, 49
    extensões, 225
    fontes suportadas, 54-55
    iniciar scanner com, 41-42
    Paint Shop Pro. *Veja* Paint Shop Pro
    PhotoImpact 8, 209-210
    Photoshop Elements. *Veja* Photoshop Elements
    Photoshop. *Veja* Photoshop
    Picture It!, editores de imagem, 202, 207
    redimensionar fotos com, 234-235
    remover transparência com, 163-164
    vs. editores de imagem, 203
    vs. editores de mapa de bits, 203
foto, impressoras a jato de tinta, 69-70
foto, papel, 77
foto, tubo multiplicador (PMT), 18
fotografias. *Veja também* imagens

alinhar. *Veja* alinhamento
alterar, 6-7
ampliar, 141-142, 229-230, 257
anexar a e-mail, 89-90
aperfeiçoar, 6
clarear, 156-159, 239-242
colocar em molduras, 228-234
compartilhar on-line, 97-100
copiar, 4
correção da cor, 245-246
corrigir, 256, 259-264
dimensionar, 47-48
duração da impressão, 70-71
endireitar, 237-239
enviar por fax, 122
enviar via e-mail, 82-86
EPS, formato, 57
escurecer, 156-159, 242-244
espaço de armazenamento, 61
exibir resultados da pesquisa, 184-191
extrair de e-mail, 94-95
ferramentas de ajuste da imagem, 214-224
flash, 242, 247-248
formatos para, 84
fotos de e-mail automatizadas, 96
incorporar a e-mail, 91-94
isolar áreas de, 212-214
JPEG, formato, 56, 61-62, 84
limpar, 32, 35, 268-276
marcar em, 256
muito expostas, 242-244
My Photos, pasta, 62
organizar, 64-66, 179-199
panoramas, 271-272
pequenas imagens. *Veja* pequenas imagens
pesquisar, 64
poeira/fragmento em, 34, 49
pouco expostas, 239-242
preservar, 4-5
preto-e-brancas, 258
rasgos/dobras em, 259-260
recortar, 210
redimensionar, 6, 47-48, 94, 234-236
remover elementos de, 6-7

remover olhos vermelhos de, 247-248
resolução, 69, 87-88, 95-96
restaurar moldura de papel, 258-259, 265-268
restaurar, 174, 256-259
serviços de foto Web, 97-100
tamanho da saída, 230-233
tamanho de, 59
tamanho do arquivo de, 59, 87-88
tamanhos padrões, 232-233
tornar nítidas, 249-250
tortas, 38-40, 49, 237-238
tratamento, 35, 256
vs. imagens, 191
fotos de casamento, 100
fundos, limpar, 268-276

G

gabarito, coincidência, 102
gama, definição, 156-159
gama, ponto, 219
garantias
   impressora, 75
   scanner, 23
gerenciadores de contato, 114
gerenciadores de informações pessoais (PIMs), 114
GIF, arquivos, 184
GIF, formato
   fotos, 84
   profundidade da cor, 56
   publicação Web, 84
   quando usar, 56
   vs. JPEG, 55-56
girar itens
   com função de rotação/espelho, 40
   imagens digitalizadas usando software, 36-37
Google, mecanismo de busca, 149
gráficos
   formatos para, 55-57
   para Web, 45, 81-100
gravar imagens digitalizadas
   opções para, 58-60
   procedimento para, 54

H

histogramas, 217-223
HP 5500C, scanner, 46
HP, scanners, 46, 84-86
HP, site web, 145-149
HTML, arquivos, 93, 126
HTML, código, 91

I

Icons, exibição, 187-188
IEEE 1394, padrão, 25-26
iLink, interface, 26
Imagem, edição
    Crop, ferramenta, 215-216
    Curve, ferramenta, 223-224
    ferramentas de ajuste da imagem, 214-224
    filtros de extensão, 224-225
    histogramas, 217-223
    isolar áreas da foto, 212-214
imagem, editores, 201-225
    escolher, 202-209
    exibir imagens digitalizadas, 49
    extensões, 225
    fontes suportadas, 54-55
    iniciar scanner com, 41-42
    Paint Shop Pro. *Veja* Paint Shop Pro
    PhotoImpact 8, 209
    Photoshop Elements. *Veja* Photoshop Elements
    Photoshop. *Veja* Photoshop
    Picture It!, editors de imagem, 202, 207
    redimensionar fotos com, 234-236
    remover transparência com, 163-164
    vs. editores de foto, 203
    vs. editores de mapa de bits, 203
imagem, ferramentas de ajuste, 214-224
imagem, ferramentas de gerenciamento, 64, 191-199
imagens digitalizadas. *Veja também* imagens
    armazenar, 61-63
    clarear, 156-157
    costurar, 136-142
    distorção, 50

endireitar, 238-239
escurecer, 156-159
exibir, 49
girar, 36
gravar, 54, 58-60
impressões digitais em, 49
imprimir, 67-77
melhorar qualidade de, 153-154, 258
muito expostas, 50
níveis de zoom, 50
organizar, 64-65, 179-199
poeira/fragmento em, 34-35, 49
pouco expostas, 50
problemas de direitos autorais, 50-51
recortar, 210-211
imagens, 191. *Veja também* fotografias; imagens digitalizadas
    alinhar. *Veja* alinhamento
    ampliar, 141-142, 229-230, 257
    brilho, 214-217, 219
    compressão. *Veja* compressão
    contraste, 166, 214-217
    copiar, 9
    detalhe em, 59
    dimensionar, 47-48
    distorção, 51, 94
    endireitar, 237-239
    enviar como anexos. *Veja* e-mail
    formatos para, 84
    histogramas, 217-223
    inclinadas, 109
    JPEG, 59
    limpar, 35-36
    organizar, 64-65, 179-199
    panoramas, 205-206
    pequenas imagens. *Veja* pequenas imagens
    pesquisar, 64
    poeira/fragmento em, 34-35, 49
    preto e branco, 45
    recortar. *Veja* recortar imagens
    redimensionar, 6, 47-48, 234-236
    resolução. *Veja* resolução
    suaves, 215
    tamanho de, 13, 59-60
    tortas, 38, 49, 237
    visualizar, 43-44

impressão, tratamento, 256
impressões baseadas em tons, 72
impressoras a jato de tinta coloridas, 68-76
impressoras a jato de tinta de fotos baseadas em tons, 70-71
impressoras a jato de tinta, 68-76
impressoras a laser coloridas, 68
impressoras a laser, 68
impressoras coloridas, 68-76
impressoras de sublimação dos tons, 72-73
impressoras, 68-73
    baseadas em pigmentos, 70-71
    baseadas em tons, 70-71
    cartuchos de tinta para, 69, 74-75
    cor, 68-76
    definições para, 75-77
    duração da impressão, 70-71
    escolher, 69
    garantias, 75
    história de, 68
    jato de tinta, 68-76
    laser, 68
    papel, 74-77
    resolução, 69
    sublimação do tom, 72-73
    tipos de, 69-73
imprimir, 67-77
    a partir do serviço de foto Web, 99-100
    digitalizar para e-mail e, 95-96
    documentos enviados por fax, 124
    formatos de arquivo, 61-62
    resolução, 95-96, 99-100
    símbolos da cor, 71
incorporar fotos em e-mail, 91-94
início, ajuste, 162-163
instalar itens
    scanner, 28-30
    software do scanner, 29
Internet, navegadores, 49
Internet, provedores de serviço (ISPs), 88
Internet. *Veja também* Web
    compartilhar fotos em, 97-100
    cor e, 14
    digitalizar gráficos para usar em, 81-100
    formatos de arquivo para, 55-56, 84
    resolução da imagem, 88

Interpolação, 26
isopropílico para limpar, 34
ISPs (provedores de serviço da Internet), 88

J

Jasc Paint Shop Album, 196-198
Jasc Paint Shop Pro
    corrigir matizes da cor, 246
    Red-Eye Removal, ferramenta, 248
    visão geral, 208
Jaz, drives, 63
JPEG 2000 (JP2), formato, 61-62
JPEG, arquivos
    como anexos de e-mail, 124, 126, 142-144
    compressão e, 58-60
    pesquisar, 184
    trabalho de restauração e, 258
JPEG, compressão, 58-60
JPEG, formato
    e-mail e, 85
    fotos, 56, 61-62, 84
    profundidade da cor, 56
    publicação Web, 84
    quando usar, 56
    transparência e, 56
    vs. GIF, 55-56
JPEG, imagens, 59

L

leitura aumentada, 237
leitura reduzida, 237
leitura, 36, 237
lembranças, digitalizar, 145
Levels, ferramenta, 223
limpar itens
    ferramentas para, 32-33
    fotos, 32-33, 35-36, 268-276
    imagens a serem digitalizadas, 35-36
    negativos, 171
    slides, 171, 172
    vidro do scanner, 32, 34-35
List, exibição, 188-189
localizar itens
    com gerenciadores de imagem, 64
    com Google, 149

Índice | 285

fotos em seu computador, 180-181
pequenas imagens e, 90-91
logotipos, digitalizar, 117-119
luminância, 219
LZW, compressão, 60

M

Magic Wand, ferramenta, 273-274
matiz, 159
matizes da cor, 245-246
mecanismos de busca, 184
memória
   computador, 106
   dispositivos, 63
memória, dispositivos, 63
MemoryStick, 63
Microdrive, 63
Microsoft, site web, 147-149
Midtones, definição, 156-160
mistura, modos, 245
molduras
   colocar fotos em, 228-234
   restaurar moldura de papel, 258-259, 265-268
My Photos, pasta, 61

N

negativos coloridos, 174
negativos. *Veja também* filme; slides
   armazenamento de, 176
   coloridos, 174
   dano por bugs em, 176
   Digital ICE, tecnologia, 167, 169-170
   digitalizar, 17-18, 173-174
   informações sobre, 173
   limpar, 171-172
   poeira/fragmento em, 171
   reduzir granulação da imagem, 170
   resolução, 106
   restaurar cores do original, 170
   tratamento, 35, 175-176, 256
   vantagens de digitalizar, 166-167
   vs. slides, 167
NikonNet, serviço de foto, 98-99

O

objetos
   3-D, 9-10
   estranhos no papel, 109
OCR (reconhecimento ótico de caractere), 101-111
   ADF, dicas, 109
   alimentador automático de documentos e, 103-104
   coincidência de gabaritos, 103
   considerações, 126
   converter páginas impressas em texto, 126
   converter texto impresso em texto eletrônico, 6-7
   digitalizar para, 111
   edição de texto e, 102-103
   etapas preparatórias, 108-109
   limpeza do documento e, 126
   melhores scanners para, 103-104
   no local de trabalho, 126
   páginas encadernadas e, 126
   palavras estranhas e, 126
   PDF, arquivos, 126
   resolução, 105
   scanners de mão e, 19
   termos técnicos e, 126
   transparência, 111
   uso comercial, 103
   uso no escritório, 103
   usos para, 103, 107-108
   visão geral, 6-7
OCR, software
   descrição, 6, 102-103
   escolher, 107
   gratuito, 107
   modos da cor e, 45
   PaperPort, 129-130
   preparar para digitalizar, 108-109
   problemas, 109-111
   processo de digitalização, 111
   scanners suportados, 104-105
   usos para, 6-7, 107
ODBC (Open Database Connectivity), 127
ODBC, bancos de dados, 127
Ofoto, serviço de foto, 97-98
olho vermelho, remover de fotos, 247-248

OmniForm, software, 127
OmniPage Pro, software, 108
ondulados, padrões, 45, 126, 164
on-line, serviços de foto, 97-100
Open Database Connectivity (ODBC), 127
organizar imagens/fotos, 64-65, 179-199
Outlook Express, 90-95. *Veja também* e-mail

P

páginas de carbono, 109
páginas. *Veja também* documentos; arquivos
    carbono, 109
    condição de, 109
    inclinadas, 109
    número máximo de, 109
    papel fino, 109
    transparências, 109
Pagis, software, 108
Paint Shop Album, 196-198
Paint Shop Pro
    corrigir matizes da cor, 246
    visão geral, 208
    Red-Eye Removal, ferramenta, 248
palavras-chave, 64, 191-193
Panoramas, 205-206, 271-272
papel fino, páginas, 109
papel milimetrado, 33
papel
    foto, 77
    impressora, 74-77
    largura de, 109
    objetos estranhos em, 109
    tamanho de, 109
    transparência, 111, 161-164
PaperPort, software, 129-130
PDAs (assistentes pessoais digitais), 7, 20, 114
PDF, arquivos, 126
PDF, formato, 126
pequenas imagens
    exibir imagens como, 185-187
    PaperPort, software, 129-130
    pesquisas de foto e, 64, 90-91
perfis da cor, 60-61

pesquisar
    com gerenciadores de imagem, 64
    Google, 149
    para fotos em seu computador, 181-184
    pequenas imagens e, 90-91
PhotoImpact 8, 209
Photoshop Álbum, 191-192, 196-199
Photoshop Elements
    corrigir matizes da cor, 246
    fotos de e-mail automatizadas, 96
    Red-Eye Brush, ferramenta, 249
    Resize Image, comando, 234-235
    vantagens/desvantagens, 206
    visão geral, 205-206
Photoshop
    alternativas para, 204-209
    filtros de extensão, 224-225
    vantagens/desvantagens, 204
    visão geral, 202-204
Picture and Photos, quadro, 182
Picture It!, editores de imagem, 202, 207
PIMs (gerenciadores de informações pessoais), 114
pincéis para limpar, 32-33, 35
pixels por polegada (ppi), 236
pixels
    descrição, 10, 12-13
    distribuição tonal, 220
    editores de foto e, 203
    histogramas e, 219-220
PMT (tubo multiplicador de fotos), 18
pontilhamento de difusão, 122
ponto branco, 219
ponto do meio, 219
ponto preto, 219
pontos por polegada (dpi), 236
porta paralela, interface, 24-25
Portfolio 6, gerenciador de imagem, 64, 195-196
posterização, 221
ppi (pixels por polegada), 236
PrecisionScan Pro, software, 84-86, 158-159
presentes, criar, 145-149
preto-e-brancas, fotos, 258
preto-e-brancas, imagens, 45

Índice | 287

preto-e-branco, modo, 14
problemas de direitos autorais, 50-51, 144
problemas. *Veja* solucionar problemas
profundidade da cor
   descrição, 13
   exigências para, 27
   GIF, formato, 56
   JPEG, formato, 56
programas. *Veja* aplicações
proporção, 48, 234
PSD, arquivos, 191
PSP, arquivos, 191

Q

qualidade
   cópias pobres, 110
   definições da digitalização e, 258
   definições manuais, 156-161
   digitalização automática, 46-49, 154-156
   fax e, 110
   fotos digitalizadas, 153-164
queimas, 158, 215, 217, 223, 250

R

RAM. *Veja* memória
reconhecimento ótico do caractere. *Veja* OCR
recortar imagens
   com ferramenta Crop, 210-211
   durante visualização, 43
   vantagens, 88, 210
recorte, 223
Resize Image, comando, 234-236
Resize, comando, 141
resolução da tela, 88
resolução ótica, 26
resolução
   alta vs. baixa, 47
   descrição, 12-13
   entrada, 26
   escolher valores para, 47
   exigências para, 25-26
   formatos, 26
   fotos, 69, 87-88, 95-96
   impressoras, 69
   imprimir, 95-96, 99-100

negativos, 106
OCR, uso, 106
ótica, 26
   para exibir na Internet, 88
   redimensionar imagens e, 236-237
   saída, 26
   serviços de foto on-line, 99-100
   slides, 106
   tamanho da imagem e, 13
   tela, 88
   tempo da digitalização e, 47
restaurar fotos, 170, 256-259
RGB, canais, 11
RGB, cor, 15, 45, 258
RGB, imagens coloridas, 45
ruído, 36, 221, 249

S

S/R (sinal-ruído), proporção, 18
saturação, controles, 159-160
ScanGear CS, software, 86-88
scanner, cabo de interface, 29
scanner, interface, 24-26
scanner, placa de interface, 28
scanner, software
   girar imagens, 36
   incluído com o scanner, 27
   inicializar, 40-41
   instalar, 29
   seleção do modo da cor, 44-45
scanners coloridos, 11
scanners com diversas finalidades, 119-120
scanners de cartão de visita, 19-20, 114-119
scanners de cartão. *Veja* scanners de cartão de visita
scanners de filme, 165-177
   descrição, 17-18, 23
   desvantagens, 23
   Digital ICE, 169-170
   digitalizar negativos, 17-18, 173-174
   digitalizar slides, 17-18, 166-167, 173-174
   escolher, 167
   ilustração, 168
   limpar negativos/slides, 171
   usar, 173-174
   vantagens de, 166-167, 169

scanners de mão, 7, 19
scanners de mesa
    adaptadores de transparência para, 15, 167
    digitalizar área e, 105
    visão geral, 15-16
scanners de negativos, 167-170
scanners de tambor, 17
scanners
    A4, tamanho, 106
    acessórios para, 32-33
    ajustes manuais, 156-161
    ampliar fotos com, 141-142, 229-230, 257
    básico, 3-20
    cartão de visitas, 19-20, 114-119
    comerciais, 133-134
    compartilhar, 130
    conceitos, 11-15
    conectar, 28
    de mão, 7, 19
    de mesa, 15-16, 105
    desbloquear, 28-29
    Digital ICE, tecnologia, 167, 169-170
    diversas finalidades, 119-120
    escolher, 22-27
    fabricantes de, 27
    fax a partir de, 119-124
    ferramentas automáticas para, 154-156, 247
    ferramentas para, 154-161
    filme. *Veja* scanners de filme
    formato grande, 23-24
    garantias, 23
    ilustração, 11
    iniciar com software de edição de fotos, 41
    instalar, 28-29
    limpar vidro, 32, 34-36
    melhor local para, 28
    negativo. *Veja* scanners de filme
    novos vs. usados, 23
    onde comprar, 24, 133
    para uso OCR, 103-106
    preço, 23
    renovados, 23
    resolução. *Veja* resolução

scanners especializados, 19-20
slide, 167-170
software incluído com, 27
supergrandes, 133-134
tamanho de carta, 105-106
tamanho de, 23-24, 133-134
tamanho legal, 106
tambor, 16-17
terminologia, 11-14
tipos de, 15-17, 22-23
trava de acesso, 28-29
usar como copiadoras, 127-128
uso doméstico de, 131-149
usos para, 4, 113-130
velocidade de, 106, 152
ScanSoft, 108
scansoft.com, site Web, 104, 108
SCSI, interface, 25
Shutterfly, serviço de foto, 97
SilverFast, software, 173-174
símbolos da cor, 71
sinal-ruído (S/R), proporção, 18
slide, scanners, 167-170
slides coloridos, 17-18
slides. *Veja também* filme; negativos
    armazenamento de, 176
    dano por insetos em, 176
    Digital ICE, tecnologia, 167, 169-170
    digitalizar, 17-18, 166-167, 173-174
    limpar, 171-173
    poeira/fragmento em, 171
    reduzir granulação da imagem, 170
    remontar, 173
    remover do encaixe, 173
    resolução, 105
    restaurar cores originais, 170
    tratamento, 175-176
    vs. negativos, 167
SmartMedia, 63
software
    editores de foto. *Veja* foto, editores
    gerenciamento de contato, 7
    gerenciamento de imagem, 64-65, 191-199
    OCR. *Veja* OCR, software
    scanner. *Veja* scanner, software
    software do fax, 120

solucionar problemas, 161-164
 OCR, problemas, 110-111
 poeira/fragmento em imagens, 34-35, 49
 poeira/fragmento em negativos, 172
 transparência, 110-111, 161-164
 vidro do scanner embaçado, 34
solventes de filme, 172-173
Sony DPP-SV77, impressora, 72
Stylus Photo 2000P, impressora, 70-71
SuperDrives, 63

T

tecidos para limpar, 32
temperatura, filme e, 176
TextBridge, software, 108
texto digitalizado, editar, 102
texto eletrônico
 converter páginas impressas em, 6-7, 126
 editar e, 102
texto sublinhado, 110
texto
 colorido, 109-110
 destacado, 110
 editar texto digitalizado, 102-103
 localizar em documentos digitalizados, 8
 manchado, 109
 reconhecimento ótico do caractere. *Veja* OCR
 sublinhado, 110
Thumbnails, opção, 185-187
TIFF, arquivos, 57, 60-61, 124, 184, 258
TIFF, compressão, 57, 60-61
TIFF, formato, 60
Tiles, exibição, 187-188
tintas
 baseadas em pigmentos, 72
 baseadas em tons, 69-71
 CMYK, 73-74
 impressoras a jato de tinta, 69-70, 74-75
tonais, ajustes, 217-218, 222
tonais, valores, 167
tonal, distribuição, 218-220
tonal, faixa, 166

tons de cinza, modo, 14, 45
tornar itens nítidos
 digitalizações, 160, 249-253
 fotos, 250-253
TPU (unidade de transparência), 23
trabalho de arte, modo, 14, 46
traduzir documentos, 7, 19
transferências impressas a ferro, 149
transparência em imagens, 56
transparência, 111, 161-164
transparência, adaptadores, 15, 167
transparência, unidade (TPU), 23
transparências, 109
trava de acesso, 28
Twain, software, 83-84

U

Ulead PhotoImpact 8, 209
Umax, scanners, 133
umidade, 176, 271-272
Universal Serial Bus. *Veja* USB
Unsharp Mask, filtro, 250
USB (Universal Serial Bus), 26
USB, comutadores, 130
USB, dispositivos de entrada e saída, 130
USB, dispositivos, 130
USB, interface, 25-26

V

vidro, scanner
 cabeçote de digitalização, 10
 digitalizar próximo à borda do, 36
 embaçado, 34
 limpar, 32, 34-35
visualização, digitalizações, 41-44
visualizar imagens, 43-44

W

Web
 compartilhar fotos em, 97-100
 cor e, 14-15
 digitalizar gráficos para usar em, 81-100
 formatos de arquivo para, 55, 84
 resolução da imagem, 88

Web, gráficos, 45, 81-100
Web, navegadores, 49
Web, publicação, 84
Web, serviços de foto, 97-100
Web, sites
    Hewlett-Packard, 145-149
    Microsoft, 147-149
    PaperPortOnline, 129
    scansoft.com, 104, 108
Webshots, serviço de foto, 98
WIA (Windows Image Acquisition), driver, 29, 41
WIA, interface, 41
Windows Image Acquisition (WIA), driver, 29, 41

Windows, sistemas
    BMP, formato, 57
    interfaces do scanner, 25
    My Photo, pasta, 62
    organizar fotos em, 181-191
Windows, visor de imagem, 49

Z

Zip, compressão, 60
zip, drives, 63
zoom em seleções, aplicar, 43-44
zoom, níveis, 50